普通高等教育"十三五"应用型规划教材

材料力学

主　编　徐福卫　符　蓉
副主编　范建辉　王月梅　李文君

东南大学出版社
·南京·

内容简介

本书从专业的实用性和职业资格考试出发对材料力学的课程内容进行编撰,内容共分为 13 章:绪论、截面的几何性质、轴向拉伸与压缩、剪切与挤压、扭转、弯曲内力、弯曲应力、梁弯曲时的位移、简单的超静定问题、组合变形、应力状态和强度理论、压杆稳定、能量法简介。

本书适用于高等学校土建、水利类各专业,也可供其他专业及其有关工程技术人员参考。

图书在版编目(CIP)数据

材料力学 / 徐福卫,符蓉主编. —南京:东南大学出版社,2017.8

ISBN 978-7-5641-7325-8

Ⅰ.①材… Ⅱ.①徐…②符… Ⅲ.①材料力学 Ⅳ.①TB301

中国版本图书馆 CIP 数据核字(2017)第 171953 号

材料力学

出版发行:东南大学出版社

社　　址:南京市四牌楼 2 号　邮编:210096

出 版 人:江建中

责任编辑:史建农　戴坚敏

网　　址:http://www.seupress.com

电子邮箱:press@seupress.com

经　　销:全国各地新华书店

印　　刷:南京京新印刷有限公司

开　　本:787mm×1092mm　1/16

印　　张:15.50

字　　数:378 千字

版　　次:2017 年 8 月第 1 版

印　　次:2017 年 8 月第 1 次印刷

书　　号:ISBN 978-7-5641-7325-8

印　　数:1~3 000 册

定　　价:42.00 元

前　言

　　材料力学是工科专业十分重要的一门基础课程。随着教学改革的深入、科学技术的发展、学时数的缩减、授课方式的改进，内容和体系也应有所更新。通过学习本课程，将掌握变形固体力学的基本概念、基本理论和基本方法，从而为工程构件的强度、刚度、稳定性提供必要的分析、计算、试验和设计的初步能力，也为后续"结构力学""钢结构""混凝土"等专业课程的学习打下良好的基础。

　　本书是结合湖北文理学院建筑工程学院土木工程专业、工程管理等有关专业多年来实施的"双证通融"的应用型人才培养模式改革的实践编写而成的。本书将传统的材料力学的课程内容与执业资格考试相关的要求相结合，不断调整完善，形成了土木工程专业的特色教材。本书也可以作为高等院校及职业技术学院、函授、夜大等土建类的暖通、建筑材料、环保等相关专业的教材和参考资料。

　　在编写本书的过程中，力求做到内容精简，由浅入深，联系工程实际，克服不必要的重复，防止脱节，节省学时；在文字的阐述方面尽量做到通俗易懂，便于自学。采用本教材时，可根据各专业的不同要求，对内容酌情取舍，全部讲授本书的内容约需72课时。

　　本书由湖北文理学院徐福卫、文华学院符蓉担任主编，由湖北文理学院范建辉、江西理工大学应用科学学院王月梅以及湖北文理学院李文君担任副主编。编写章节如下：徐福卫编写第1、2、3章，符蓉编写第4、5章，范建辉编写第6、7、8章、附录，王月梅编写第9、10章，李文君编写第11、12、13章。

　　限于编者的水平，书中难免有错误和不足之处，希望读者提出宝贵意见和建议。

编者

2017 年 5 月

目　录

1 绪论 ………………………………………………………………………………… 1
  1.1 材料力学的任务 ………………………………………………………………… 1
  1.2 变形固体的基本假设 …………………………………………………………… 3
  1.3 杆件变形的基本形式 …………………………………………………………… 4
  1.4 专业教育和执业资格考试对本课程的要求 …………………………………… 4
2 截面的几何性质 ………………………………………………………………… 6
  2.1 截面的静矩和形心 ……………………………………………………………… 6
  2.2 惯性矩、惯性积和惯性半径 …………………………………………………… 8
  2.3 平行移轴公式 …………………………………………………………………… 12
  2.4 转轴公式、主惯性轴和主惯性矩 ……………………………………………… 15
3 轴向拉伸与压缩 ………………………………………………………………… 18
  3.1 拉(压)杆的内力 ………………………………………………………………… 18
  3.2 拉(压)杆的应力 ………………………………………………………………… 20
  3.3 拉(压)杆的变形和位移 ………………………………………………………… 21
  3.4 材料在拉伸和压缩时的力学性能 ……………………………………………… 26
  3.5 应力集中 ………………………………………………………………………… 30
  3.6 轴向拉(压)杆的强度计算 ……………………………………………………… 31
4 剪切与挤压 ……………………………………………………………………… 38
  4.1 剪切与挤压的概念 ……………………………………………………………… 38
  4.2 剪切与挤压的实用计算 ………………………………………………………… 40
  4.3 剪切胡克定律 …………………………………………………………………… 42
5 扭转 ……………………………………………………………………………… 45
  5.1 概述 ……………………………………………………………………………… 45
  5.2 受扭构件的内力 ………………………………………………………………… 46
  5.3 薄壁圆筒的扭转 ………………………………………………………………… 49
  5.4 圆杆扭转的应力及强度条件 …………………………………………………… 51
  5.5 圆杆扭转的变形及刚度条件 …………………………………………………… 56
  5.6 非圆截面杆扭转简介 …………………………………………………………… 59
6 弯曲内力 ………………………………………………………………………… 66
  6.1 平面弯曲的概念 ………………………………………………………………… 66
  6.2 梁的内力 ………………………………………………………………………… 70
  6.3 剪力图和弯矩图 ………………………………………………………………… 73
  6.4 弯矩、剪力与荷载集度之间的微分关系 ……………………………………… 76
  6.5 平面刚架和曲杆的内力图 ……………………………………………………… 80

7 弯曲应力 ·· 89
　7.1 弯曲正应力 ·· 89
　7.2 弯曲切应力 ·· 98
　7.3 梁的强度条件 ··· 104
　7.4 梁的优化设计 ··· 109
8 梁弯曲时的位移 ··· 117
　8.1 梁的挠度和转角 ··· 117
　8.2 梁的挠曲线微分方程及其积分 ··· 118
　8.3 叠加法求梁的位移 ··· 124
　8.4 梁的刚度条件及提高梁刚度的措施 ··· 127
9 简单的超静定问题 ··· 136
　9.1 超静定问题及其解法 ··· 136
　9.2 拉压超静定问题 ··· 137
　9.3 扭转超静定问题 ··· 143
　9.4 简单超静定梁 ··· 144
10 组合变形 ··· 151
　10.1 非对称截面梁的平面弯曲 ··· 151
　10.2 斜弯曲 ·· 153
　10.3 拉伸(压缩)与弯曲 ··· 156
　10.4 扭转与弯曲 ··· 159
11 应力状态和强度理论 ··· 166
　11.1 概述 ··· 166
　11.2 平面状态分析的解析法 ·· 169
　11.3 平面状态分析的图解法 ·· 175
　11.4 三向应力状态下应力分析简介 ··· 182
　11.5 应力与应变间的关系 ··· 183
　11.6 四种常用的强度理论 ··· 188
12 压杆稳定 ··· 198
　12.1 压杆稳定的概念 ·· 198
　12.2 细长压杆临界力的欧拉公式 ··· 199
　12.3 欧拉公式的适用范围及临界应力总图 ······································ 205
　12.4 压杆稳定的计算及提高压杆稳定性的措施 ································ 207
13 能量法简介 ··· 216
　13.1 概述 ··· 216
　13.2 杆件应变能的计算 ··· 216
　13.3 应变能的普遍表达式 ··· 218
　13.4 互等定理 ·· 219
　13.5 卡氏定理 ·· 220
附录Ⅰ 型钢表 ··· 226
附录Ⅱ 简单荷载作用下梁的挠度和转角 ··· 231
习题答案 ··· 234
主要参考书 ·· 242

1 绪 论

本章学习导引

一、了解荷载及构件的分类；

二、掌握构件正常工作的要求(强度、刚度和稳定性)和杆件的基本变形形式；

三、理解材料力学的任务；

四、熟悉变形固体的基本假定。

1.1 材料力学的任务

1.1.1 荷载

结构物和机械通常都受到各种外力的作用,例如,厂房外墙受到的风压力、吊车梁承受的吊车和起吊物的重力等,这些力称为**荷载**。

一般情况下,荷载可以分为以下几类。

1. 动荷载和静荷载

由于运动而产生的作用在构件上的作用力,称为动荷载。例如,旋转构件、以加速度做直线运动的构件上的惯性力;碰撞作用在构件上的冲击力。持续不变地或缓慢施加在构件上的荷载,称为静荷载。例如重力、缓慢起吊重物时施加在起重机结构上的力等。

2. 集中荷载和分布荷载

当两个固体接触处接触面积较小或接近一个点时,这时作用的荷载称为集中荷载。例如,静止的汽车通过轮胎作用在桥面上的力,当轮胎与桥面接触面积较小时,即可视为集中荷载。当两个固体接触处接触面积较大时,这时作用的荷载称为分布荷载。例如,桥面施加在桥梁上的力视为分布荷载。

1.1.2 构件及其分类

人们在生活和生产的实践中,经常要建造和使用各种各样的建筑物。任何建筑物都是由很多的零部件组合而成的,这些零部件统称为**构件**。

工程构件包括各种零件、部件等。根据空间三个方向的几何特性,弹性体大致可分为以下几类。

1. 杆件

空间一个方向的尺寸远大于其他两个方向的尺寸,这种弹性体称为杆或杆件。

2. 板或壳

空间一个方向的尺寸远小于其他两个方向的尺寸,且另两个尺寸比较接近,这种弹性体称为板或壳。

3. 块体

空间三个方向具有相同量级的尺度,这种弹性体称为块体。

材料力学只研究杆类构件,即单杆,简称为杆件。

常见杆件的几何特征如图 1-1(a)所示。杆件长度方向为纵向,与纵向垂直的方向为横向。

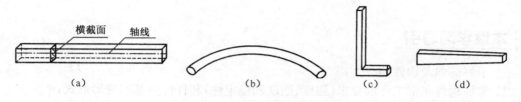

图 1-1 杆件几何特征及构件分类

就杆件外形来分,杆件可分为直杆、曲杆(图 1-1(b))和折杆(图 1-1(c));就横截面来分,杆件又可分为等截面杆和变截面杆(图 1-1(d))等,或实心杆、薄壁杆等。

材料力学以杆件类型构件为主要研究对象。

1.1.3 构件正常工作的要求

当建筑物承受外力的作用时,组成该建筑物的各杆件都必须能够安全正常工作,这样才能保证整个建筑物的正常使用。为此,要求杆件不发生破坏。如建筑物大量断裂时,势必会造成财产损失甚至人员伤亡。但不发生破坏不一定表示能正常使用,如果杆件在外力作用下发生过大的变形,也不能正常工作。如吊车梁若因荷载过大而发生过度变形,吊车就不能正常行驶。此外,有些杆件在荷载作用下,原有的平衡可能会丧失。如受压柱如果是细长型的,则在压力超过一定限度后,就有可能明显地受弯,进而丧失正常工作能力。直柱受压突然变弯的现象称为丧失稳定性。总而言之,杆件要能正常工作,必须同时满足以下三方面的要求:

1. 在荷载作用下杆件不发生破坏,即杆件具有足够的**强度**;

2. 在荷载作用下杆件所产生的变形应不超过工程上允许的范围,即杆件必须具有足够的**刚度**;

3. 承受荷载作用时,杆件在原有形态下的平衡应保持稳定的平衡,即杆件必须具有足够的**稳定性**。

这三方面的要求统称为杆件的承载能力。一般来说,在设计每一个杆件时,应同时考虑以上三方面的要求,但对某些具体的杆件来说,有时往往只需要考虑其中的某一主要方面的要求(有的以强度为主,有的以刚度为主,有的以稳定性为主),当主要方面的要求满足了,其他两个次要的要求也会得到满足。当设计的杆件能满足上述三方面的要求时,就可以认为设计是安全的,杆件能够正常工作。

1.1.4 材料力学的任务

当设计的构件具有足够的强度、刚度和稳定性时,就能保证其在荷载作用下安全、可靠地工作,也就是说设计满足了安全性的要求。但是合理的设计还要求符合经济节约的原则,尽可能地减少材料的消耗,以降低成本,或减轻构件自重。这两个要求是相互矛盾的,前者往往需要加大构件的尺寸,采用好的材料;而后者则要求少用材料,采用价格较低的材料。这一矛盾促使了材料力学这门学科的产生和发展。

综上所述,材料力学是一门研究构件强度、刚度和稳定性计算的科学。它为解决以上矛盾提供理论基础。它的任务是:**在保证构件既安全适用又经济的前提下,为构件选择合适的材料,确定合理的截面形状和尺寸,提供必要的计算方法和试验技术。**

1.2 变形固体的基本假设

制造构件所用的材料,其物质结构和性质是多种多样的,但其具有一个共同的特点,即都是固体,而且在荷载作用下都会产生**变形**(包括物体尺寸的改变和形状的改变)。因此,这些材料统称为**可变形固体**。

工程中实际材料的物质结构是各不相同的。例如,金属具有晶体结构,所谓晶体是由排列成一定规则的原子所构成;塑料是由长链分子所组成;玻璃、陶瓷是由按某种规律排列的硅原子和氧原子所组成。因而,各种材料的物质结构都具有不同程度的空隙,并可能存在气孔、杂质等缺陷。然而,这种空隙的大小与构件的尺寸相比,都是极其微小的,因而,可以略去不计而认为物体的结构是密实的。此外,对于实际材料的基本组成部分,例如金属、陶瓷、岩石的晶体,混凝土的石子、砂和水泥等,彼此之间以及基本组成部分与构件之间的力学性能都存在着不同程度的差异。但由于基本组成部分的尺寸与构件尺寸相比极为微小,且其排列方向又是随机的,因而,材料力学性能反映的是无数个随机排列的基本组成部分力学性能的统计平均值。例如,构成金属的晶体的力学性能是有方向性的,但是成千上万个随机排列的晶体所组成的金属材料,其力学性能则是统计各向同性的。

综上所述,对于可变形固体制成的构件,在进行强度、刚度和稳定性计算时,通常略去一些次要因素,将它们抽象为理想化的材料,然后进行理论分析。对可变形固体所作的基本假设如下。

1. 连续性假设

认为组成固体的物质不留空隙地充满了固体的体积。实际上,组成固体的粒子之间存在着空隙,并不连续,但这种空隙与构件的尺寸相比极其微小,可以不计。于是就认为固体在其整个体积内是连续的。根据这一假定,物体内因受力和变形而产生的内力和位移都将是连续的,因而可以表示为各点坐标的连续函数,从而有利于建立相应的数学模型,所得到的理论结果便于工程设计应用。

2. 均匀性假设

认为在固体内各个点有相同的力学性能。这样,如果从固体中取出一部分,不论大小,也不论从何处取出,力学性能总是相同的。

3. 各向同性假设

认为在固体内任一点所有方向上均具有相同的物理和力学性能。具有这种属性的材料称为各向同性材料,如铸钢、铸铜、玻璃等。就总体的力学性能而言,这一假定也适用于混凝土材料。

沿不同方向力学性能不同的材料称为各向异性材料,如木材、胶合板和某些人工合成材料等。

材料力学认为一般的工程材料是具有均匀性、连续性、各向同性的变形固体,且在大多数场合下局限在弹性变形范围内和小变形条件下进行研究。

1.3 杆件变形的基本形式

作用在杆件上的外力是多种多样的,因此,杆件的变形也是多种多样的。不过这些变形的基本形式不外乎以下四种。

1. 轴向拉伸或压缩

当杆件两端承受沿轴线方向、大小相等的拉力或压力荷载时,杆件将产生轴向伸长或压缩变形,分别如图 1-2(a),(b)所示。

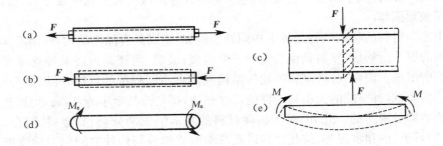

图 1-2　构件变形基本形式

2. 剪切

当杆件受到大小相等、方向相反,作用线相距很近的两个横向力作用时,杆件将产生剪切变形,如图 1-2(c)所示。

3. 扭转

当杆件受到大小相等、方向相反,作用在垂直于杆轴平面内的力偶 M_e 时,杆件将产生扭转变形,即杆件的横截面绕其轴相对转动,如图 1-2(d)所示。

4. 弯曲

当外加力偶 M(图 1-2(e))或外力作用于杆件的纵向平面内时,杆件将发生弯曲变形,其轴线将变成曲线。

工程中常用构件在荷载作用下的变形,大多为上述几种基本变形形式的组合,纯属某一种基本变形形式的构件较为少见。但若以某一种基本变形形式为主,其他属于次要变形的,则可按该基本变形形式计算。若几种变形形式都非次要,则属于组合变形问题。本书将分别讨论构件的每一种基本变形,然后再分析组合变形问题。

1.4 专业教育和执业资格考试对本课程的要求

土木工程专业培养学生胜任房屋建筑工程项目的设计、施工、管理的能力,使其具备扎实的工程力学的理论知识和能力,掌握扎实的土木工程学科专业基础知识及专业知识以及继续学习的能力。一级注册结构工程师的公共基础部分考试中"材料力学"占 12～15 题(即 12～15 分),考试内容涵盖了"材料力学"中从轴向受拉(压)至压杆稳定的所有知识点。

一级注册结构工程师基础部分（材料力学）考试大纲

1. 材料在拉伸、压缩时的力学性能：低碳钢、铸铁拉伸、压缩试验的应力-应变曲线；力学性能指标。

2. 拉伸和压缩：轴力和轴力图；杆件横截面和斜截面上的应力；强度条件；胡克定律；变形计算。

3. 剪切和挤压：剪切和挤压的实用计算；剪切面；挤压面；剪切强度；挤压强度。

4. 扭转：扭矩和扭矩图；圆轴扭转切应力；切应力互等定理；剪切胡克定律；圆轴扭转的强度条件；扭转角计算及刚度条件。

5. 截面几何性质：静矩和形心；惯性矩和惯性积；平行轴公式；形心主轴及形心主惯性矩概念。

6. 弯曲：梁的内力方程；剪力图和弯矩图；分布荷载、剪力、弯矩之间的微分关系；正应力强度条件；切应力强度条件；梁的合理截面；弯曲中心概念；求梁变形的积分法、叠加法。

7. 应力状态：平面应力状态分析的解析法和应力圆法；主应力和最大切应力；广义胡克定律；四个常用的强度理论。

8. 组合变形：拉/压-弯组合、弯-扭组合情况下杆件的强度校核；斜弯曲。

9. 压杆稳定：压杆的临界荷载；欧拉公式；柔度；临界应力总图；压杆的稳定校核。

模拟试题

【2014 年一级注册结构工程师真题】构件正常工作时应满足的条件是指：（　　　　）

A. 构件不发生断裂破坏

B. 构件原有形式下的平衡是稳定的

C. 构件具有足够的抵抗变形的能力

D. 构件具有足够的承载力（强度）、刚度和稳定性

习 题

1.1 材料力学中我们对变形固体做了哪些假设？

1.2 什么是强度、刚度和稳定性？

1.3 材料力学的主要任务是什么？

1.4 构件的基本变形形式有几种？试举例说明。

2

截面的几何性质

📖 **本章学习导引**

一、一级注册结构工程师《考试大纲》规定要求

　　静矩和形心、惯性矩和惯性积、平行移轴公式、组合图形的惯性矩、形心主惯性矩。

二、重点掌握和理解内容

　　静矩和形心、惯性矩和惯性积、平行移轴公式、组合图形的惯性矩、形心主惯性矩。

2.1　截面的静矩和形心

　　材料力学中研究的杆件,其横截面是各种形式的平面图形,如矩形、圆形、T形、工字形等。我们计算关键在外荷载作用下的应力和变形时,要用到与杆件横截面的形状、尺寸有关的几何量。例如,在扭转部分会遇到极惯性矩 I_p,在弯曲部分会遇到静矩 S、惯性矩和惯性积等。我们称这些量为杆件横截面图形的几何性质。

　　确定平面图形的形心,是确定其几何性质的基础。

　　在理论力学中,用合力矩定理建立物体重心坐标的计算公式。譬如均质等厚度薄板(见图 2-1),若其截面积为 A,厚度为 t,体积密度为 ρ,则微块的重力为

$$\mathrm{d}G = \mathrm{d}At\rho g$$

整个薄板重力为

$$G = At\rho g$$

其重心 C 的坐标为

$$x_C = \frac{\int_A x\,\mathrm{d}G}{G} = \frac{\int_A x\,\mathrm{d}At\rho g}{At\rho g}, \quad y_C = \frac{\int_A y\,\mathrm{d}G}{G} = \frac{\int_A y\,\mathrm{d}At\rho g}{At\rho g}$$

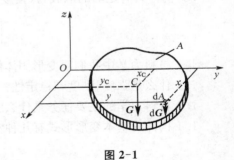

图 2-1

由于是均质等厚度,t、ρ、g 为常量,故上式可改写为

$$x_C = \frac{\int_A x\,\mathrm{d}A}{A}, \quad y_C = \frac{\int_A y\,\mathrm{d}A}{A} \tag{2-1}$$

　　由式(2-1)确定的 C 点,其坐标只与薄板的截面形状及大小有关,称为平面图形的形心,它是平面图形的几何中心。具有对称中心、对称轴的图形的形心必然在对称中心和对称轴上。形心与重心的计算公式虽然相似,但意义不同。重心是物体重力的中心,其位置决定于物体重力大小的分布情况,只有均质物体的重心才与形心重合。

式(2-1)中 $y\mathrm{d}A$ 和 $x\mathrm{d}A$ 分别为微面积 $\mathrm{d}A$ 对 x 轴和 y 轴的静矩。它们对整个平面图形面积的定积分

$$S_x = \int_A y\mathrm{d}A, S_y = \int_A x\mathrm{d}A \tag{2-2}$$

分别称为整个平面图形对于 x 轴和 y 轴的静矩。由式(2-2)可看出,同一平面图形对不同的坐标轴,其静矩不同。静矩是代数值,可为正或负,也可能为零。常用单位为立方米(m^3)或立方毫米(mm^3)。

将式(2-2)代入式(2-1),平面图形的形心坐标公式可写为

$$x_C = \frac{S_y}{A}, y_C = \frac{S_x}{A} \tag{2-3}$$

由此可得平面图形的静矩为

$$S_x = Ay_C, S_y = Ax_C \tag{2-4}$$

即平面图形对某轴的静矩等于其面积与形心坐标(形心至该轴的距离)的乘积。当坐标轴通过图形的形心(简称形心轴)时,静矩便等于零;反之,图形对某轴静矩等于零,则该轴必通过图形的形心。

构件截面的图形往往是由矩形、圆形等简单图形组成,称为组合图形。根据图形静矩的定义,组合图形对某轴的静矩等于各简单图形对同一轴静矩的代数和,即

$$\begin{cases} S_x = A_1 y_{C_1} + A_2 y_{C_2} + \cdots + A_i y_{C_i} = \sum_{i=1}^n A_i y_{C_i} \\ S_y = A_1 x_{C_1} + A_2 x_{C_2} + \cdots + A_i x_{C_i} = \sum_{i=1}^n A_i x_{C_i} \end{cases} \tag{2-5}$$

式中:x_{C_i}、y_{C_i} 和 A_i 分别表示各简单图形的形心坐标和面积,n 为组成组合图形的简单图形的个数。

将式(2-5)代入式(2-3),可得组合图形形心坐标计算公式为

$$\begin{cases} x_C = \frac{S_y}{A} = \frac{\sum_{i=1}^n x_{C_i} A_i}{\sum_{i=1}^n A_i} \\ y_C = \frac{S_x}{A} = \frac{\sum_{i=1}^n y_{C_i} A_i}{\sum_{i=1}^n A_i} \end{cases} \tag{2-6}$$

【例 2-1】 试计算如图 2-2 所示平面图形形心的坐标及对两坐标轴的静矩。

解:此图形有一个垂直对称轴,取该轴为 y 轴,顶边 AB 为 x 轴。由于对称关系,形心 C 必在 y 轴上,因此只需计算形心在 y 轴上的位置。此图形可看成是由矩形 $ABCD$ 减去矩形

$abcd$。设矩形 $ABCD$ 的面积为 A_1，$abcd$ 的面积为 A_2，则

$$A_1 = 100 \text{ mm} \times 160 \text{ mm} = 16\ 000 \text{ mm}^2$$

$$y_{C_1} = \frac{-160 \text{ mm}}{2} = -80 \text{ mm}$$

$$y_{C_2} = \frac{-(160-30) \text{ mm}}{2} + (-30) \text{ mm} = -95 \text{ mm}$$

$$A_2 = 130 \text{ mm} \times 60 \text{ mm} = 7\ 800 \text{ mm}^2$$

$$y_C = \frac{\sum\limits_{i=1}^{n} A_i y_{C_i}}{\sum\limits_{i=1}^{n} A_i} = \frac{y_{C_1} A_1 - y_{C_2} A_2}{A_1 - A_2} = \frac{(-80) \text{ mm} \times 16 \times 10^3 \text{ mm}^2 - (-95) \text{ mm} \times 7\ 800 \text{ mm}^2}{(16 \times 10^3 - 7\ 800) \text{ mm}^2}$$

$$S_x = A y_C = 8\ 200 \text{ mm}^2 \times (-65.73) \text{ mm} = -538\ 986 \text{ mm}^3$$

$$S_y = A x_C = 0$$

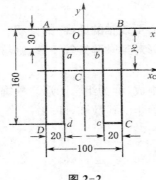

图 2-2

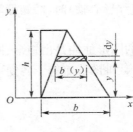

图 2-3

【例 2-2】 试计算如图 2-3 所示三角形对于与其底边重合的 x 轴的静矩。

解：取平行于 x 轴的狭长条(见图 2-3)作为面积元素，即 $\mathrm{d}A = b(y)\mathrm{d}y$。由相似三角形关系，可知 $b(y) = \dfrac{b}{h}(h-y)\mathrm{d}y$。则

$$S_x = \int_A y \mathrm{d}A = \int_0^h \frac{b}{h}(h-y)y\mathrm{d}y = b \int_0^h y\mathrm{d}y - \frac{b}{h} \int_0^h y^2 \mathrm{d}y = \frac{bh^2}{6}$$

2.2 惯性矩、惯性积和惯性半径

2.2.1 惯性矩、极惯性矩

在平面图形中取一微面积 $\mathrm{d}A$(见图 2-4)，$\mathrm{d}A$ 与其坐标平方的乘积 $y^2 \mathrm{d}A$、$x^2 \mathrm{d}A$ 分别称为该微面积 $\mathrm{d}A$ 对 x 轴和 y 轴的**惯性矩**，而定积分

$$\begin{cases} I_x = \int_A y^2 \mathrm{d}A \\ I_y = \int_A x^2 \mathrm{d}A \end{cases}$$

$$(2-7)$$

分别称为整个平面图形对 x 轴和 y 轴的惯性矩。式中 A 是整个平面图形的面积。微面积 dA 与它到坐标原点距离平方的乘积对整个面积的积分

$$I_p = \int_A \rho^2 \, dA \qquad (2-8)$$

称为平面图形对坐标原点的**极惯性矩**。

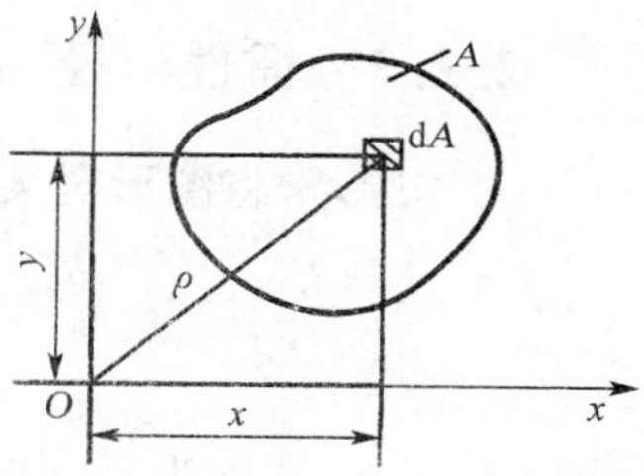

由上述定义可知,同一图形对不同坐标轴的惯性矩是不相同的,由于 y^2、x^2 和 ρ^2 恒为正值,故惯性矩与极惯性矩也恒为正值,它们的单位为四次方米(m^4)或四次方毫米(mm^4)。

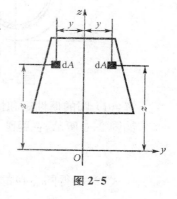

图 2-4

从图 2-4 可见 $\rho^2 = x^2 + y^2$,因此

$$I_p = \int_A \rho^2 \, dA = \int_A (x^2 + y^2) \, dA = I_x + I_y \qquad (2-9)$$

式(2-9)表明平面图形对位于图形平面内某点的任意一对相互垂直坐标轴的惯性矩之和是一常量,恒等于它对该两轴交点的极惯性矩。

2.2.2 惯性积

在平面图形的坐标 (y, z) 处,取微面积 dA(见图 2-5),遍及整个图形面积 A 的积分

$$I_{yz} = \int_A yz \, dA \qquad (2-10)$$

定义为图形对 y、z 轴的惯性积。

由于坐标乘积 yz 可能为正或负,因此,I_{yz} 的数值可能为正,可能为负,也可能等于零。例如当整个图形都在第一象限内时(见图 2-5),由于所有微面积 dA 的 y、z 坐标均为正值,所以图形对这两个坐标轴的惯性积也必为正值。又如当整个图形都在第二象限内时,由于所有微面积 dA 的 z 坐标为正,而 y 坐标为负,因而图形对这两个坐标轴的惯性积必为负值。惯性积的量纲是长度的四次方。

图 2-5

若坐标轴 y 或 z 中有一个是图形的对称轴,例如图 2-5 中的 z 轴。这时,如在 z 轴两侧对称位置处,各取一微面积 dA,显然,两者的 z 坐标相同,y 坐标则数值相等但符号相反。因而两个微面积与坐标 y、z 的乘积,数值相等而符号相反,它们在积分中互相抵消。所有微面积与坐标的乘积都两两相消,最后导致

$$I_{yz} = \int_A yz \, dA = 0$$

所以,若坐标系的两个坐标轴中只要有一个轴为图形的对称轴,则图形对这一坐标系的**惯性积等于零**。

2.2.3 惯性半径

工程中,常将图形对某轴的惯性矩,表示为图形面积 A 与某一长度平方的乘积,即

$$\begin{cases} I_x = i_x^2 A \\ I_y = i_y^2 A \end{cases} \tag{2-11}$$

式中:i_x、i_y 分别称为平面图形对 x 轴和 y 轴的惯性半径,单位为米(m)或毫米(mm)。由式(2-11)可知,惯性半径愈大,则图形对该轴的惯性矩也愈大。若已知图形面积 A 和惯性矩 I_x、I_y,则惯性半径为

$$i_x = \sqrt{\frac{I_x}{A}}, i_y = \sqrt{\frac{I_y}{A}} \tag{2-12}$$

2.2.4 简单图形的惯性矩

下面举例说明简单图形惯性矩的计算方法。

【例 2-3】 设圆的直径为 d(见图 2-6);圆环的外径为 D,内径为 d,$\alpha = \dfrac{d}{D}$(见图 2-7)。试计算它们对圆心和形心轴的惯性矩,以及圆对形心轴的惯性半径。

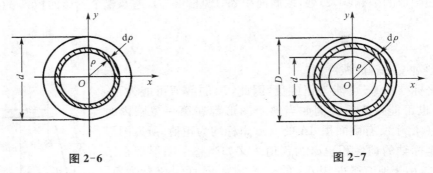

图 2-6   图 2-7

解:(1) 圆的惯性矩和惯性半径

如图 2-6 所示,在距圆心 O 为 ρ 处取宽度为 $d\rho$ 的圆环作为面积元素,其面积为

$$dA = 2\pi\rho d\rho$$

由式(2-8)得圆心 O 的极惯性矩为

$$I_p = \int_A \rho^2 dA = \int_0^{\frac{d}{2}} 2\pi\rho^3 d\rho = \frac{\pi d^4}{32}$$

由圆的对称性可知,$I_x = I_y$,按式(2-9)得圆形对形心轴的惯性矩为

$$I_x = I_y = \frac{1}{2} I_p = \frac{\pi d^4}{64}$$

由式(2-11),可得圆形对形心轴的惯性半径为

$$i_x = i_y = \sqrt{\frac{I_x}{A}} = \sqrt{\frac{\pi d^4}{64} \times \frac{4}{\pi d^2}} = \frac{d}{4}$$

（2）圆环形（见图2-7）的惯性矩为

$$I_p = \int_{\frac{d}{2}}^{\frac{D}{2}} 2\pi\rho^3 \mathrm{d}\rho = \frac{\pi}{32}(D^4 - d^4) = \frac{\pi D^4}{32}(1 - \alpha^4)$$

$$I_x = I_y = \frac{1}{2} I_p = \frac{\pi D^4}{64}(1 - \alpha^4)$$

式中 $\alpha = \dfrac{d}{D}$。

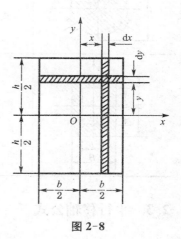

图 2-8

【例2-4】 试计算矩形对其形心轴的惯性矩 I_x 和 I_y。

解：（1）取平行于 x 轴的微面积（见图2-8）

$$\mathrm{d}A = b\mathrm{d}y$$

$$I_x = \int_A y^2 \mathrm{d}A = \int_{-\frac{h}{2}}^{\frac{h}{2}} by^2 \mathrm{d}y = \frac{bh^3}{12}$$

（2）取平行于 y 轴的微面积（见图2-8）

$$\mathrm{d}A = h\mathrm{d}x$$

$$I_y = \int_A x^2 \mathrm{d}A = \int_{-\frac{b}{2}}^{\frac{b}{2}} hx^2 \mathrm{d}x = \frac{hb^3}{12}$$

为便于计算时查用，在表2-1中列出了一些简单的常用平面图形的几何性质。

表 2-1　常用平面图形的几何性质

截面形状和形心位置	面积 A	惯性矩 I	抗弯截面模量 W
 矩形	$A = bh$	$I_z = \dfrac{bh^3}{12}$ $I_y = \dfrac{bh^3}{12}$	$W_z = \dfrac{bh^2}{6}$ $W_y = \dfrac{bh^2}{6}$
 圆形	$A = \dfrac{\pi d^2}{4}$	$I_z = I_y = \dfrac{\pi d^4}{64}$	$W_z = W_y = \dfrac{\pi d^3}{32}$
 圆环	$A = \dfrac{\pi}{4}(D^2 - d^2)$	$I_z = I_y = \dfrac{\pi D^4}{64}(1 - \alpha^4)$ $\alpha = \dfrac{d}{D}$	$W_z = W_y = \dfrac{\pi D^3}{32}(1 - \alpha^4)$
 	$A \approx \dfrac{\pi d^2}{4} - bt$	$I_z \approx \dfrac{\pi d^4}{64} - \dfrac{bt}{4}(d - t)^2$	$W_z = \dfrac{\pi d^2}{32} - \dfrac{bt(d - t)^2}{2d}$

续表 2-1

截面形状和形心位置	面积 A	惯性矩 I	抗弯截面模量 W
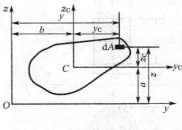	$A = \dfrac{\pi d^2}{4} + zb\,\dfrac{(D-d)}{2}$ 式中：z—花键齿数	$I_z = \dfrac{\pi d^4}{64} +$ $\dfrac{zb}{64}(D-d)(D+d)^2$	$W_z =$ $\dfrac{\pi d^4 + zb(D-d)(D+d)^2}{32D}$
（图）	$A = HB - hb$	$I_z = \dfrac{BH^3 - bh^3}{12}$ $I_y = \dfrac{HB^3 - hb^3}{12}$	$W_z = \dfrac{BH^3 - bh^3}{6H}$ $W_y = \dfrac{HB^3 - hb^3}{6B}$

2.3 平行移轴公式

2.3.1 平行移轴公式

同一平面图形对于平行的两对坐标轴的惯性矩或惯性积，并不相同。当其中一对轴是图形的形心轴时，它们之间有比较简单的关系。现介绍这种关系的表达式。

在图 2-9 中，C 为图形的形心，y_C 和 z_C 是通过形心的坐标轴。图形对形心轴 y_C 和 z_C 的惯性矩和惯性积分别记为

$$I_{y_C} = \int_A z_C^2 \,\mathrm{d}A$$

$$I_{z_C} = \int_A y_C^2 \,\mathrm{d}A$$

$$I_{y_C z_C} = \int_A y_C z_C \,\mathrm{d}A \tag{2-13}$$

（图）

图 2-9

若 y 轴平行于 y_C，且两者的距离为 a；z 轴平行于 z_C，且两者的距离为 b，图形对 y 轴和 z 轴的惯性矩和惯性积应为

$$I_y = \int_A z^2 \,\mathrm{d}A,\quad I_z = \int_A y^2 \,\mathrm{d}A,\quad I_{yz} = \int_A yz \,\mathrm{d}A \tag{2-14}$$

由图 2-9 显然可以看出

$$y = y_C + b,\quad z = z_C + a \tag{2-15}$$

将式(2-15)代入式(2-14)，得

$$I_y = \int_A z^2 \,\mathrm{d}A = \int_A (z_C + a)^2 \,\mathrm{d}A = \int_A z_C^2 \,\mathrm{d}A + 2a\int_A z_C \,\mathrm{d}A + a^2 \int_A \mathrm{d}A$$

$$I_z = \int_A y^2 \,\mathrm{d}A = \int_A (y_C + b)^2 \,\mathrm{d}A = \int_A y_C^2 \,\mathrm{d}A + 2b\int_A y_C \,\mathrm{d}A + b^2 \int_A \mathrm{d}A$$

$$I_{yz} = \int_A yz\,\mathrm{d}A = \int_A (y_C + b)(z_C + a)\mathrm{d}A = \int_A y_C z_C \mathrm{d}A + a\int_A y_C \mathrm{d}A + b\int_A z_C \mathrm{d}A + ab\int_A \mathrm{d}A$$

在式 I_y、I_z 和 I_{yz} 中，$\int_A z_C \mathrm{d}A$ 和 $\int_A y_C \mathrm{d}A$ 分别为图形对形心轴 y_C 和 z_C 的静矩，其值等于零。$\int_A \mathrm{d}A = A$，如再应用式(2-13)，则式 I_y、I_z 和 I_{yz} 简化为

$$I_y = I_{y_C} + a^2 A$$
$$I_z = I_{z_C} + b^2 A$$
$$I_{yz} = I_{y_C z_C} + abA \tag{2-16}$$

式(2-16)为惯性矩和惯性积的平行移轴公式。利用这一公式可使惯性矩和惯性积的计算得到简化。在使用平行移轴公式时，要注意 a 和 b 是图形的形心在 yOz 坐标系中的坐标，所以它们是有正负的。

2.3.2 组合图形的惯性矩

由惯性矩定义可知，组合图形对某轴的惯性矩就等于组成它的各简单图形对同一轴惯性矩的和。简单图形对本身形心轴的惯性矩可通过积分或查表求得，再利用平行移轴公式便可求得它对组合图形形心轴的惯性矩。这样就可较方便地计算组合图形的惯性矩。下面举例说明。

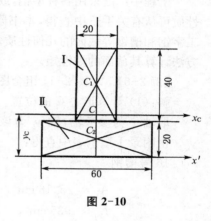

图 2-10

【例 2-5】 试计算如图 2-10 所示的组合图形对形心轴的惯性矩。

解：(1) 计算形心 C 的位置　该图形有垂直对称轴 y_C，形心必在此轴上，只需计算形心在此轴上的坐标。取底边为参考轴 x'，设形心 C 到此轴的距离为 y_C，将图形分为两个矩形 Ⅰ、Ⅱ。它们对 x' 轴的面矩分别为

$$S_1 = 40\ \mathrm{mm} \times 20\ \mathrm{mm} \times \left(\frac{40}{2} + 20\right) \mathrm{mm} = 32\,000\ \mathrm{mm}^3$$

$$S_2 = 60\ \mathrm{mm} \times 20\ \mathrm{mm} \times \frac{20}{2}\ \mathrm{mm} = 12\,000\ \mathrm{mm}^3$$

整个图形对 x' 轴的面矩为

$$S_{x'} = S_1 + S_2 = (32\,000 + 12\,000)\ \mathrm{mm}^3 = 44 \times 10^3\ \mathrm{mm}^3$$

整个图形的面积为

$$A = A_1 + A_2 = (40 \times 20 + 60 \times 20)\ \mathrm{mm}^2 = 2\,000\ \mathrm{mm}^2$$

由式(2-6)得

$$y_C = \frac{S_{x'}}{A} = \frac{44 \times 10^3\ \mathrm{mm}^3}{2 \times 10^3\ \mathrm{mm}^2} = 22\ \mathrm{mm}$$

过形心 C 作垂直于 y_C 轴的 x_C 轴，x_C 和 y_C 轴为图形的形心轴。

（2）计算图形对形心轴 x_C 和 y_C 的惯性矩 I_x、I_y

首先分别求出矩形 I、II 对 x_C、y_C 轴的惯性矩 I_{x_I}、I_{y_I}、$I_{x_{II}}$、$I_{y_{II}}$。由平行移轴公式得

$$I_{x_I} = \left[\frac{20 \times 40^3}{12} + \left(\frac{40}{2} + 20 - 22 \right)^2 \times 40 \times 20 \right] mm^4 = 3\,659 \times 10^2\ mm^4$$

$$I_{x_{II}} = \left[\frac{60 \times 20^3}{12} + \left(22 - \frac{20}{2} \right)^2 \times 60 \times 20 \right] mm^4 = 2\,128 \times 10^2\ mm^4$$

$$I_{y_I} = \left(\frac{40 \times 20^3}{12} \right) mm^4 = 2\,667 \times 10\ mm^4$$

$$I_{y_{II}} = \left(\frac{20 \times 60^3}{12} \right) mm^4 = 3\,600 \times 10^2\ mm^4$$

整个图形对 x_C、y_C 轴的惯性矩为

$$I_x = I_{x_I} + I_{x_{II}} = (365\,900 + 212\,800)\ mm^4 = 57.9 \times 10^4\ mm^4$$

$$I_y = I_{y_I} + I_{y_{II}} = (26\,670 + 360\,000)\ mm^4 = 38.7 \times 10^4\ mm^4$$

工程中广泛采用各种型钢，或用型钢组成的构件。型钢的几何性质可从有关手册中查得，本书附录中列有我国标准的等边角钢、工字钢和槽钢等截面的几何性质。由型钢组合的构件，也可用上述方法计算其截面的惯性矩。

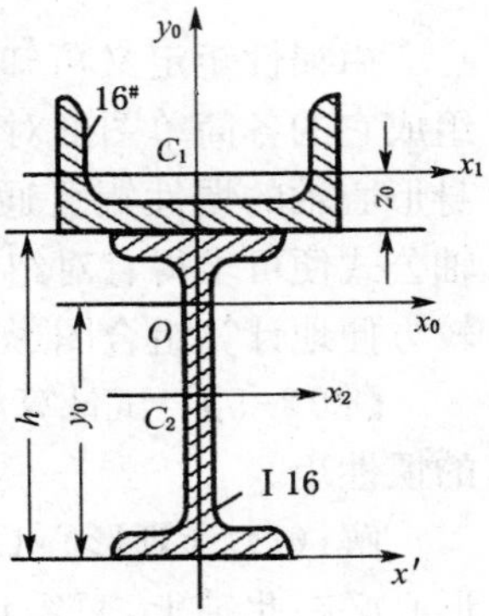

【例 2-6】 求图 2-11 组合图形对形心轴 x_C、y_C 的惯性矩。

解：（1）计算形心 C 的位置

取轴 x' 为参考轴，轴 y_C 为该截面的对称轴，$x_C = 0$，只需计算 y_C。由附录 I 型钢表中查得：

16 号槽钢

$$A_1 = 25.16\ cm^2, \qquad I_{x_1} = 83.4\ cm^4$$
$$I_{y_1} = 935\ cm^4, \qquad z_0 = 1.75\ cm \quad C_1\ 为其形心$$

16 号工字钢

$$A_2 = 26.1\ cm^2, \qquad I_{x_2} = 1\,130\ cm^4, \qquad I_{y_2} = 93.1\ cm^4,$$
$$h = 160\ mm, C_2\ 为其形心$$

$$y_C = \frac{\left(25.16 \times 10^2 \times (160 + 17.5) + 26.1 \times 10^2 \times \frac{160}{2} \right) mm^3}{(25.16 \times 10^2 + 26.1 \times 10^2)\ mm^2} = 127.9\ mm$$

图 2-11

（2）计算整个图形对形心轴的惯性矩 I_x、I_y

可由平行移轴公式求得

$$I_x = I_{x_1} + (z_0 + h - y_C)^2 A_1 + I_{x_2} + \left(y_C - \frac{h}{2} \right)^2 A_2 =$$

$$83.4 \times 10^4\ mm^4 + (17.5 + 160 - 127.9)^2 \times 25.16 \times 10^2\ mm^4 +$$

$$1130 \times 10^4\ mm^4 + \left(127.9 - \frac{160}{2} \right)^2 \times 26.1 \times 10^2\ mm^4 = 243 \times 10^5\ mm^4$$

$$I_y = I_{y_1} + I_{y_2} = (935 \times 10^4 + 93.1 \times 10^4)\ mm^4 = 103 \times 10^5\ mm^4$$

在图形平面内,通过形心可以作无数根形心轴,图形对各轴惯性矩的数值各不相同。可以证明:平面图形对各通过形心轴的惯性矩中,必然有一极大值与极小值;具有极大值惯性矩的形心轴与具有极小值惯性矩的形心轴互相垂直;当互相垂直的两根形心轴有一根是图形的对称轴时,则图形对该对形心轴的惯性矩一为极大值,另一为极小值。如上例中对轴 x_C 的惯性矩为极大值,对轴 y_C 的惯性矩为极小值。

2.4 转轴公式、主惯性轴和主惯性矩

2.4.1 转轴公式

设一面积为 A 的任意形状图形如图 2-12 所示。已知图形对通过其上任意一点 O 的两坐标轴 x、y 的惯性矩和惯性积分别为 I_x、I_y 和 I_{xy}。若坐标轴 x、y 绕 O 点旋转 α 角(α 角以逆时针转向为正)至 x_1、y_1 位置,则该图形对新坐标轴 x_1、y_1 的惯性矩和惯性积分别为 I_{x_1}、I_{y_1} 和 $I_{x_1y_1}$。

由图 2-12 可见,图形上任一面积元素 dA 在新、老两坐标系内的坐标 (x_1,y_1) 与 (x,y) 间的关系为

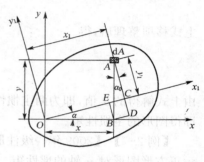

图 2-12

$$x_1 = \overline{OC} = \overline{OE} + \overline{BD} = x\cos\alpha + y\sin\alpha$$

$$y_1 = \overline{AC} = \overline{AD} - \overline{EB} = y\cos\alpha - x\sin\alpha$$

将 y_1 代入式(2-11),经过展开并逐项积分后,即得该图形对坐标轴至 x_1 的惯性矩 I_{x_1} 为

$$I_{x_1} = \cos^2\alpha \int_A y^2\,dA + \sin\alpha \int_A x^2\,dA - 2\sin\alpha\cos\alpha \int_A xy\,dA \tag{2-17}$$

根据惯性矩和惯性积的定义,上式右端的各项积分分别为

$$\int_A y^2\,dA = I_x, \quad \int_A x^2\,dA = I_y, \quad \int_A xy\,dA = I_{xy}$$

将其代入式(2-17)并改用二倍角函数的关系,即得

$$I_{x_1} = \frac{I_x + I_y}{2} + \frac{I_x - I_y}{2}\cos 2\alpha - I_{xy}\sin 2\alpha \tag{2-18a}$$

同理

$$I_{y_1} = \frac{I_x + I_y}{2} - \frac{I_x - I_y}{2}\cos 2\alpha + I_{xy}\sin 2\alpha \tag{2-18b}$$

$$I_{x_1y_1} = \frac{I_x - I_y}{2}\sin 2\alpha + I_{xy}\cos 2\alpha \tag{2-18c}$$

将式(2-18a)和(2-18b)两式相加,可得

$$I_{x_1} + I_{y_1} = I_x + I_y \tag{2-19}$$

上式表明,图形对于通过同一点的任意一对相互垂直的坐标轴的两惯性矩之和为一常数,并等

于图形对该坐标原点的极惯性矩。

2.4.2 主惯性轴和主惯性矩

由式(2-18c)可知,当坐标轴旋转时,惯性积 $I_{x_1y_1}$ 将随着 α 角作周期性变化,且有正有负。因此,必有一特定的角度 α_0,使图形对该坐标轴 x_0、y_0 的惯性积等于零。图形对其惯性积等于零的一对坐标轴称为**主惯性轴**。图形对于主惯性轴的惯性矩称为**主惯性矩**。当一对主惯性轴的交点与图形的形心重合时称为形心主惯性轴。图形对形心主惯性轴的惯性矩称为形心主惯性矩。

为确定主惯性轴的位置,设 α_0 角为主惯性轴与原坐标轴之间的夹角(图 2-12),则将代入惯性积的转轴公式(2-18c)并令其等于零,即

$$\frac{I_x - I_y}{2}\sin 2\alpha_0 + I_{xy}\cos 2\alpha_0 = 0$$

上式移项整理后,得

$$\tan 2\alpha_0 = \frac{-2I_{xy}}{I_x - I_y} \tag{2-20}$$

由上式解得的 α_0 值,即为两主惯性轴中 x_0 轴的位置。将所得 α_0 值代入式(2-18a)和(2-18b),即得图形的主惯性矩。

【例 2-7】【2009 年一级注册结构工程师真题】求图 2-13 所示正方形图形对 y_1 轴的惯性矩。

解:首先计算正方形对通过其形心 C 的 z、y 轴的惯性矩 I_z,I_y 和惯性积 I_{zy}

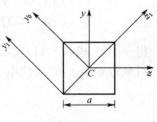

$$I_z = I_y = \frac{a^4}{12}$$

$$I_{yz} = 0$$

图 2-13

利用转轴公式计算 I_{y_0}

$$I_{y_0} = \frac{I_x + I_y}{2} - \frac{I_x - I_y}{2}\cos 2\alpha + I_{xy}\sin 2\alpha = \frac{\frac{a^4}{12} + \frac{a^4}{12}}{2} - \frac{\frac{a^4}{12} - \frac{a^4}{12}}{2}\cos 2\alpha + 0 \cdot \sin 2\alpha = \frac{a^4}{12}$$

$$I_{y_1} = I_{y_0} + \left(\frac{\sqrt{2}}{2}a\right) \cdot A = \frac{a^4}{12} + \frac{a^2}{2} \cdot a^2 = \frac{7a^4}{12}$$

模拟试题

2.1 【2002 年一级注册结构工程师模拟考试试题】如试题 2.1 图所示两种截面,其惯性矩的关系为( )。

A. $(I_y)_1 > (I_y)_2$,$(I_z)_1 > (I_z)_2$

B. $(I_y)_1 > (I_y)_2$,$(I_z)_1 = (I_z)_2$

C. $(I_y)_1 = (I_y)_2$,$(I_z)_1 > (I_z)_2$

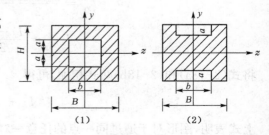

试题 2.1 图

D. $(I_y)_1=(I_y)_2,(I_z)_1=(I_z)_2$

2.2 【2014年一级注册结构工程师真题】圆形截面有(　　)形心主惯性轴。

A. 一根　　　　　　　B. 无穷多根　　　　　　C. 一对　　　　　　D. 三对

2.3 如试题2.3图所示正方形截面,其中C点为形心,K为边界上任一点,则过C点和K点主轴的对数为(　　)。

A. 过C点有两对正交的形心主轴,过K点有一对正交主轴

B. 过C点有无数对,过K点有两对

C. 过C点有无数对,过K点有一对

D. 过C点和K点均有一对主轴

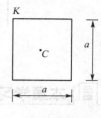

试题2.3图

习　题

2.1 试求如习题2.1图所示三角形截面对通过顶点A并平行于底边BC的x轴的惯性矩。

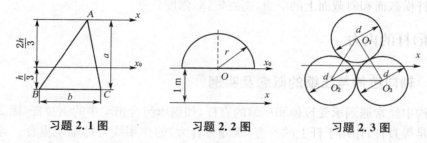

习题2.1图　　　　　　习题2.2图　　　　　　习题2.3图

2.2 试求如习题2.2图所示$r=1$ m的半圆形截面对于轴x的惯性矩,其中半圆形的底边平行,相距1 m。

2.3 试求如习题2.3图所示组合截面对于形心轴x的惯性矩。

2.4 试求如习题2.4图所示各组合截面对其对称轴x的惯性矩。

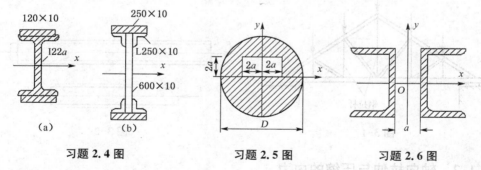

习题2.4图　　　　　　习题2.5图　　　　　　习题2.6图

2.5 在直径$D=8a$的圆截面中,开了一个$2a\times4a$的矩形孔,如习题2.5图所示,试求截面对其水平形心轴和竖直形心轴的惯性矩I_x和I_y。

2.6 图示由两个20a号槽钢组成的组合截面,若欲使截面对两对称轴的惯性矩I_x和I_y相等,则两槽钢的间距a应为多少?

3 轴向拉伸与压缩

本章学习导引

一、一级注册结构工程师《考试大纲》规定要求

　　轴力和轴力图,拉(压)杆横截面和斜截面上的应力,胡克定律,强度条件,变形计算。低碳钢、铸铁拉伸和压缩试验的应力-应变曲线、力学性能指标。

二、重点掌握和理解内容

　　拉(压)杆横截面和斜截面上的应力,胡克定律,强度条件。

3.1 拉(压)杆的内力

3.1.1 轴向拉伸与压缩的概念及实例

　　工程结构中经常遇到承受拉伸和压缩的直杆,如钢木组合桁架中的钢拉杆(图 3-1),除连接部分外都是等直杆,作用于杆上的外力(或外力合力)的作用线与杆轴线重合。等直杆在这种受力情况下,其主要变形是**纵向伸长或缩短**。这种变形就是轴向拉伸或压缩。这类构件称为**拉(压)杆**。若不考虑实际拉(压)杆的具体形状与受力情况,则可将其简化为如图 3-2 所示的受力简图。变形后的形状在图中用虚线表示。

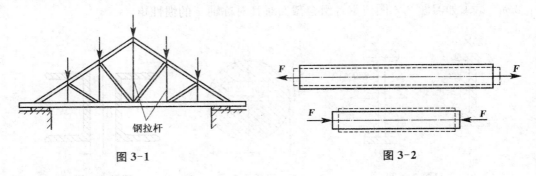

钢拉杆

图 3-1　　　　　　　　　　　　　　　　图 3-2

3.1.2 轴向拉伸与压缩的内力

　　物体在没有受到外力作用时,为了保持物体的固有形状,分子间已存在结合力。当物体受外力作用而变形时,为了抵抗外力引起的变形,结合力发生了变化,这种由于外力作用而引起的内力的改变量,称为附加内力,简称**内力**。内力随外力的增减而发生变化,当内力增大到某一极限时,构件就会发生破坏,所以内力与构件的强度、刚度和稳定性等密切相关。在研究强度等问题时,必须首先求出内力。

要求某一截面 $m-m$ 上的内力,可假想沿该截面截开,将杆分成左、右两段,任取其中一段作为研究对象,而将另一段对该段的作用以内力 R 来代替。因为构件整体是平衡的,所以构件的任何部分也必须是平衡的,列出平衡方程即可求出截面上内力的大小和方向。这种方法称为**截面法**。

为了显示如图 3-3(a)所示的轴向拉杆横截面上的内力,可以取 $m-m$ 截面左段进行研究,其受力分析如图 3-3(b)所示,由平衡条件

$$\sum_{i=1}^{n} F_{ix} = 0, \quad F_N - F = 0$$

可得 $\qquad F_N = F$

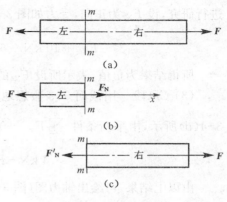

图 3-3 截面法

若取右段为研究对象(图 3-3(c)),同样可得 $F'_N = F$。由于轴向拉伸与压缩引起的内力也与杆的轴线一致,故称为轴向内力,简称**轴力**。一般规定:拉伸引起的轴力为正值,指向背离横截面;压缩引起的轴力为负值,指向向着横截面。按这种符号规定,无论是取杆件左段或右段进行研究,同一截面两侧上的内力不但数值相等,而且符号也相同。

用截面法确定内力的过程可归纳为:

(1)截开。在需要求内力的截面处,用一个截面将构件假想地截开。

(2)代替。任取一部分(一般取受力情况比较简单的部分)作为研究对象,移去部分对留下部分的作用以杆在截面上的内力(力或力偶)代替。

(3)平衡。建立留下部分的平衡方程,根据已知外力计算杆在截面处的未知内力。

3.1.3 轴力图

为了表示整个杆件各横截面轴力的变化情况,用平行于杆轴线的坐标表示横截面的位置,用垂直于杆轴线的坐标表示对应横截面轴力的正负及大小。这种表示轴力沿轴线方向变化的图形称为**轴力图**。

【例 3-1】 直杆在 A、B、C、D 面中心处受到外力 6 kN、10 kN、8 kN、4 kN 的作用,方向如图 3-4(a)所示,求此杆各段的轴力,并作轴力图。

解:分段计算各段内的轴力

(1)AB 段 用截面 1-1 假想地将杆截开,取左段进行研究,设截面上的轴力 F_{N1} 为正方向,受力如图 3-3(b)所示,由平衡条件 $\sum_{i=1}^{n} F_{ix} = 0$ 得

$$F_{N1} - 6\text{ kN} = 0, \qquad F_{N1} = 6\text{ kN(拉力)}$$

(2)BC 段 用截面 2-2 假想地将杆截开,取截面左段

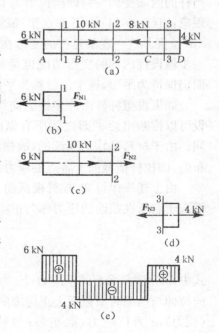

图 3-4 例 3-1 图

进行研究,设 F_{N2} 为正向,受力如图 3-4(c)所示,由平衡条件 $\sum\limits_{i=1}^{n} F_{ix} = 0$ 得

$$F_{N2} + 10 \text{ kN} - 6 \text{ kN} = 0, \qquad F_{N2} = -4 \text{ kN}(拉力)$$

所得结果为负值,表示所设 F_{N2} 的方向与实际方向相反,即 F_{N2} 为压力。

(3) CD 段 用截面 3-3 假想地将杆截开,取截面右段进行研究,设 F_{N3} 为正,受力如图 3-4(d)所示,由平衡条件 $\sum\limits_{i=1}^{n} F_{ix} = 0$ 得

$$4 \text{ kN} - F_{N3} = 0, \quad F_{N3} = 4 \text{ kN}(拉力)$$

由以上结果,可绘出轴力图(图 3-4(e))。

3.2 拉(压)杆的应力

3.2.1 拉压杆横截面上的应力

在确定了拉压杆的轴力以后,还不能单凭它来判断是否会因强度不够而破坏,如两根由相同材料制成的直径不同的两根直杆,若在相同拉力作用下,两杆横截面上的轴力是相同的;若逐渐将拉力增大,则细杆先被拉断,这说明拉杆的强度不仅与内力有关,还与横截面面积有关。当两杆轴力相同时,细杆内力分布的密集程度比粗杆要大一些,可见**内力的密集程度**才是影响强度的主要原因,为此引入应力的概念。

为了确定拉压杆横截面上的应力,首先必须知道横截面上内力的分布规律,为此做如下试验:取一根等直杆,先在杆的表面画上两条垂直于轴线的横向线 ab 和 cd,如图 3-5(a)所示。

当杆的两端受到一对轴向拉力 F 作用后,可以观察到如下现象:直线 ab 和 cd 仍垂直于轴线,但分别平移到 $a'b'$ 和 $c'd'$ 位置。这一现象是杆的变形在其表面的反映。我们进一步假设杆内部的变形情况也是如此,即杆变形后各横截面仍保持为平面,这个假设称为平面假设。

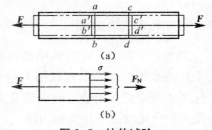

图 3-5 拉伸试验

如果设想杆件由许多根纵向纤维所组成,根据平面假设可以推断出两平面之间所有纵向纤维的伸长量应该相同。由于材料是均匀连续的,故横截面上的轴力是均匀分布的,即拉杆横截面上各点的应力是均匀分布的,其方向与纵向变形一致,如图 3-5(b)所示。

由上述规律可知,拉杆横截面上各点处的应力都相等,其方向垂直于横截面。通常将方向垂直于它所在截面的应力称为正应力,并以 σ 表示。正应力的计算公式为

$$\sigma = \frac{F_N}{A} \tag{3-1}$$

式中,σ 为横截面上的正应力;F_N 为横截面上的轴力;A 为横截面面积。式(3-1)即为杆件受轴向拉伸与压缩时横截面上正应力的计算公式。σ 的符号规定与轴力 F_N 相同,即当轴力为正时(拉力),σ 为拉应力,取正号;当轴力为负时(压力),σ 为压应力,取负号。应力的量纲为 $L^{-1}MT^{-2}$,在国际单位制中,采用的应力单位是 Pa,1 Pa $= 1 \text{ N/m}^2$,由于此单位较小,在计算

中也常用 kPa、MPa、GPa，其中 $1\text{ kPa}=10^3\text{ Pa}$，$1\text{ MPa}=10^6\text{ Pa}$，$1\text{ GPa}=10^9\text{ Pa}$。

【例 3-2】 一阶梯轴荷载如图 3-6(a)所示，AB 段直径 $d_1=8\text{ mm}$，BC 段直径 $d_2=10\text{ mm}$，试求阶梯轴各段横截面上的正应力。

解：(1) 计算轴各段内的轴力 由截面法求出轴 AB 段、BC 段的轴力分别为

$$F_{N1}=8\text{ kN}(\text{拉力}),\quad F_{N2}=-15\text{ kN}(\text{压力})$$

画轴力图，如图 3-6(b)所示。

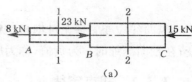

(2) 确定正应力 σ AB 段横截面面积为 $A_1=\dfrac{\pi}{4}d_1^2$，

BC 段横截面面积为 $A_2=\dfrac{\pi}{4}d_2^2$，AB 段横截面上的正应力为

$$\sigma_1=\frac{F_{N1}}{A_1}=\frac{8\times10^3}{\dfrac{\pi}{4}\times0.008^2}\text{Pa}=159\text{ MPa}（\text{拉应力}）$$

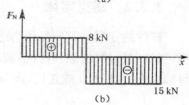

图 3-6 例 3-2 图

BC 段横截面上的正应力为

$$\sigma_2=\frac{F_{N2}}{A_2}=\frac{-15\times10^3}{\dfrac{\pi}{4}\times0.010^2}\text{Pa}=-191\text{ MPa}（\text{压应力}）$$

3.2.2 圣维南原理

当作用在杆端的轴向外力沿横截面非均匀分布时，外力作用点附近各截面的应力也为非均匀分布。圣维南原理指出，力作用于杆端的分布方式，只影响杆端局部范围内的应力分布（影响区域的轴向范围为 1~2 个杆端的横向尺寸），只要外力合力的作用线沿杆件轴线，在离外力作用面稍远处，横截面上的应力分布均可视为均匀的。至于外力作用处的应力分析，则需另行讨论。

圣维南原理是弹性力学的基础性原理，作用在物体边界上一小块表面上的外力系可以用静力等效并且作用于同一小块表面上的外力系替换，这种替换造成的区别仅在该小块表面的附近是显著的，而在较远处的影响可以忽略不计。对连续体而言，替换所造成显著影响的区域深度与此小块表面的直径有关。

3.3 拉(压)杆的变形和位移

3.3.1 纵向变形、线应变的概念

以如图 3-7 所示的杆为例，设杆件原长为 l，受轴向外力 F 作用后，长度变为 l_1，则杆的长度改变量为

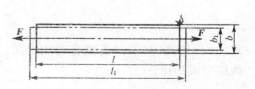

$$\Delta l=l_1-l$$

图 3-7 杆件轴向伸长

Δl 反映了杆的总的纵向变形量，称为杆的纵向

变形。拉伸时 $\Delta l > 0$，压缩时 $\Delta l < 0$。杆件的绝对变形是与杆的原长有关的，因此，为了消除杆件原长度的影响，采用单位长度的变形量来度量杆件的变形程度，称为**纵向线应变**，用 ε 表示。对于均匀伸长的拉杆，有

$$\varepsilon = \frac{\Delta l}{l} = \frac{l_1 - l}{l} \tag{3-2}$$

纵向线应变 ε 是无量纲量，其正负号与 Δl 的相同，即在轴向拉伸时 ε 为正值，称为拉应变；在轴向压缩时 ε 为负值，称为压应变。

3.3.2　胡克定律

杆件的变形与其所受外力之间的关系，与材料的力学性能有关，只能由试验获得。试验表明，当轴向拉伸（压缩）杆件横截面上的正应力 σ 不大于某一极限值时，杆件的纵向变形量 Δl 与轴力 F_N 及杆长 l 成正比，而与横截面面积 A 成反比，即

$$\Delta l \propto \frac{F_N l}{A}$$

引入比例常数 E，则有

$$\Delta l = \frac{F_N l}{EA} \tag{3-3}$$

式(3-3)称为**胡克定律**，其中 E 称为材料的**弹性模量**，它说明材料抵抗拉伸（压缩）变形的能力，其值因材料而异，由试验测定（表 3-1）。弹性模量 E 的单位与应力单位相同，通常采用 Pa、kPa、MPa、GPa。

表 3-1　几种常见材料的 E 值和 μ 值

材料名称	弹性模量 E/GPa	泊松比 μ	材料名称	弹性模量 E/GPa	泊松比 μ
铸铁	80～160	0.23～0.27	铜	100～120	0.33～0.35
碳钢	196～216	0.24～0.28	木材(顺纹)	8～12	—
合金钢	206～216	0.25～0.30	橡胶	0.008～0.67	0.47
铝合金	70～72	0.26～0.33			

式(3-3)表明，对 $F_N l$ 相同的杆件，EA 越大则变形 Δl 就越小，所以 EA 称为杆件的抗拉（抗压）刚度。它反映了杆件抵抗拉伸（压缩）变形的能力。

将 $\sigma = F_N/A$，$\varepsilon = \Delta l/l$ 代入式(3-3)，得到胡克定律的另一个表达形式

$$\sigma = E\varepsilon \tag{3-4}$$

式(3-4)比式(3-3)具有更普遍的意义。可简述为：在弹性范围内，杆件上任一点的正应力与线应变成正比。

3.3.3　横向变形

轴向拉伸或压缩的杆件，不仅有纵向变形，还会有横向变形。如图 3-8 所示，设杆件轴向

（水平方向）受压，变形前的横向尺寸为 b，变形后的横向尺寸为 b_1，则杆件的横向变形量 $\Delta b = b_1 - b$，与纵向线应变的概念相似，定义横向线应变 $\varepsilon' = \dfrac{\Delta b}{b} = \dfrac{b_1 - b}{b}$。

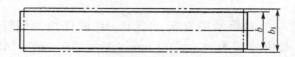

图 3-8　横向变形

试验指出，同一种材料，在弹性变形范围内，横向线应变 ε' 和纵向线应变 ε 之比的绝对值为一常数，即

$$\left| \frac{\varepsilon'}{\varepsilon} \right| = \mu \tag{3-5a}$$

式中，μ 为横向变形因数或泊松比，它是一个无量纲量，其值因材料而异，可由试验测定，见表 3-1。

由于 μ 取绝对值，而 ε 与 ε' 的正负号总是相反，故式（3-5a）又可写为

$$\varepsilon' = -\mu\varepsilon \tag{3-5b}$$

【例 3-3】　钢制阶梯轴如图 3-9（a）所示，已知轴向外力 $F_1 = 50$ kN，$F_2 = 20$ kN；各段杆长为 $l_1 = l_2 = 0.24$ m，$l_3 = 0.3$ m；直径 $d_1 = d_2 = 25$ mm，$d_3 = 18$ mm；钢的弹性模量 $E = 200$ GPa，试求各段杆的纵向变形和线应变。

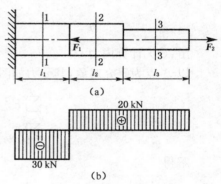

图 3-9　例 3-3 图

解：（1）求如图 3-9（a）所示截面 1-1、2-2、3-3 的轴力，得到

$$F_{N1} = -30 \text{ kN}, \qquad F_{N2} = F_{N3} = 20 \text{ kN}$$

画轴力图，如图 3-9（b）所示。

（2）计算各段杆的纵向变形

$$\Delta l_1 = \frac{F_{N1} l_1}{EA_1} = \frac{-30 \times 10^3 \times 0.24}{200 \times 10^9 \times \frac{\pi}{4} \times 0.025^2} \text{m} = -0.0733 \text{ mm}$$

$$\Delta l_2 = \frac{F_{N2} l_2}{EA_2} = \frac{20 \times 10^3 \times 0.24}{200 \times 10^9 \times \frac{\pi}{4} \times 0.025^2} \text{m} = 0.0489 \text{ mm}$$

$$\Delta l_3 = \frac{F_{N3} l_3}{EA_3} = \frac{20 \times 10^3 \times 0.30}{200 \times 10^9 \times \frac{\pi}{4} \times 0.018^2} \text{m} = 0.118 \text{ mm}$$

（3）计算各段杆的线应变

$$\varepsilon_1 = \frac{\Delta l_1}{l_1} = \frac{-7.33 \times 10^{-5}}{0.24} = -3.05 \times 10^{-4}$$

$$\varepsilon_2 = \frac{\Delta l_2}{l_2} = \frac{4.89 \times 10^{-5}}{0.24} = 2.04 \times 10^{-4}$$

$$\varepsilon_3 = \frac{\Delta l_3}{l_3} = \frac{1.18 \times 10^{-4}}{0.30} = 3.93 \times 10^{-4}$$

【例 3-4】 如图 3-10(a)所示的支架，AB 和 AC 两杆均为钢杆，弹性模量 $E_1 = E_2 = 200$ GPa，两杆横截面面积分别为 $A_1 = 200$ mm^2，$A_2 = 250$ mm^2。AB 杆长 $l_1 = 2$ m，荷载 $F = 10$ kN。试求节点 A 的位移。

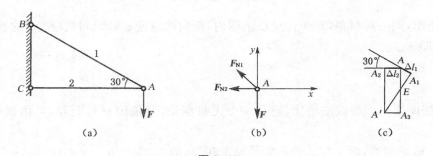

图 3-10

解：(1) 计算内力

以 A 点为研究对象，其受力如图 3-10(b)所示。由平衡方程

$$\sum F_x = 0, \quad F_{N2} + F_{N1}\cos 30° = 0$$

$$\sum F_y = 0, \quad F_{N1}\sin 30° - F = 0$$

解得

$$F_{N1} = 2F = 20(\text{kN})$$

$$F_{N2} = -F_{N1}\cos 30° = -20\cos 30° = -17.3(\text{kN})$$

(2) 计算变形

$$\Delta l_1 = \frac{F_{N1}l_1}{E_1 A_1} = \frac{20 \times 10^3 \times 2\,000}{200 \times 10^3 \times 200} = 1.0(\text{mm})$$

$$\Delta l_2 = \frac{F_{N2}l_2}{E_2 A_2} = \frac{F_{N2}l_1\cos 30°}{E_2 A_2}$$

$$= -\frac{17.3 \times 10^3 \times 2\,000 \times \frac{\sqrt{3}}{2}}{200 \times 10^3 \times 250} = -0.6(\text{mm})$$

(3) 计算 A 点的位移

如图 3-10(c)所示，设想将支架 A 点拆开，AB、AC 杆变形后分别为 A_1B、A_2C。变形后 A 点的新位置，是以 B 点为圆心、BA_1 为半径所作的圆弧，与以 C 点为圆心、CA_2 为半径所作圆弧的交点。因变形很小，上述两圆弧可近似用其切线（分别垂直于直线 BA_1 和 CA_2）代替，两条切线的交点 A' 即为节点 A 的新位置，AA' 为节点 A 的位移。下面分别计算节点 A 的水平和垂直位移。

节点 A 的水平位移

$$\overline{AA_2} = |\Delta l_2| = 0.6 \text{ mm}(\leftarrow)$$

节点 A 的垂直位移

$$\overline{AA_3} = \overline{AE} + \overline{EA_3} = \frac{\Delta l_1}{\sin 30°} + \frac{\Delta l_2}{\tan 30°} = \frac{1.0}{\sin 30°} + \frac{0.6}{\tan 30°} = 3.0(\text{mm})(\downarrow)$$

故节点 A 的位移

$$\overline{AA'} = \sqrt{(\overline{AA_2})^2 + (\overline{AA_3})^2} = \sqrt{0.6^2 + 3.0^2} = 3.06(\text{mm})$$

至于节点 A 的位移方向,读者可试求。

【例 3-5】　如图 3-11 所示,一垂直悬挂的等截面直杆,长为 l,横截面面积为 A,其材料的重度为 γ,求自重引起的最大正应力及杆的伸长。

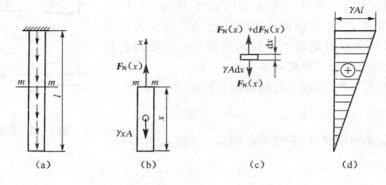

图 3-11

解:取位置为 x 的 $m-m$ 截面以下的一段杆为研究对象,受力如图 3-11(b)所示,则该段所受重力为 $\gamma x A$,$m-m$ 截面上的轴力为 $F_N(x) = \gamma x A$,故应力为

$$\sigma(x) = \frac{F_N(x)}{A} = \frac{\gamma x A}{A} = \gamma x$$

可见杆中的正应力与横截面面积的大小无关,而仅与 x 成正比。所以最大应力发生在杆的上端截面,其值为

$$\sigma_{\max} = \sigma_{x=l} = \gamma l$$

取微段 dx,则该微段上的纵向应变

$$\varepsilon = \frac{\sigma(x)}{E} = \frac{\gamma x}{E}$$

其伸长

$$d(\Delta l) = \varepsilon dx = \frac{\gamma x}{E} dx$$

因此全杆的伸长

$$\Delta l = \int_0^l d(\Delta l) = \int_0^l \frac{\gamma x}{E} dx = \frac{\gamma l^2}{2E} = \frac{\gamma l A \cdot l}{2EA} = \frac{Wl}{2EA}$$

式中 $W = \gamma A l$ 为杆的总重量。其轴力变化如图 3-11(d)所示。

3.4 材料在拉伸和压缩时的力学性能

材料在外力作用下所呈现的有关强度和变形方面的特性,称为材料的力学性能。材料的力学性能一般通过试验来测定。测定材料力学性能的试验种类较多,这里主要介绍在室温下以缓慢平稳的加载方式所进行的试验,即常温静载试验,以及通过试验所得到的一些力学性能。

3.4.1 低碳钢在拉伸时的力学性能

为了便于比较不同材料的试验结果,在做拉伸试验时,首先要将金属材料按国家标准制成标准试件。一般金属材料采用圆形截面试件(图 3-12(a))或矩形截面试件(图 3-12(b))。试件中部一段为等截面,在该段中标出长度为 l_0 的一段称为工作段(试验段),试验时测量工作段的变形量。工作段的长度称为**标距**,l_0规定有如下要求:

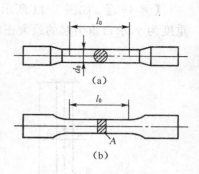

(1) 对于圆形试件,标距 l_0 与横截面直径 d_0 的比例为

$$l_0 = 10d_0 \text{ 或 } l_0 = 5d_0$$

(2) 对于矩形截面试件,若截面面积为 A_0,则

图 3-12 低碳钢拉伸试件

$$l_0 = 11.3\sqrt{A_0} \text{ 或 } l_0 = 5.65\sqrt{A_0}$$

低碳钢是指含碳量在 0.3% 以下的碳素钢。这类钢材在工程中使用较为广泛,在拉伸试验中表现出的力学性能也最为典型。

将低碳钢制成的标准试件安装在试验机上,开动机器缓慢加载,直至试件拉断为止。试验机的自动绘图装置将试验过程中的荷载 F_N 和对应的伸长量 Δl 绘成 $F_N - \Delta l$ 曲线图,称为**拉伸图**或 $F_N - \Delta l$ 曲线,如图 3-13(a)所示。

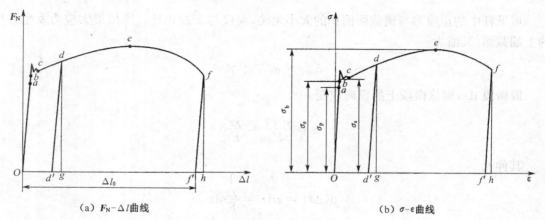

(a) $F_N - \Delta l$ 曲线   (b) $\sigma - \varepsilon$ 曲线

图 3-13 拉伸图与应力-应变曲线图

试件的拉伸图与试件的原始几何尺寸有关,为了消除试件原始几何尺寸的影响,获得能反映材料性能的曲线,常把拉力 F_N 除以试件横截面的原始面积 A,得到正应力 $\sigma = F_N/A$,作为纵坐标;把伸长量 Δl 除以标距的原始长度 l_0,得到应变 $\varepsilon = \Delta l/l_0$,作为横坐标。作图得到材料拉伸时的**应力-应变曲线图**或称 $\sigma-\varepsilon$ 曲线,如图 3-13(b)所示。

根据试验结果,现将低碳钢的应力-应变曲线分成 4 个阶段讨论其力学性能:

① 弹性阶段

弹性阶段由直线段 Oa 和微弯段 ab 组成。直线段 Oa 部分表示应力与应变成正比关系,故 Oa 段称为**比例阶段**或**线弹性阶段**,在此阶段内,材料服从胡克定律 $\sigma = E\varepsilon$。a 点所对应的应力值称为材料的**比例极限**,用 σ_p 表示,低碳钢的 $\sigma_p \approx 200$ MPa。

应力超过比例极限后,应力与应变不再成比例关系,曲线 ab 段称为非线性弹性阶段,只要应力不超过 b 点,材料的变形仍是弹性变形,在解除拉力后变形仍可完全消失,所以 b 点对应的应力称为**弹性极限**,以 σ_e 表示。由于大部分材料的 σ_p 和 σ_e 极为接近,工程上并不严格区分弹性极限和比例极限,故常认为在弹性范围内,胡克定律成立。

② 屈服阶段

当应力超过弹性极限后,$\sigma-\varepsilon$ 曲线图上的 bc 段将出现近似的水平段,这时应力几乎不增加,而变形却增加很快,表明材料暂时失去了抵抗变形的能力。这种现象称为**屈服现象**或**流动现象**。屈服阶段(bc 段)的最低点对应的应力称为**屈服极限**(**流动极限**),以 σ_s 表示。低碳钢的 $\sigma_s \approx 200 \sim 240$ MPa,当应力达到屈服极限时,如试件表面经过抛光,则会在表面上出现一系列与轴线约呈 $45°$ 夹角的倾斜条纹(称为滑移线)。它是由于材料内部晶格间发生滑移所引起的,一般认为晶格间的滑移是产生塑性变形的根本原因。工程中的大多数构件一旦出现塑性变形,将不能正常工作(或称失效),所以屈服极限 σ_s 是衡量材料是否失效的强度指标。

③ 强化阶段

过了屈服阶段 bc,图 3-13 中向上升的曲线 ce 说明材料恢复了抵抗变形的能力,要使试件继续变形就必须再增加荷载,这种现象称为材料的**强化**,故 $\sigma-\varepsilon$ 曲线图中的 ce 段称为强化阶段,最高点 e 点所对应的应力值称为材料的**强度极限**,以 σ_b 表示,它是材料所能承受的最大应力。低碳钢的 $\sigma_b \approx 370 \sim 460$ MPa。

④ 缩颈阶段

当荷载达到最高值后,可以看到在试件的某一局部的横截面迅速收缩变细,出现**缩颈现象**,如图 3-14 所示。$\sigma-\varepsilon$ 曲线图(图 3-13)中的 ef 段称为缩颈阶段。由于缩颈部分的横截面迅速减小,使试件继续伸长所需的拉力也相应减少。在 $\sigma-\varepsilon$ 图中,用横截面原始面积 A 算出的应力 $\sigma = F_N/A$ 随之下降,降到 f 点时试件被拉断。

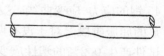

图 3-14 缩颈现象

试件拉断后弹性变形消失,只剩下塑性变形。工程中常用**伸长率** δ 和**断面收缩率** ψ 作为材料的两个塑性指标,分别为

$$\delta = \frac{l_1 - l_0}{l_0} \times 100\% \tag{3-6}$$

$$\psi = \frac{A_0 - A_1}{A_0} \times 100\% \qquad\qquad (3-7)$$

式中：l_1——试件拉断后的标距长度；

$\quad\quad l_0$——原标距长度；

$\quad\quad A_0$——试件横截面原面积；

$\quad\quad A_1$——试件被拉断后在缩颈处测得的最小横截面面积。

工程中通常按照伸长率的大小把材料分为两大类：$\delta \geqslant 5\%$ 的材料称为**塑性材料**，如碳钢、黄铜和铝合金等；而把 $\delta < 5\%$ 的材料称为**脆性材料**，如灰铸铁、玻璃、陶瓷、砖和石等。低碳钢的伸长率很高，其平均值为 $20\% \sim 30\%$，这说明低碳钢是典型的塑性材料。

断面收缩率 ψ 也是衡量材料塑性的重要指标，低碳钢的断面收缩率 $\psi \approx 60\%$。需要注意的是，材料的塑性和脆性会因制造工艺、变形速度和温度等条件而发生变化，如某些脆性材料在高温下会呈现塑性；而某些塑性材料在低温下会呈现脆性；在铸铁中加入球化剂可使其变为塑性较好的球墨铸铁。

试验表明，如果将试件拉伸到超过屈服点 σ_s 后的任一点（假设图 3-13(b) 中的 d 点），然后缓慢地卸载。这时会发现，卸载过程中试件的应力与应变之间沿着直线 dd' 的关系变化，dd' 与直线 Oa 几乎平行。由此可见，在强化阶段中试件的应变包含弹性应变和塑性应变，卸载后弹性应变消失，只留下塑性应变，塑性应变又称残余应变。

如果将卸载后的试件在短期内再次加载，则应力和应变之间基本上仍沿着卸载时的同一直线关系发展，直到开始卸载时的 d 点为止，然后基本沿着原来路径 def（图 3-13(b)）的关系发展，所以当试件在强化阶段卸载后再加载时，其 σ-ε 曲线图应是如图 3-13(b) 所示中的 $d'def$。图中，直线 $d'd$ 的最高点 d 的应力值可以认为是材料在经过卸载而重新加载时的比例极限，显然它比原来的比例极限提高了，但拉断后的残余应变则比原来的要小，这种现象称为冷作硬化。工程中经常利用冷作硬化来提高材料的弹性阶段，例如起重机的钢索和建筑用的钢筋，常采用冷拔工艺提高强度。

3.4.2　其他金属材料在拉伸时的力学性质

其他金属材料的拉伸试验与低碳钢的拉伸试验方法相同，但各材料所显示出的力学性能有很大差异。如图 3-15 所示，给出了锰钢、硬铝、退火球墨铸铁和 45 钢的应力-应变曲线，这些都是塑性材料，但前三种材料没有明显的屈服阶段。对于没有明显屈服点的塑性材料，工程上规定，取试件产生 0.2% 的塑性应变时所对应的应力值作为材料的**名义屈服极限**，以 $\sigma_{0.2}$ 表示（图 3-16）。

如图 3-17 所示为铸铁拉伸时的应力-应变关系，由图中可知，应力-应变之间无明显的直线部分，但应力较小时接近于直线，可近似认为服从胡克定律。工程上有时以曲线的某一割线（图 3-17 中的虚线）的斜率作为弹性模量。

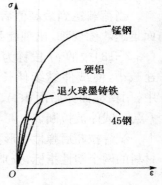

图 3-15　其他金属材料的
σ-ε 曲线

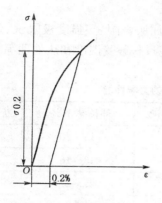
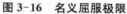

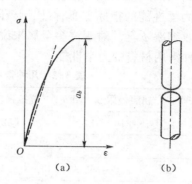

| 图 3-16　名义屈服极限 | 图 3-17　铸造铁拉伸 |

铸铁的伸长率 δ 通常只有 $0.5\% \sim 0.6\%$，是典型的脆性材料，其拉伸时无屈服现象和缩颈现象，断裂是突然发生的，断口垂直于试件轴线。强度指标 σ_b 是衡量铸铁强度的唯一指标。

3.4.3　金属材料在压缩时的力学性能

金属材料的压缩试件一般做成圆柱体，其高度是直径的 $1.5 \sim 3.0$ 倍，以避免试验时被压弯；非金属材料（如水泥、石料）的压缩试件一般做成立方体。

低碳钢压缩时的应力-应变曲线如图 3-18 所示，图中虚线是为了便于比较而绘出的拉伸的 $\sigma\text{-}\varepsilon$ 曲线，从图中可以看出，低碳钢压缩时的弹性模量 E 和屈服极限 σ_s 都与拉伸时大致相同。屈服阶段以后，试件越压越扁，横截面面积不断增大，试件抗压能力也不断提高，因而得不到压缩时的强度极限。

铸铁压缩时的应力-应变曲线如图 3-19 所示，其线性阶段不明显，强度极限 σ_b 比拉伸时高 $2 \sim 4$ 倍，试件在较小的变形下突然发生破坏，断口与轴线呈 $45° \sim 55°$ 的倾角，表明试件沿斜面由于相对错动而破坏。

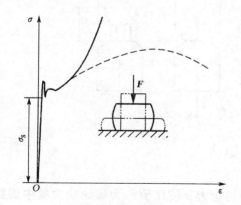

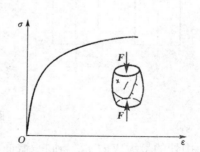

| 图 3-18　低碳钢压缩的 $\sigma\text{-}\varepsilon$ 曲线 | 图 3-19　铸铁压缩时的 $\sigma\text{-}\varepsilon$ 曲线 |

其他脆性材料，如混凝土和石料等，抗压强度也远高于抗拉强度。

脆性材料抗拉强度低，塑性差，但抗压强度高，且价格低廉，故适合于制作承压构件。铸铁坚硬耐磨，易于浇注形状复杂的零、部件，广泛用于铸造机床床身、机座、缸体及轴承座等受压零、部件,因此铸铁的压缩试验比拉伸试验更为重要。

衡量材料力学性能的指标主要有:比例极限 σ_p、屈服极限 σ_s、强度极限 σ_b、弹性模量 E、伸长率 δ 和断面收缩率 ψ 等。对于许多金属来说,这些量一般受温度和热处理等条件的影响,表 3-2 列出了几种常用材料的力学性能。

表 3-2　几种常用材料的力学性能

材料名称或牌号	屈服极限 σ_s/MPa	抗拉强度 σ_b/MPa	伸长率 δ(%)	断面收缩率 ψ(%)
35 钢	216～314	432～530	15～20	28～45
45 钢	265～353	530～598	13～16	30～40
Q235A 钢	216～353	373～461	25～27	—
QT600-3	412	538	2	—
HT150	—	拉伸:98～275 压缩:637		

3.5　应力集中

如前所述的应力计算公式,只适用于等截面直杆,对于横截面平缓变化的杆件,按等截面直杆的应力计算公式进行计算,在工程实际中一般是允许的。但是对于截面尺寸有急剧变化的杆件,例如有开孔、沟槽、肩台和螺纹的构件,试验和理论分析表明,在构件尺寸突然改变的横截面上,应力不再均匀分布。在孔槽等附近(图 3-20),应力急剧增加;距孔槽相当距离后,应力又趋于均匀。这种因构件形状尺寸变化而引起局部应力急剧增大的现象,称为**应力集中**。

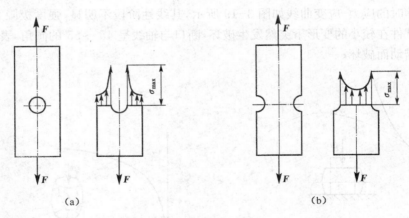

（a）　　　　　　　　　　　　（b）

图 3-20

应力集中处的最大应力 σ_{max} 与同一截面上的平均应力 σ 的比值称为**理论应力集中因数**,用 K 表示,即

$$K = \frac{\sigma_{max}}{\sigma} \tag{3-8}$$

K 反映了应力集中的程度,是一个大于 1 的因数。试验和理论分析指出:构件的截面尺

寸改变越急剧,构件中的孔越小,缺口的角越尖,应力集中程度就越严重。因此,构件上相邻两段的截面形状、尺寸不同,则需用圆弧过渡,并且在结构允许的范围内,尽可能用半径大的圆弧。

对于有应力集中的构件,往往可利用降低许用应力的办法来进行强度计算。但由于不同材料对应力集中的敏感程度不同,在某些情况下可以不考虑应力集中的影响。

如图 3-21(a)所示为塑性材料制成的带孔板条,因塑性材料有屈服阶段,当局部的最大应力 σ_{max} 达到屈服强度 σ_s 以后,若继续增加外力,则该处材料的变形因屈服流动而继续增长,但应力数值却不再增大。所增外力由截面上还未屈服的材料承担,使截面上这些点的应力继续增大到屈服强度,如图 3-21(b)所示。这样就限制了最大应力的数值,并使截面上的应力逐渐趋于平均。可见屈服现象有缓和应力集中的作用。因此,在设计中,对于用塑性材料制成的构件,在静载作用下,可以不考虑应力集中对强度的影响。然而,由脆性材料制成的构件,情况就不同了。因为脆性材料没有屈服阶段,当荷载逐渐增加时,最大应力点的应力值一直领先,直到其值达到强度极限后,构件将首先在该处产生断裂,在裂纹根部又产生更严重的应力集中,使裂纹迅速扩大而导致构件断裂。可见,脆性材料制成的构件对应力集中是很敏感的。因此,即使在静荷载下,也必须考虑应力集中的影响。不过也有例外,如有些脆性材料的内部本来就严重不均匀,存在不少孔隙和缺陷,例如,含有大量片状石墨的灰铸铁,其内部不均匀性和孔隙等已造成严重的应力集中,而构件形状尺寸所引起的应力集中则处于次要地位。测定这些材料的强度指标时,已包含了内部应力集中的影响,自然降低了强度极限和许用应力。因此,计算工作应力时,构件外形所引起的应力集中就可以不再考虑了。

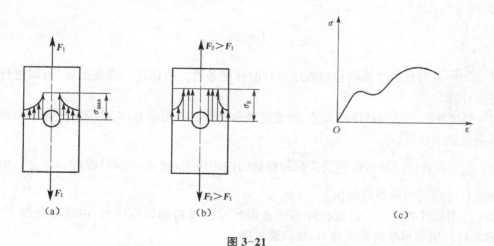

图 3-21

以上讨论是针对构件在静荷载作用下的情况。当构件在动荷载作用下,不论是塑性材料还是脆性材料,均应考虑应力集中的影响。

3.6 轴向拉(压)杆的强度计算

由脆性材料制成的构件,在拉力作用下,当变形很小时就会突然断裂,脆性材料断裂时的应力即强度极限 σ_b;由塑性材料制成的构件,在拉断之前已出现塑性变形,在不考虑塑性变形力学设计方法的情况下,此时构件不能保持原有的形状和尺寸,故认为它已不能正常工作,塑性材料到达屈服时的应力即屈服极限 σ_s。脆性材料的强度极限 σ_b 和塑性材料的屈服极限 σ_s 称为构件失效的极限应力。为保证构件具有足够的强度,构件在外力作用下的最大工作应力必须小于材料的极限应力。在强度计算中,把材料的极限应力除以一个大于 1 的因数 n(称为安全因数),作为构件工作时所允许的最大应力,称为材料的**许用应力**,以 $[\sigma]$ 表示。对于脆性材料,许用应力

$$[\sigma] = \frac{\sigma_b}{n_b} \qquad (3\text{-}9a)$$

对于塑性材料,许用应力

$$[\sigma] = \frac{\sigma_s}{n_s} \qquad (3\text{-}9b)$$

式中:n_b、n_s 分别为脆性材料、塑性材料对应的安全因数。

安全因数的确定除了要考虑荷载变化、构件加工精度不同、计算差异和工作环境的变化等因素外,还要考虑材料的性能差异(塑性材料或脆性材料)及材质的均匀性,以及构件在设备中的重要性与损坏后造成后果的严重程度。

安全因数的选取,必须体现既安全又经济的设计思想,通常由国家有关部门制定,公布在有关的规范中供设计时参考,一般在静荷载作用下,塑性材料可取 $n_s = 1.5 \sim 2.0$;脆性材料均匀性差,且断裂突然发生,有更大的危险性,所以取 $n_b = 2.0 \sim 5.0$,甚至可取到 9。

为了保证构件在外力作用下安全可靠地工作,必须使构件的最大工作应力小于材料的许用应力,即

$$\sigma_{max} = \frac{F_{Nmax}}{A} \leqslant [\sigma] \qquad (3\text{-}10)$$

式(3-10)就是杆件受轴向拉伸或压缩时的强度条件。根据这一强度条件,可以进行杆件的三方面计算:

(1)强度校核。已知杆件的尺寸、所受荷载和材料的许用应力,直接应用式(3-10)验算杆件是否满足强度条件。

(2)截面设计。已知杆件所受荷载和材料的许用应力,将式(3-10)改成 $A \geqslant \dfrac{F_N}{[\sigma]}$,由强度条件确定杆件所需的横截面面积。

(3)许用荷载的确定。已知杆件的横截面尺寸和材料的许用应力,由强度条件 $F_{Nmax} \leqslant A[\sigma]$ 确定杆件所能承受的最大轴力,最后通过静力学平衡方程算出杆件所能承受的最大许可荷载。

【例 3-6】 如图 3-22(a)所示,结构包括钢杆 1 和铜杆 2,A、B、C 处为铰链连接。在节点 A 悬挂一个 $G = 20$ kN 的重物。钢杆 AB 的横截面面积为 $A_1 = 75$ mm²,铜杆的横截面面积为 $A_2 = 150$ mm²。材料的许用应力分别为 $[\sigma_1] = 160$ MPa,$[\sigma_2] = 100$ MPa,试校核此结构的强度。

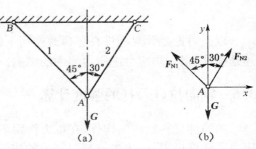

图 3-22 例 3-6 图

解:求各杆的轴力,取节点 A 为研究对象,作出其受力图(图3-22(b)),图中假定两杆均为拉力。由平衡方程

$$\sum_{i=1}^{n} F_{ix} = 0, F_{N2}\sin30° - F_{N1}\sin45° = 0$$

$$\sum_{i=1}^{n} F_{iy} = 0, F_{N1}\cos45° + F_{N2}\cos30° - G = 0$$

解得

$$F_{N1} = 10.4 \text{ kN}, F_{N2} = 14.6 \text{ kN}$$

两杆横截面上的应力分别为

$$\sigma_1 = \frac{F_{N1}}{A_1} = \frac{10.4 \times 10^3}{75 \times 10^{-6}} \text{Pa} = 139 \text{ MPa}$$

$$\sigma_2 = \frac{F_{N2}}{A_2} = \frac{14.6 \times 10^3}{150 \times 10^{-6}} \text{Pa} = 97.3 \text{ MPa}$$

由于 $\sigma_1 < [\sigma_1] = 160$ MPa, $\sigma_2 < [\sigma_2] = 100$ MPa,故此结构的强度足够。

【例3-7】 如图3-23(a)所示,三角架受荷载 $F=50$ kN作用,AC 杆是圆钢杆,其许用应力 $[\sigma_1]=160$ MPa;BC 杆的材料是木材,圆形横截面,其许用应力 $[\sigma_2]=8$ MPa,试设计两杆的直径。

解:由于 $[\sigma_1]$、$[\sigma_2]$ 已知,故首先求出 AC 杆和 BC 杆的轴力 F_{N1} 和 F_{N2},然后由 $A_1 \geqslant \frac{F_{N1}}{[\sigma_1]}$, $A_2 \geqslant \frac{F_{N2}}{[\sigma_2]}$ 求解。

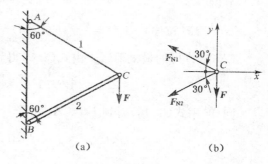

图3-23 例3-7图

(1)求两杆的轴力 取节点 C 进行研究,受力分析如图3-23(b)所示,列平衡方程

$$\sum_{i=1}^{n} F_{ix} = 0, -F_{N1}\cos30° - F_{N2}\cos30° = 0$$

解得 $\quad F_{N1} = -F_{N2}$

$$\sum_{i=1}^{n} F_{iy} = 0, F_{N1}\sin30° - F_{N2}\sin30° - F = 0$$

解得

$$F_{N1} = F = 50 \text{ kN(拉伸)}, F_{N2} = -F_{N1} = 50 \text{ kN(压缩)}$$

(2)求截面直径 分别求得两杆的横截面面积为

$$A_1 \geqslant \frac{F_{N1}}{[\sigma_1]} = \frac{50 \times 10^3}{160 \times 10^6} \text{m}^2 = 3.13 \times 10^{-4} \text{m}^2 = 3.13 \text{ cm}^2$$

$$A_2 \geqslant \frac{F_{N2}}{[\sigma_2]} = \frac{50 \times 10^3}{8 \times 10^6} \text{m}^2 = 62.5 \times 10^{-4} \text{m}^2 = 62.5 \text{ cm}^2$$

直径为

$$d_1 = \sqrt{\frac{4A_1}{\pi}} \geqslant 2.0 \text{ cm}, d_2 = \sqrt{\frac{4A_2}{\pi}} \geqslant 8.9 \text{ cm}$$

则 AC 杆直径为 2.0 cm，BC 杆直径为 8.9 cm

【例 3-8】 如图 3-24(a)所示的三角架由钢杆 AC 和木杆 BC 在 A、B、C 处铰接而成，钢杆 AC 的横截面面积为 $A_1 = 12$ cm^2，许用应力 $[\sigma_1] = 160$ MPa；木杆 BC 的横截面面积 $A_2 = 200$ cm^2，许用应力 $[\sigma_2] = 8$ MPa，求 C 点允许起吊的最大荷载 F 为多少？

解：(1) 求 AC 杆和 BC 杆的轴力。对节点 C 研究，受力分析如图 3-24(b)所示，列平衡方程

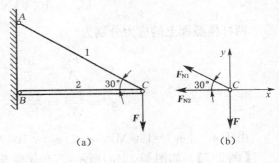

$$\sum_{i=1}^{n} F_{ix} = 0, -F_{N1}\cos30° - F_{N2} = 0$$

$$\sum_{i=1}^{n} F_{iy} = 0, F_{N1}\sin30° - F = 0$$

解得

图 3-24 例 3-8 图

$$F_{N1} = 2F(\text{拉伸}) \quad F_{N2} = -\sqrt{3}F(\text{压缩})$$

(2) 求许可的最大荷载。由式(3-9)得到 $F_{N1} \leqslant A_1[\sigma_1]$，即

$$2F_1 \leqslant 12 \times 10^{-4} \times 160 \times 10^6 \text{N}, F_1 \leqslant 96 \text{ kN}$$

同样，由式(3-10)得到 $F_{N2} \leqslant A_2[\sigma_2]$

$$\sqrt{3}F_2 \leqslant 200 \times 10^{-4} \times 8 \times 10^6 \text{N}, F_2 \leqslant 92.4 \text{ kN}$$

为了保证整个结构的安全，C 点允许起吊的最大荷载应选取所求得的 F_1、F_2 中的较小量，即 $[F]_{max} = 92.4$ kN。

模拟试题

3.1 【2002 年一级注册结构工程师真题】图示三种金属材料拉伸的 σ-ε 曲线，下列叙述正确的是（ ）。

A. a 强度高，b 刚度大，c 塑性差

B. a 强度高，b 刚度大，c 塑性好

C. a 强度高，b 刚度小，c 塑性差

D. 上述 A、B、C 均不对

试题 3.1 图

3.2 【2002 年一级注册结构工程师真题】有两根受同样的轴向拉力的杆件，其长度相同，抗拉刚度相同，但材料不同，则两杆内各点（ ）。

A. 应力相同，应变也相同
B. 应力相同，应变不同

C. 应力不同，应变相同
D. 应力不同，应变也不同

3.3 如试题 3.3 图所示两根材料相同的圆杆,一根为等截面杆,另一根为变截面杆,Δl_1、Δl_2 分别代表杆 1、杆 2 的伸长量,则( )。

A. $\Delta l_1 = \Delta l_2$

B. $\Delta l_1 = 2\Delta l_2$

C. $\Delta l_1 = 2.5\Delta l_2$

D. $\Delta l_1 = 1.5\Delta l_2$

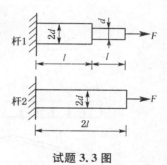

试题 3.3 图

 # 习 题

3.1 试求如习题 3.1 图所示各杆 1-1 和 2-2 横截面上的轴力,并作轴力图。

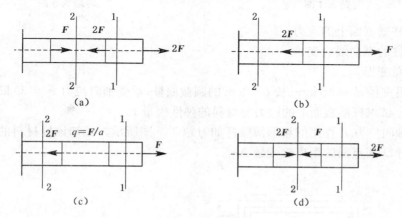

习题 3.1 图

3.2 试求如习题 3.2 图所示等直杆横截面 1-1,2-2 和 3-3 上的轴力,并作轴力图。若横截面面积 $A = 400\ \text{mm}^2$,试求各横截面上的应力。

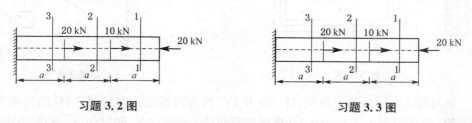

习题 3.2 图   习题 3.3 图

3.3 试求如习题 3.3 图所示阶梯状直杆横截面 1-1,2-2 和 3-3 上的轴力,并作轴力图。若横截面面积 $A_1 = 200\ \text{mm}^2$,$A_2 = 300\ \text{mm}^2$,$A_3 = 400\ \text{mm}^2$,并求各横截面上的应力。

3.4 如习题 3.4 图所示一混合屋架结构的计算简图。屋架的上弦用钢筋混凝土制成。下面的拉杆和中间竖向撑杆用角钢构成,其截面均为两个 75 mm×8 mm 的等边角钢。已知屋面承受集度为 $q = 20\ \text{kN/m}$ 的竖直均布荷载。试求拉杆 AE 和 EG 横截面上的应力。

3.5 一木桩柱受力如习题 3.5 图所示。柱的横截面为边长 200 mm 的正方形,材料可认为符合胡克定律,其弹性模量 $E = 10\ \text{GPa}$。如不计柱的自重,试求:

(1) 作轴力图;

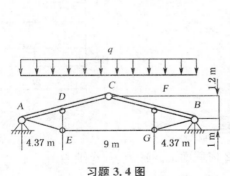

习题 3.4 图   习题 3.5 图

（2）各段柱横截面上的应力；

（3）各段柱的纵向线应变；

（4）柱的总变形。

3.6 一根直径 $d = 16$ mm、长 $l = 3$ m 的圆截面杆，承受轴向拉力 $F = 30$ kN，其伸长为 $\Delta l = 2.2$ mm。试求杆横截面上的应力与材料的弹性模量 E。

3.7 受轴向拉力 F 作用的箱形薄壁杆如习题 3.7 图所示。已知该杆材料的弹性常数为 E, μ，试求 C 与 D 两点间的距离改变量 Δ_{CD}。

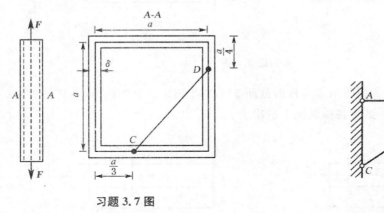

习题 3.7 图   习题 3.8 图

3.8 如习题 3.8 图所示三角架，杆 AB 及 BC 均为圆截面钢制杆，杆 AB 的直径为 $d_1 = 40$ mm，杆 BC 的直径为 $d_2 = 80$ mm，设重物的重量为 $G = 80$ kN，钢材的 $[\sigma] = 160$ MPa，问此三角架是否安全？

3.9 如习题 3.9 图所示桁架，由圆截面杆 1 与杆 2 组成，并在节点 A 承受荷载 $F = 80$ kN 作用。杆 1、杆 2 的直径分别为 $d_1 = 30$ mm 和 $d_2 = 20$ mm，两杆的材料相同，屈服极限 $\sigma_s = 320$ MPa，安全因数 $n_s = 2.0$。试校核桁架的强度。

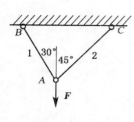

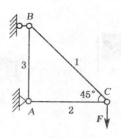

习题 3.9 图　　　　　　　　　　　习题 3.10 图

3.10　如习题 3.10 图所示桁架,承受荷载 F 作用。试计算该荷载的许用值 $[F]$。设各杆的横截面面积均为 A,许用应力均为 $[\sigma]$。

4

剪切与挤压

本章学习导引

一、一级注册结构工程师《考试大纲》规定要求

　　剪切和挤压的实用计算；剪切面；挤压面；剪切强度；挤压强度。

二、重点掌握和理解内容

　　剪切和挤压的实用计算。

4.1　剪切与挤压的概念

4.1.1　剪切的概念

　　工程实际中，常需要用连接件将构件彼此相连。例如，如图 4-1 所示的螺栓连接中的螺栓，如图 4-2 所示的销连接中的销钉，如图 4-3 所示的铆钉连接中的铆钉等，它们都是起连接作用的。这种连接件在受力后的主要变形形式是**剪切**。下面以铆钉连接为例说明剪切变形的受力和变形特点。

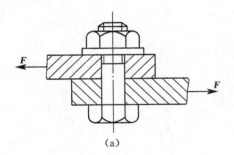
(a)
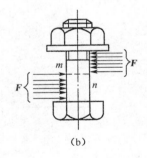
(b)

图 4-1

　　如图 4-3(a)所示，两块钢板用铆钉连接。当钢板受外力作用后，铆钉就受到钢板传来的右上侧、左下侧两个力的作用。铆钉在这一对力的作用下，两力间的截面 $m-n$ 处发生相对错动变形，如图 4-3(b)所示，这种变形称为**剪切变形**。产生相对错动的截面 $m-n$ 称为**剪切面**。

　　如图 4-3 所示的铆钉连接中只有一个剪切面，这种情况称为**单剪**；如图 4-2 所示的销钉连接中有两个剪切面的，则称为**双剪**。

　　综上所述，剪切变形的受力特点是：构件受到了一对大小相等、方向相反、作用线平行且相距很近的外力。剪切的变形特点是：在这两力作用线间的截面发生相对错动，如图 4-3(b)所示。

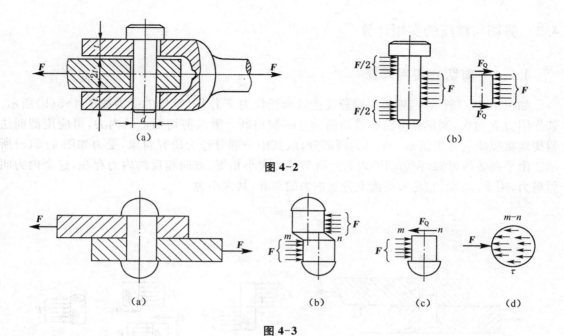

图 4-2

图 4-3

4.1.2 挤压的概念

构件在受到剪切作用的同时,往往还伴随着挤压作用。例如,铆钉受剪切的同时,铆钉和孔壁之间相互压紧,如图 4-4(a)所示,上钢板孔左侧与铆钉上部左侧,下钢板孔右侧与铆钉下部右侧相互压紧,这种接触面相互压紧的现象,称为**挤压**。挤压力过大,挤压接触面会出现局部产生显著塑性变形甚至压陷的破坏现象,如图 4-4(b)所示,这种破坏现象称为**挤压破坏**。构件上受挤压作用的表面称为**挤压面**,挤压面一般垂直于外力作用线。

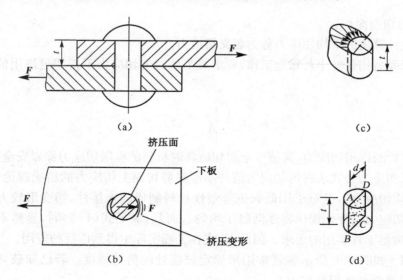

图 4-4

4.2 剪切与挤压的实用计算

4.2.1 剪切的实用计算

如图 4-5(a)所示,两钢板用螺栓连接后承受拉力 F 作用,螺栓的受力如图 4-5(b)所示。若作用力 F 过大,则螺栓可沿着剪切面 $m-m$ 被剪断。欲求剪切面上的内力,可应用截面法假想地将螺栓沿剪切面 $m-m$ 分为两部分,取其中一部分作为研究对象,受力如图 4-5(c)所示。由平衡条件可知,在剪切面内必然有与外力大小相等、方向相反的内力存在,这个内力叫做**剪力**,用 F_S 表示,它是剪切面上分布内力的总和,其大小为

$$F_S = F$$

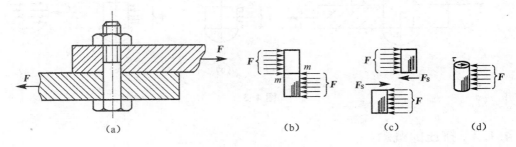

图 4-5

因在剪切面上切应力的实际分布情况比较复杂,因此工程实际中,切应力的计算常采用实用计算法,即假设切应力在剪切面上均匀分布。于是剪切面上的切应力为

$$\tau = \frac{F_S}{A} \tag{4-1}$$

式中:A——剪切面面积。

按此假设计算出的平均切应力称为**名义切应力**。

为了确保受剪构件安全可靠地工作,要求其工作时的切应力不得超过许用值。因此其强度条件为

$$\tau = \frac{F_S}{A} \leqslant [\tau] \tag{4-2}$$

式中,$[\tau]$ 为材料的许用切应力,其值等于剪切破坏时材料的极限切应力除以安全因数。

虽然名义切应力公式求得的切应力值并不反映剪切面上切应力的精确理论值,它仅是剪切面上的"平均切应力",但对于用低碳钢等塑性材料制成的连接件,当变形较大而临近破坏时,剪切面上切应力的变化规律将逐渐趋于均匀。而且,满足式(4-2)时,显然不至于发生剪切破坏,从而满足工程实用的要求。因此,此式在工程实际中得到广泛的应用。

【例 4-1】 如图 4-6 所示装置常用来确定胶接处的剪切强度。若已知破坏时的荷载为 10 kN,试求胶接处的极限切应力。

解:(1) 计算内力

取构件 1 为研究对象,其受力如图 4-6(b)所示,由平衡方程

$$\sum F_y = 0, \quad 2F_S - F = 0$$

得

$$F_S = \frac{F}{2} = \frac{10}{2} = 5 \text{ (kN)}$$

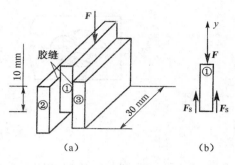

图 4-6

(2)计算应力

由图 4-6(a)知,胶接处的胶缝面积即为剪切面积,其大小

$$A = 0.03 \times 0.01 = 3 \times 10^{-4} \text{ (m}^2\text{)}$$

胶接处的极限切应力为

$$\tau = \frac{F_S}{A} = \frac{5 \times 10^3}{3 \times 10^{-4}} = 16.7 \times 10^6 \text{ (Pa)} = 16.7 \text{ (MPa)}$$

4.2.2　挤压的实用计算

如图 4-7 所示的螺栓连接中,在螺栓与钢板相互接触的侧面上,将发生彼此间的局部承压现象,称为**挤压**。作用在接触面上的压力称为**挤压力**,记为 F_{bs}。挤压力的大小可根据被连接件所受的外力,由平衡方程求得。当挤压力过大时,可能引起螺栓压扁或钢板在孔缘压皱,从而导致连接松动而失效,如图 4-7 所示。

挤压力的作用面称为挤压面,由挤压力而引起的应力叫做**挤压应力**,用 σ_{bs} 表示。因挤压应力在挤压面上的分布比较复杂,在工程实际中,常采用实用计算方法,即认为挤压应力在挤压面上是均匀分布的。因此挤压应力可按下式计算:

$$\sigma_{bs} = \frac{F_{bs}}{A_{bs}} \qquad (4-3)$$

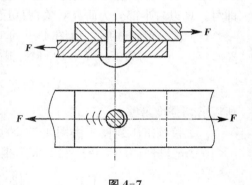

图 4-7

式中,A_{bs} 为挤压面面积。当接触面为圆柱面时,计算挤压面面积取实际接触面在直径平面上的投影面积,即 $A_{bs} = dt$,如图 4-8(b)所示。分析表明:这类圆柱状连接件与钢板孔壁间接触面上的挤压应力沿圆柱变化情况如图 4-8(a)所示。而式(4-3)所得的挤压应力与接触面中点处的实际最大挤压应力很接近。当接触面为平面时,挤压面面积就是实际接触面的面积。

为了确保构件正常工作,要求构件工作时所引起的挤压应力不得超过许用值,因此挤压强度条件为

$$\sigma_{bs} = \frac{F_{bs}}{A_{bs}} \leqslant [\sigma_{bs}] \qquad (4-4)$$

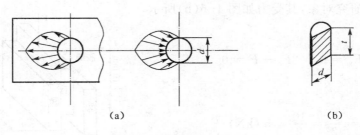

图 4-8

式中 $[\sigma_{bs}]$ 为材料的许用挤压应力,其值可从有关设计规范中查得。

注意,挤压应力是在连接件和被连接件之间相互作用的。因而,当两者材料不同时,应校核其中许用压应力值较低的材料的挤压强度。

【例 4-2】 有一连接如图 4-9(a)所示,已知 $a=30$ mm,$b=80$ mm,$c=10$ mm,$F=120$ kN,许用切应力 $[\tau]=80$ MPa,许用挤压应力 $\sigma_{bs}=200$ MPa,试校核构件的剪切、挤压强度。

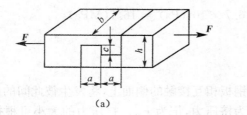
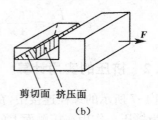

图 4-9

解 (1)分析物体的受力 由于构件两部分的受力情况相同,所以只需研究其中一部分即可。现以右半部分为研究对象,剪切面、挤压面如图 4-9 所示。

(2)校核剪切强度 由图 4-9 可知,剪切面积 $A=ab=(30\times80)$ mm^2 $=2\,400$ mm^2 $=2.4\times10^{-3}$ m^2,剪力 $F_S=F=120$ kN,根据剪切实用计算的强度条件,校核剪切强度

$$\tau = F_S/A = (120\times10^3/0.002\,4) = 50 \text{ MPa} < [\tau]$$

所以剪切强度足够。

(3)校核挤压强度 由图 4-9(b)可知,挤压面积 $A_{bs}=bc=(80\times10)$ mm^2 $=800$ mm^2 $=8\times10^{-4}$ m^2,挤压力 $F_{bs}=F=120$ kN,根据挤压实用计算的强度条件,校核挤压强度

$$\sigma_{bs} = F_{bs}/A_{bs} = (120\times10^3/0.000\,8) = 150 \text{ MPa} < [\sigma_{bs}]$$

所以挤压强度足够。

4.3 剪切胡克定律

为便于分析剪切变形,在构件受剪部位取一微小正六面体(单元体)研究。剪切变形时,截面产生相对错动,致使正六面体变为平行六面体,如图 4-10(a)所示。在切应力 τ 的作用下,单元体的右面相对于左面产生错动,其错动量为绝对剪切变形,而相对变形为

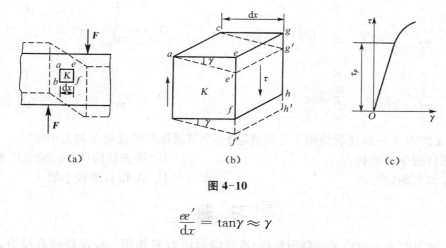

图 4-10

$$\frac{ee'}{\mathrm{d}x} = \tan\gamma \approx \gamma$$

式中，γ 是矩形直角的微小改变量，称为**切应变**或**角应变**，用弧度（rad）度量。

试验表明：当切应力不超过材料的剪切比例极限时，切应力 τ 与切应变 γ 成正比关系，如图 4-10(c) 所示，即

$$\tau \propto \gamma$$

引入比例常数 G，得

$$\tau = G\gamma$$

这就是**剪切胡克定律**的表达式。比例常数 G 叫做**剪切弹性模量**，单位与 E 的单位相同。当切应力 τ 不变时，G 越大，切应变 γ 就越小，所以 G 表示材料抵抗剪切变形的能力。一般钢材的 G 约为 80 GPa。

可以证明，对于各向同性的材料，G、E 和 μ 不是各自独立的三个弹性常量，它们之间有如下关系

$$G = \frac{E}{2(1+\mu)}$$

模拟试题

4.1　【2002 年一级注册结构工程师真题】连接件挤压实用计算的强度条件：$\sigma_{\mathrm{bs}} = \dfrac{F_{\mathrm{bs}}}{A_{\mathrm{bs}}} \leqslant [\sigma_{\mathrm{bs}}]$，其中 A_{bs} 是指连接件的（　　）

A. 横截面面积　　　　B. 实际挤压部分面积　　C. 名义挤压面积

D. 最大挤压力所在的横截面面积

4.2　【2002 年一级注册结构工程师真题】如试题 4.2 图所示结构，若 $t_1 = 4$ mm，$t = 10$ mm，当进行剪切强度和挤压强度计算时，应采用（　　）

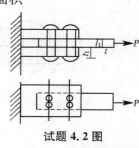

试题 4.2 图

A. $\tau=\dfrac{\dfrac{F}{8}}{\dfrac{\pi d^2}{4}}\leqslant[\tau],\sigma_\text{c}=\dfrac{\dfrac{F}{4}}{dt}\leqslant[\sigma_\text{c}]$

B. $\tau=\dfrac{\dfrac{F}{8}}{\dfrac{\pi d^2}{4}}\leqslant[\tau],\sigma_\text{c}=\dfrac{\dfrac{F}{4}}{2dt_1}\leqslant[\sigma_\text{c}]$

C. $\tau=\dfrac{\dfrac{F}{4}}{\dfrac{\pi d^2}{4}}\leqslant[\tau],\sigma_\text{c}=\dfrac{\dfrac{F}{4}}{dt}\leqslant[\sigma_\text{c}]$

D. $\tau=\dfrac{\dfrac{F}{4}}{\dfrac{\pi d^2}{4}}\leqslant[\tau],\sigma_\text{c}=\dfrac{\dfrac{F}{4}}{2dt_1}\leqslant[\sigma_\text{c}]$

4.3 【2009 年一级注册结构工程师真题】一个普通螺栓的受剪承载力根据( )确定。

A. 螺杆的受剪承载力 B. 被连接构件（板）的承压承载力

C. A 和 B 的较大值 D. A 和 B 的较小值

习 题

4.1 如习题 4.1 图所示圆截面杆件，承受轴向拉力 F 作用。设拉杆的直径为 d，端部墩头的直径为 D，高度为 h，试从强度方面考虑，建立三者间的合理比值。已知许用应力 $[\sigma]=120$ MPa，许用切应力 $[\tau]=90$ MPa，许用挤压应力 $[\sigma_\text{bs}]=240$ MPa。

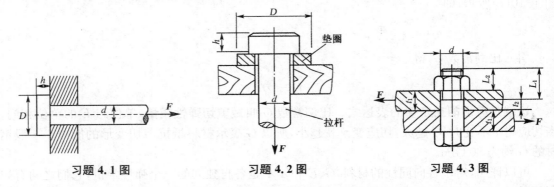

习题 4.1 图 习题 4.2 图 习题 4.3 图

4.2 如习题 4.2 图所示，已知拉杆受拉力 F 作用，材料的许用切应力 $[\tau]$ 与许用拉应力 $[\sigma]$ 有如下关系，$[\tau]=0.6[\sigma]$，试确定拉杆直径 d 和头部高度 h 的合理比例。

4.3 如习题 4.3 图所示，两块钢板用螺栓连接。已知螺栓杆部直径 $d=16$ mm，两块钢板厚度相等均为 $t_1=10$ mm，螺栓加工出螺纹部分的长度为 $L_1=22$ mm，安装后测得钢板外螺纹部分长度 $L_2=20$ mm，许用切应力 $[\tau]=80$ MPa，许用挤压应力 $[\sigma_\text{bs}]=200$ MPa，求螺栓所能承受的荷载。

4.4 如习题 4.4 图所示，设钢板与铆钉的材料相同，许用拉应力 $[\sigma]=160$ MPa，许用切应力 $[\tau]=100$ MPa，许用挤压应力 $[\sigma_\text{bs}]=320$ MPa，钢板的厚度 $t=10$ mm，宽度 $b=90$ mm，铆钉直径 $d=18$ mm，拉力 $F=80$ kN，试校核该连接的强度（假设各铆钉受力相同）。

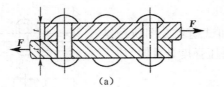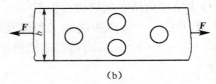

（a） （b）

习题 4.4 图

5 扭 转

本章学习导引

一、一级注册结构工程师《考试大纲》规定要求

外力偶矩的计算,扭矩和扭矩图,圆轴扭转剪应力与强度条件,扭转角计算及刚度条件。

二、重点掌握和理解内容

扭矩和扭矩图,圆轴扭转剪应力与强度条件,扭转角计算及刚度条件,扭转变性能的计算。

5.1 概述

扭转是杆件变形的基本形式之一。工程实际中,主要发生扭转变形的例子很多,例如,汽车转向轴(图 5-1)、钻杆(图 5-2)及各种机器的传动轴等。这类杆件的受力特点是:在垂直于杆件轴线的不同平面内,受到若干外力偶的作用。其变形特点是:杆件的轴线保持不动,各横截面绕杆件轴线相对转动。这种变形称为**扭转变形**。任意两横截面绕轴线相对转过的角度称为**扭转角**,用 φ 表示(图 5-3)。

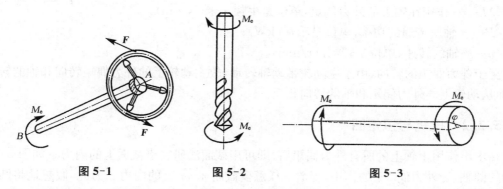

图 5-1   图 5-2   图 5-3

以扭转为主要变形的杆件习惯上称为轴。工程上还有一些构件,如电动机主轴、车床主轴等,它们除了发生扭转变形外还有弯曲变形,这类问题将在组合变形中介绍。

本章重点讨论圆轴扭转问题,这是工程中最常见、最简单的扭转问题,同时也是唯一能用材料力学的方法解决的扭转问题。对非圆截面杆件的扭转,将简单介绍一些按弹性力学方法求得的结果。

5.2 受扭构件的内力

5.2.1 动力传递与扭矩

作用在轴上的扭力偶矩,一般可通过力的平移,并利用平衡条件确定。但是,对于传动轴等转动构件,通常只知道它们的转速与所传递的功率。因此,在分析传动轴等转动类构件的内力之前,首先需要根据转速与功率计算轴所承受的扭力偶矩。

由动力学可知,力偶在单位时间内所做之功即功率 P,等于该力偶之矩 M_e 与相应角速度 ω 的乘积,即

$$P = M_e \omega \tag{5-1}$$

在工程实际中,功率 P 的常用单位为 kW(千瓦),力偶矩 M_e 与转速 n 的常用单位分别为 N·m 与 r/min(转/分),此外,又由于

$$1\,W = 1\,N \cdot m/s$$

于是式(5-1)变为

$$P \times 10^3 = M_e \times \frac{2\pi n}{60}$$

由此得

$$\{M_e\}_{N \cdot m} = 9\,549\,\frac{\{P\}_{kW}}{\{n\}_{r/min}} \tag{5-2}$$

式中,M_e——作用在轴上的外力偶矩,单位是牛顿·米(N·m);

P——轴所传递的功率,单位是千瓦(kW);

n——轴的转速,单位是转/分(r/min)。

至于外力偶矩的转向,由于主动轮带动轴转动,故主动轮上的外力偶矩转向和轴的转向相同,而从动轮上的外力偶矩和轴的转向相反。

5.2.2 扭矩与扭矩图

在求出作用于轴上的所有外力偶矩后,即可用截面法研究横截面上的内力。如图 5-4(a) 所示的圆轴,受外力偶 M_e 的作用,现欲求任意横截面 $n-n$ 上的内力。为此,假想地将圆轴沿该截面分成 Ⅰ、Ⅱ 两段,并取 Ⅰ 段作为研究对象,其受力如图 5-4(b) 所示。

由平衡条件 $\sum M_x = 0$ 有

$$T - M_e = 0,\ 即\ T = M_e$$

T 即为圆轴扭转时横截面上的内力(亦称内力偶),称为**扭矩**。它是 Ⅰ、Ⅱ 两部分在 $n-n$ 截面上相互作用的分布内力系的合力偶矩。

若取 Ⅱ 段作为研究对象,用同样的方法求出 $n-n$ 截面上的扭矩,将与上面所得扭矩的大小相等,但转向相反(图 5-4(c))。为使左右两段求出的同一横截面上的扭矩符号一致,现将扭矩的正负号规定如下:**按右手螺旋法则将扭矩 T 表示为矢量,当矢量的方向与截面的外法**

线方向一致时,T 为正;反之为负。根据这一规则,在图 5-4 中,n-n 截面上的扭矩,无论从左侧计算,还是从右侧计算,其结果均为正。

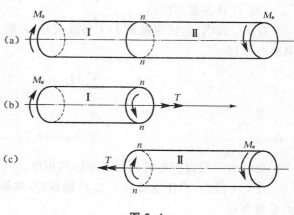

若作用在轴上的外力偶多于两个,则在不同的横截面上,扭矩值将各不相同。为表示横截面上的扭矩随横截面位置的变化情况,以便确定危险截面的位置,同轴力图的作法一样,可作扭矩图。扭矩图的绘制方法见例 5-1,且习惯将正的扭矩画在水平坐标轴的上方,负的画在下方。

图 5-4

【例 5-1】　一传动轴如图 5-5(a)所示。主动轮 A 的输入功率 $P_A=36\ \text{kW}$,从动轮 B、C、D 的输出功率分别为 $P_B=P_C=11\ \text{kW}$,$P_D=14\ \text{kW}$,轴的转速为 $n=300\ \text{r/min}$,试画出该轴的扭矩图。

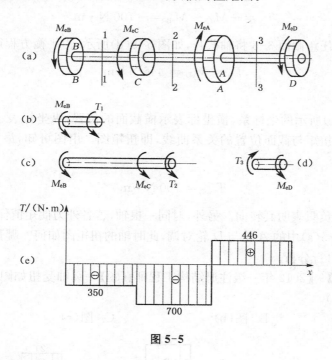

图 5-5

解:(1) 计算外力偶
根据式(5-2)可得

$$M_{eA} = 9\,549\,\frac{P_A}{n} = 9\,549 \times \frac{36}{300} = 1\,146(\text{N} \cdot \text{m})$$

$$M_{eB} = M_{eC} = 9\,549\,\frac{P_B}{n} = 9\,549 \times \frac{11}{300} = 350(\text{N} \cdot \text{m})$$

$$M_{eD} = 9\,549\,\frac{P_D}{n} = 9\,549 \times \frac{14}{300} = 446(\text{N} \cdot \text{m})$$

（2）计算各截面扭矩

在 BC 段内，沿任意截面 1-1 将轴截开，并取左段为研究对象，其受力如图 5-5(b) 所示，由平衡方程

$$\sum M_x = 0, \quad T_1 + M_{eB} = 0$$

得

$$T_1 = -M_{eB} = -350 \text{ N} \cdot \text{m}$$

负号表明假设扭矩转向与实际转向相反。

在 CA 段内，沿任意截面 2-2 将轴截开，并取左段为研究对象，其受力如图 5-5(c) 所示，由平衡方程

$$\sum M_x = 0, \quad T_2 + M_{eB} + M_{eC} = 0$$

得

$$T_2 = -M_{eC} - M_{eB} = -700 \text{ N} \cdot \text{m}$$

在 AD 段内，沿任意截面 3-3 将轴截开，如图 5-5(d) 所示，由平衡方程得

$$T_3 = M_{eD} = 446 \text{ N} \cdot \text{m}$$

（3）画扭矩图

建立如图 5-5(e) 所示的坐标系，横坐标表示横截面的位置，纵坐标表示所对应的横截面上的扭矩，便可绘出扭矩与截面位置的关系曲线，即扭矩图。由图可知，最大扭矩发生在 CA 段内，其值为

$$T_{\max} = 700 \text{ N} \cdot \text{m}$$

注意：扭矩的正负只表明其转向。另外，对同一根轴，若各外力偶矩值保持不变，只调换各轮的位置，如将图 5-5(a) 中的 A 轮与 D 轮对调，此时轴的扭矩图如何？哪种情况下轴的受力更为合理？请读者自行分析。

【例 5-2·真题】【2012 年一级注册结构工程师真题】一圆轴受扭如图 5-6 所示，下列扭矩图正确的是（　　）。

A. 图(a)　　　　　　B. 图(b)　　　　　　C. 图(c)　　　　　　D. 图(d)

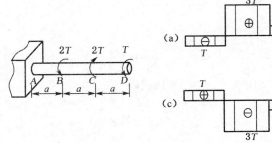

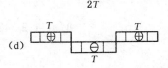

图 5-6

解:(1) 采用截面法计算各截面扭矩(为了避免计算支座反力,从右侧计算)

在 CD 段内,沿任意截面 1-1 将轴截开,并取右段为研
究对象,其受力如图 5-7(b)所示,由平衡方程

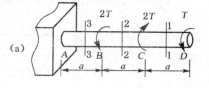

$$\sum M_x = 0, T_1 - T = 0$$

得

$$T_1 = T$$

在 BC 段内,沿任意截面 2-2 将轴截开,并取右段为研
究对象,其受力如图 5-7(c)所示,由平衡方程

$$\sum M_x = 0, T_1 + 2T - T = 0$$

得

$$T_1 = -T$$

图 5-7

负号表明假设扭矩转向与实际转向相反。

在 AB 段内,沿任意截面 3-3 将轴截开,并取右段为研究对象,其受力如图 5-7(d)所示,
由平衡方程

$$\sum M_x = 0, T_1 - 2T + 2T - T = 0$$

得

$$T_1 = T$$

(2) 画扭矩图

建立坐标系,横坐标表示横截面的位置,纵坐标表示所对应的横截面上的扭矩,便可绘出
扭矩与截面位置的关系曲线,即扭矩图。

所以应选择答案 D。

5.3 薄壁圆筒的扭转

5.3.1 横截面上各点的切应力

如图 5-8(a)所示等厚度薄壁圆筒,其壁厚 δ 远远小于其平均半径 $r\left(\delta \leqslant \dfrac{r}{10}\right)$。为研究横
截面上各点的应力情况,受扭前在其表面画上一系列等距离的圆周线和与筒轴线平行的纵向
线(图 5-8(a)),然后在两端面施加外力偶,使其产生扭转变形(图 5-8(b))。试验观察到的现
象是:

(1) 各圆周线绕杆件轴线转过不同的角度,但其大小、形状以及任意两相邻圆周线的距离
均未改变;

(2) 各纵向线仍然相互平行,但都倾斜了同一个角度,使受扭前的矩形小方格变为菱形
(图 5-8(b))。

由此,可以推断:

(1) 薄壁圆筒扭转时,任一横截面上各点均无正应力,只有切应力(图 5-8(c))。

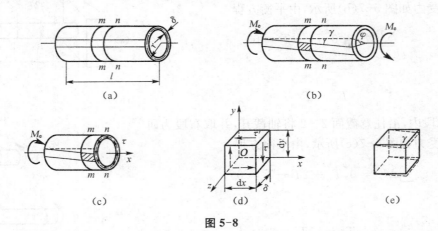

图 5-8

(2) 同一圆周上各点处的**切应变** γ 均相等,且发生在垂直于半径的平面内。由此可见,任一横截面且同一圆周线上各点的切应力相等,且垂直于各点所在的半径。

此外,因薄壁圆筒壁厚很小,可以认为切应力沿壁厚均匀分布。这样,横截面 $m-m$ 的内力系对 x 轴的力矩为 $\tau\delta r \cdot 2\pi r$(图 5-8(c)),考虑图 5-8(c)所示部分圆筒的平衡,则有

$$M_e = \tau\delta r \cdot 2\pi r$$

故横截面上各点的切应力为

$$\tau = \frac{M_e}{2\pi\gamma^2\delta}$$

由于 $m-m$ 截面上,扭矩 $T=M_e$,故上式可写为

$$\tau = \frac{T}{2\pi\gamma^2\delta} \tag{5-3}$$

5.3.2　切应力互等定理

用分别相距 $\mathrm{d}x$、$\mathrm{d}y$ 的两个横截面和两个纵截面从圆筒中截取一单元体,如图 5-8(d)所示。由于圆筒横截面上有切应力存在,故在单元体左、右两侧面有切应力 τ,根据平衡方程 $\sum F_y = 0$,该两侧面上的切应力必定数值相等但方向相反,于是便组成一个力偶,力偶矩为 $(\tau\delta\mathrm{d}y)\mathrm{d}x$,使单元体具有顺时针转动的趋势。为使单元体保持平衡,故在其上下两个侧面上必然有切应力 τ' 存在,由平衡方程 $\sum F_x = 0$ 可知,该两侧面上的切应力必等值反向,于是也组成了一个力偶,其矩为 $(\tau'\delta\mathrm{d}x)\mathrm{d}y$。由平衡方程 $\sum M_z = 0$ 得

$$(\tau\delta\mathrm{d}y)\mathrm{d}x = (\tau'\delta\mathrm{d}x)\mathrm{d}y$$

即

$$\tau = \tau' \tag{5-4}$$

式(5-4)表明:在单元体相互垂直的两个面上,切应力必然成对存在,大小相等;且两者均垂直于这两平面的交线,方向或同时指向或同时背离这一交线。这就是**切应力互等定理**。这一定理具有普遍意义。

上述单元体中,四个侧面只有切应力而无正应力的受力情况,称为**纯剪切**。

5.4 圆杆扭转的应力及强度条件

5.4.1 圆轴扭转时的应力

研究圆轴扭转时的应力,与研究薄壁圆筒扭转时的应力一样,首先要明确横截面上存在什么应力,分布规律怎样,以便确定最大应力,进行强度计算。为此必须综合研究几何、物理和静力等三方面的关系。

1. 变形几何关系

1)试验研究

为了确定圆轴横截面上的应力及分布规律,可从试验出发,观察圆轴扭转时的变形。正如薄壁圆筒一样,受扭前,在轴的表面画上一系列的圆周线和纵向线,然后在其两端施加外力偶,使其产生扭转变形,如图 5-9(a)所示(变形前的纵向线用虚线表示),得到与薄壁圆筒扭转时相似的现象。

2)平面假设

根据所观察到的现象,可假设:圆轴受扭时各横截面如同刚性平面一样绕轴线转动,其形状、大小不变,半径仍为直线,且两相邻横截面间的距离不变。这就是圆轴扭转时的平面假设。由此可知,圆轴扭转时,其横截面上各点无正应力,仅有切应力。

下面分析横截面上各点的切应变的变化规律,为此假想地用两个横截面 $m-m$ 和 $n-n$ 从轴上取出长为 dx 的一个微段,如图 5-9(b)所示。若截面 $n-n$ 对截面 $m-m$ 的相对转角为 $d\varphi$,由平面假设可知,截面 $n-n$ 上的任一半径 Oa 也转过 $d\varphi$ 角到达 Oa',这时圆轴表面的纵向线 ad 倾斜了一个角度 γ,γ 就是 d 点的**切应变**。由图 5-9(b)可得

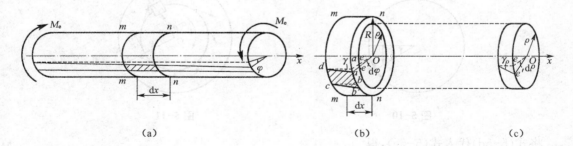

图 5-9

$$\gamma = \frac{aa'}{ad} = \frac{Rd\varphi}{dx} = R\frac{d\varphi}{dx} \tag{5-5a}$$

同理可得在任意半径 ρ 处的切应变为(图 5-9(c))

$$\gamma_\rho = \rho \frac{\mathrm{d}\varphi}{\mathrm{d}x} \tag{5-5b}$$

显然,切应变发生在垂直于半径的平面内。

式(5-5b)就是圆轴扭转时切应变沿半径方向的变化规律。$\frac{\mathrm{d}\varphi}{\mathrm{d}x}$ 是扭转角 φ 沿 x 轴的变化率,对指定截面而言,$\frac{\mathrm{d}\varphi}{\mathrm{d}x}$ 为一定值。由式(5-5b)可知,横截面任一点的切应变 γ_ρ 与该点到圆心的距离 ρ 成正比。

2. 物理关系

由剪切胡克定律可知,在线弹性范围内,切应力 τ 与切应变 γ 成正比,即

$$\tau = G\gamma \tag{5-5c}$$

将式(5-5b)代入式(5-5c)得

$$\tau_\rho = G\gamma_\rho = G\rho \frac{\mathrm{d}\varphi}{\mathrm{d}x} \tag{5-5d}$$

式(5-5d)为横截面上各点切应力分布规律的表达式。它表明横截面上任一点切应力的大小与该点到圆心的距离 ρ 成正比,方向垂直于半径。其分布规律如图5-10所示。

3. 静力关系

如图5-11所示,在横截面上距圆心为 ρ 处取一微面积 $\mathrm{d}A$,其上作用有微内力 $\tau_\rho \mathrm{d}A$,它对圆心 O 的微力矩为 $\tau_\rho \mathrm{d}A \cdot \rho$。在整个截面上,由 $\tau_\rho \mathrm{d}A$ 所构成的微内力系向 O 点的简化结果为 $\int_A \rho \tau_\rho \mathrm{d}A$,这就是该截面上的扭矩 T,即

$$T = \int_A \rho \cdot \tau_\rho \mathrm{d}A \tag{5-5e}$$

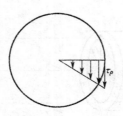

图 5-10

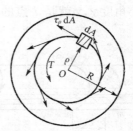

图 5-11

将式(5-5d)代入式(5-5e),得

$$T = G\frac{\mathrm{d}\varphi}{\mathrm{d}x} \int_A \rho^2 \mathrm{d}A = G\frac{\mathrm{d}\varphi}{\mathrm{d}x} I_\mathrm{p} \tag{5-5f}$$

整理得

$$\frac{\mathrm{d}\varphi}{\mathrm{d}x} = \frac{T}{GI_\mathrm{p}} \tag{5-5g}$$

式(5-5f)、式(5-5g)中 I_p 是圆截面对圆心的极惯性矩。

将式(5-5g)代入式(5-5d)得

$$\tau_\rho = \frac{T\rho}{I_p} \qquad (5-6)$$

这就是圆轴扭转时横截面上任一点切应力的计算公式。

由式(5-6)可知,当 $\rho = R$ 时,即在圆截面周边各点处,有最大切应力存在,该值为

$$\tau_{max} = \frac{T\rho}{I_p} = \frac{T}{I_p/R}$$

或

$$\tau_{max} = \frac{T}{W_t} \qquad (5-7)$$

式中 $W_t = \dfrac{I_p}{R}$,称为**抗扭截面系数**。

需要指出的是,式(5-6)和式(5-7)是以平面假设为基础导出的。试验结果表明,只有对**横截面不变的圆轴**,平面假设才是正确的。所以,这些公式只适用于等直圆杆,对圆截面沿轴线变化不大的小锥度杆,也可近似使用。此外,在导出上述公式时利用了剪切胡克定律,故公式只适用于弹性范围内符合平面假设的等直圆杆。

5.4.2 圆轴扭转时的应力 I_p 和 W_t 的计算

1. 实心圆轴

如图 5-12(a)所示,在距圆心 ρ 处取厚为 $d\rho$ 的圆环,其微面积 $dA = 2\pi\rho d\rho$,于是

$$I_p = \int_A \rho^2 dA = \int_0^{D/2} 2\pi\rho^3 d\rho = \frac{\pi D^4}{32} \qquad (5-8)$$

抗扭截面系数为

$$W_t = I_p/R = \frac{\frac{1}{32}\pi D^4}{\frac{D}{2}} = \frac{\pi D^3}{16} \qquad (5-9)$$

2. 空心圆轴

如图 5-12(b)所示,用同样方法可求得

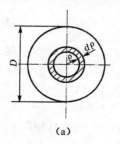

(a)

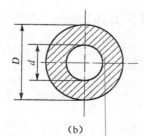

(b)

图 5-12

$$I_p = \int_A \rho^2 \, dA = \int_{d/2}^{D/2} 2\pi\rho^3 \, d\rho$$

$$= \frac{\pi}{32}(D^4 - d^4)$$

$$= \frac{\pi D^4}{32}(1 - \alpha^4) \tag{5-10}$$

式中，$\alpha = \dfrac{d}{D}$。

抗扭截面系数为

$$W_t = I_p/R = \frac{\frac{1}{32}\pi D^4(1-\alpha^4)}{\frac{D}{2}} = \frac{\pi D^3}{16}(1-\alpha^4) \tag{5-11}$$

3. 强度条件

为了确保圆轴不因强度不足而破坏，必须限制其最大切应力 τ_{max} 不超过材料的许用切应力。对等直圆杆，τ_{max} 发生在最大扭矩 T_{max} 所在截面的周边各点处，强度条件为

$$\tau_{max} = \frac{T_{max}}{W_t} \leqslant [\tau] \tag{5-12}$$

对变截面圆轴，τ_{max} 发生在何处，请读者思考。

在静载情况下，$[\tau]$ 与 $[\sigma]$ 的大致关系如下：

塑性材料：$[\tau] \approx (0.5 \sim 0.6)[\sigma]$

脆性材料：$[\tau] \approx (0.8 \sim 1)[\sigma]$

与轴向拉压的情况相似，利用上述强度条件可解决强度校核、设计截面尺寸及确定许可荷载三方面的计算问题。

【例 5-3】 如图 5-13(a)所示阶梯状圆轴，AB 段直径 $d_1 = 120$ mm，BC 段直径 $d_2 = 100$ mm。扭转力偶矩为 $M_{e_A} = 22$ kN·m，$M_{e_B} = 36$ kN·m，$M_{e_C} = 14$ kN·m。已知材料的许用切应力 $[\tau] = 80$ MPa，试校核轴的强度。

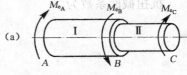

(a)

解：(1) 计算扭矩

用截面法可求得 AB、BC 段的扭矩分别为

AB 段 $T_1 = 22$ kN·m

BC 段 $T_2 = -14$ kN·m

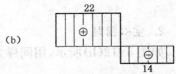

(b)

扭矩图 (kN·m)

图 5-13

其扭矩图如图 5-13(b)所示。

(2) 强度计算

最大切应力：

$$AB \text{ 段} \quad \tau_{max} = \frac{T_1}{W_{t_1}} = \frac{22 \times 10^3}{(\pi/16) \times (0.12)^3}$$

$$= 64.84 \times 10^6 (\text{Pa}) = 64.84 (\text{MPa}) < [\tau]$$

$$BC \text{ 段} \quad \tau_{max} = \frac{T_2}{W_{t_2}} = \frac{14 \times 10^3}{(\pi/16) \times (0.1)^3}$$

$$= 71.3 \times 10^6 (\text{Pa}) = 71.3 (\text{MPa}) < [\tau]$$

因此,该轴满足强度要求。

【例 5-4】　某传动轴,轴内的扭矩 $T = 1.5 \text{ kN} \cdot \text{m}$,若许用切应力$[\tau] = 50 \text{ MPa}$,试按下列两种方案设计轴的截面尺寸,并比较其重量。

(1) 实心圆截面轴;

(2) 空心圆截面轴,其 $\alpha = 0.9$。

解:(1) 设计实心圆截面轴的直径

$$W_t \geqslant \frac{T}{[\tau]}, \quad 即 \frac{\pi D^3}{16} \geqslant \frac{T}{[\tau]}$$

于是有

$$D \geqslant \sqrt[3]{\frac{16T}{\pi[\tau]}} = \sqrt[3]{\frac{16 \times 1.5 \times 10^3}{\pi \times 50 \times 10^6}} = 0.053\,5(\text{m})$$

取

$$D = 54 \text{ mm}$$

(2) 空心轴的内、外径

$$\frac{\pi D_1^3}{16}(1 - \alpha^4) \geqslant \frac{T}{[\tau]}$$

即

$$D_1 \geqslant \sqrt[3]{\frac{16T}{\pi(1 - \alpha^4)[\tau]}} = \sqrt[3]{\frac{16 \times 1.5 \times 10^3}{\pi \times (1 - 0.9^4) \times 50 \times 10^6}} = 0.076\,3(\text{m})$$

取

$$D_1 = 76 \text{ mm}$$

因为 $\alpha = 0.9$,则 $d = 68 \text{ mm}$。

(3) 重量比

因材料、长度均相同,故二者重量之比 β 便等于其面积之比,即

$$\beta = \frac{\pi(D_1^2 - d^2)}{4} \Big/ \frac{\pi D^4}{4} = \frac{0.076^2 - 0.068^2}{0.054^2} = 0.395$$

由此可见,空心轴远比实心轴轻,其减轻重量、节约材料是显而易见的,究其原因,读者可从横截面上的应力分布规律去考虑。

【例 5-5·真题】【2014 年一级注册结构工程师真题】如图 5-14 所示为受扭空心圆轴横截面上的切应力分布图,其中正确的是(　　)。

A. 图(a)　　　　　　B. 图(b)　　　　　　C. 图(c)　　　　　　D. 图(d)

解:根据空心圆轴扭转剪应力计算公式

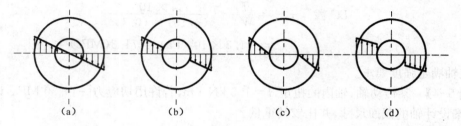

图 5-14

$$\tau_\rho = \frac{T}{I_p}\rho$$

其中，空心圆截面 $I_p = \frac{\pi D^4}{32}(1-\alpha^4)$

所以应选择答案 B。

5.5　圆杆扭转的变形及刚度条件

5.5.1　圆轴的扭转变形

如前所述，所谓扭转变形的特点就是指任意两横截面绕轴线发生相对转动，即产生相对转角亦即扭转角 φ。

由式(5-5g)可得，$\mathrm{d}x$ 微段的扭转变形为

$$\mathrm{d}\varphi = \frac{T}{GI_p}\mathrm{d}x$$

因此，相距 l 的两横截面间的相对扭转角 φ 为

$$\varphi = \int_l \frac{T}{GI_p}\mathrm{d}x \tag{5-13}$$

由此可见，对于等截面圆轴，当 T 为常量时，则式(5-13)亦可改写为

$$\varphi = \frac{Tl}{GI_p} \tag{5-14}$$

这就是计算扭转变形的基本公式。计算出的 φ 用弧度(rad)表示。该式表明：**扭转角 φ 与扭矩 T、轴长 l 成正比，与 GI_p 成反比**。其中 GI_p 称为圆轴的**抗扭刚度**。

若在计算长度 l 范围内，T 与 I_p 为变量，则应分段或积分计算。

5.5.2　刚度条件

式(5-14)中的扭转角 φ 与长度 l 有关，φ 值的大小并不能真实反映扭转变形的程度，在工程中，常用**单位长度的扭转角**来衡量扭转变形，即

$$\varphi' = \frac{\mathrm{d}\varphi}{\mathrm{d}x} = \frac{T}{GI_p} \tag{5-15}$$

φ' 的单位是弧度/米(rad/m)。

为了确保圆轴能正常工作,除要满足强度条件外,还要限制轴的变形。限制变形的条件即为刚度条件。在扭转问题中,通常要求最大的单位长度扭转角 φ'_{max} 不得超过规定的许用值 $[\varphi']$,即

$$\varphi'_{max} = \frac{T_{max}}{GI_p} \leqslant [\varphi'] \tag{5-16}$$

式中,$[\varphi']$ 为单位长度的许用扭转角。工程中,$[\varphi']$ 的单位习惯用 (°)/m,则式(5-16)变为

$$\varphi'_{max} = \frac{T_{max}}{GI_p} \times \frac{180}{\pi} \leqslant [\varphi'] \quad [(°)/m] \tag{5-17}$$

$[\varphi']$ 一般根据对机器的精度要求、荷载的性质和工作情况而定,可以从有关手册中查得。利用刚度条件式(5-16)和式(5-17)同样可以进行刚度校核、设计截面尺寸、确定许可荷载三方面的计算。

【例5-6】 一传动轴如图5-15(a)所示,其转速为208 r/min,主动轮 A 的输入功率 $P_A =$ 6 kW,从动轮 B、C 的输出功率分别为 $P_B = 4$ kW,$P_C = 2$ kW。已知轴的许用应力 $[\tau] =$ 30 MPa,单位长度许用扭转角 $[\varphi'] = 1(°)/m$,切变模量 $G = 80$ GPa,试按强度条件和刚度条件设计轴的直径。

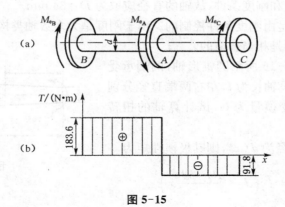

图 5-15

解:(1) 计算外力偶矩

$$M_{e_A} = 9\,549\,\frac{P_A}{n} = 9\,549 \times \frac{6}{208} = 275.4(\text{N} \cdot \text{m})$$

$$M_{e_B} = 9\,549\,\frac{P_B}{n} = 9549 \times \frac{4}{208} = 183.6(\text{N} \cdot \text{m})$$

$$M_{e_C} = 9\,549\,\frac{P_C}{n} = 9549 \times \frac{2}{208} = 91.8(\text{N} \cdot \text{m})$$

(2) 扭矩计算

利用截面法可得 AB、AC 两段的扭矩分别为

$$T_{AB} = 183.6\,\text{N} \cdot \text{m}$$
$$T_{AC} = -91.8\,\text{N} \cdot \text{m}$$

其扭矩图如图 5-15(b)所示，由此可知

$$T_{max}=183.6\ \mathrm{N\cdot m}$$

(3) 按强度条件设计轴的直径

$$W_t \geqslant \frac{T_{max}}{[\tau]}, \quad 即 \quad \frac{\pi D^3}{16} \geqslant \frac{T_{max}}{[\tau]}$$

于是有

$$D \geqslant \sqrt[3]{\frac{16T_{max}}{\pi[\tau]}}=\sqrt[3]{\frac{16\times 183.6}{\pi\times 30\times 10^6}}=31.5\times 10^{-3}(\mathrm{m})=31.5(\mathrm{mm})$$

(4) 按刚度条件设计轴的直径

$$I_p \geqslant \frac{T_{max}}{G[\varphi']}\times\frac{180}{\pi}, \quad 即 \quad \frac{\pi D^4}{32} \geqslant \frac{T_{max}}{G[\varphi']}\times\frac{180}{\pi}$$

于是有

$$D \geqslant \sqrt[4]{\frac{32\times T_{max}\times 180}{G[\varphi']\pi^2}}=\sqrt[4]{\frac{32\times 183.6\times 180}{80\times 10^9\times \pi^2\times 1}}=34\times 10^{-3}(\mathrm{m})=34(\mathrm{mm})$$

为了同时满足轴的强度和刚度条件，故轴的直径应取为 $D=34$ mm。

可见，该轴的设计是由刚度条件控制的。由于刚度是大多数轴类构件的主要矛盾，所以用刚度作为控制因素的轴是相当普遍的。

【例 5-7】 如图 5-16 所示圆锥形轴，两端承受外力偶矩 M 的作用。设轴长为 l，左右两端直径分别为 d_1 和 d_2，材料的切变模量为 G，试计算轴的扭转角 φ。

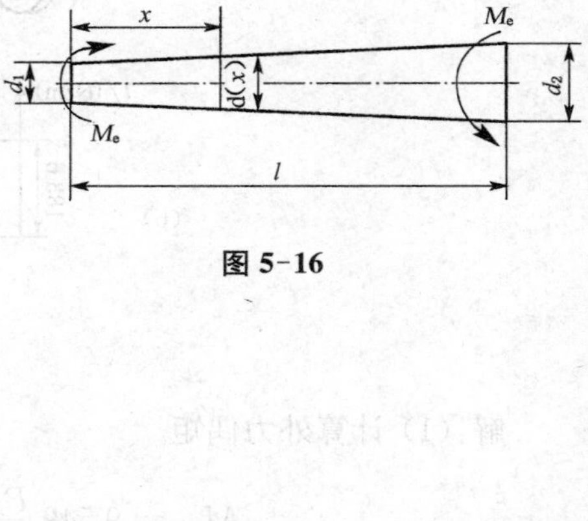

图 5-16

解：设 x 截面的直径为 $d(x)$，则其极惯性矩为

$$I_p=\frac{\pi}{32}d^4(x)=\frac{\pi}{32}\left(d_1+\frac{d_2-d_1}{l}x\right)^4$$

利用截面法可得 x 截面的扭矩

$$T=M_e$$

由式(5-13)，可得扭转角为

$$\varphi=\int_0^l \frac{T}{GI_p}\mathrm{d}x=\int_0^l \frac{32M_e}{G\pi\left(d_1+\dfrac{d_2-d_1}{l}\right)^4}\mathrm{d}x=\frac{32M_e l}{3G\pi(d_2-d_1)}\left(\frac{1}{d_1^3}-\frac{1}{d_2^3}\right)$$

【例 5-8 · 真题】【2013 年一级注册结构工程师真题】圆轴的直径为 d，切变模量为 G，在外力作用下发生扭转变形，现测得单位长度上的扭转角为 θ，圆轴的最大扭转切应力是(　　)。

A. $\tau_{max}=\dfrac{16\theta G}{\pi d^3}$　　　　B. $\tau_{max}=\theta G\dfrac{\pi d^3}{16}$

C. $\tau_{\max} = \theta G d$ D. $\tau_{\max} = \dfrac{1}{2} \theta G d$

解：(1) 根据单位长度上的扭转角计算公式

$$\theta = \frac{T}{GI_p}$$

得出扭矩 $T = \theta G I_p$

(2) 根据最大扭转剪应力计算公式

$$\tau_{\max} = \frac{T}{W_t}$$

代入 $T = \theta G I_p$ 和 $W_t = \dfrac{I_p}{d/2}$，可得出：$\tau_{\max} = \dfrac{1}{2} \theta G d$

所以应选择答案 D。

5.6 非圆截面杆扭转简介

圆截面轴是最常见的受扭杆件，工程中还经常遇到一些非圆截面杆的扭转，例如矩形截面轴等。

5.6.1 非圆截面杆扭转变形的特点

如图 5-17(a) 所示为一矩形截面杆，受扭前若在其表面画上一系列纵向线及横向线，扭转变形后，则发现横向线已变成空间曲线，如图 5-17(b) 所示。这样，原为平面的横截面在变形后就不再保持为平面，这种现象称为**翘曲**。因此，圆轴扭转时的计算公式不再适用于非圆截面杆的扭转问题。这类问题只能用弹性力学的方法求解。

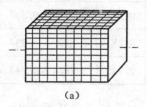 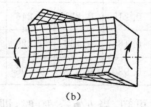

(a)   (b)

图 5-17

非圆截面杆件的扭转分为自由扭转和约束扭转。**自由扭转**是指等直杆受扭后，各横截面的翘曲不受任何限制，任意两个相邻截面的翘曲程度完全相同，纵向纤维的长度无伸缩，故横截面上仍然是只有切应力而无正应力，如图 5-18(a) 所示。相反，若因约束条件或受力条件限

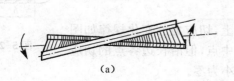 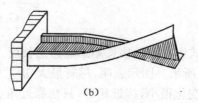

(a)   (b)

图 5-18

制,引起受扭杆件各截面翘曲程度不同,于是横截面上既有切应力,又有正应力,这种情况称为**约束扭转**,如图 5-18(b)所示。

约束扭转所引起的正应力在一般实体杆(如矩形、椭圆形杆件)中通常很小,可忽略不计,但在薄壁杆件中不能忽略。

本节直接引用弹性力学的一些结果,并介绍非圆截面直杆在自由扭转时的最大切应力及变形的计算公式。

5.6.2 矩形截面直杆的扭转

由弹性理论知,矩形截面杆受扭时,横截面上最大切应力发生于长边中点;四个角点处的切应力均为零;截面周边各点切应力与周边平行。其切应力分布如图 5-19 所示,横截面上的最大切应力 τ_{max}、短边中点的切应力 τ_1 及两端截面的相对扭转角 φ 分别用下列公式计算:

$$\tau_{max} = \frac{T}{\alpha hb^2} \tag{5-18}$$

$$\tau_1 = \gamma \tau_{max} \tag{5-19}$$

$$\varphi = \frac{Tl}{G\beta hb^3} = \frac{Tl}{GI_p} \tag{5-20}$$

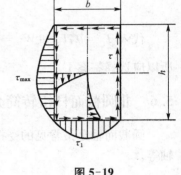

图 5-19

式中,α、β、γ 是系数,它们的大小取决于 h/b,可由表 5-1 查得;GI_p 是非圆截面直杆抗扭刚度。

表 5-1 矩形截面杆扭转时的 α、β 和 γ

h/b	1.0	1.2	1.5	2.0	2.5	3.0	4.0	6.0	8.0	10.0	∞
α	0.208	0.219	0.231	0.246	0.258	0.267	0.282	0.299	0.307	0.313	0.333
β	0.141	0.166	0.196	0.229	0.249	0.263	0.281	0.299	0.307	0.313	0.333
γ	1.000	0.930	0.858	0.796	0.767	0.753	0.745	0.743	0.743	0.743	0.743

由表 5-1 可知,当 $h/b > 10$ 时,即截面为狭长矩形,此时 $\alpha = \beta \approx 1/3$。则式(5-18)和式(5-20)又可写为

$$\tau_{max} = \frac{T}{\frac{1}{3}hb^2} \tag{5-21}$$

$$\varphi = \frac{Tl}{G \cdot \frac{1}{3}hb^3} \tag{5-22}$$

图 5-20

式中 b 表示狭长矩形短边的长度。在其截面上,切应力的变化规律如图 5-20 所示。图示表明:尽管最大切应力仍在长边中点,但沿长边各点的切应力值变化很小,接近相等,只在靠近角点处迅速减小为零。

【**例 5-9**】 一矩形截面杆,横截面高 $h = 90$ mm,宽 $b = 60$ mm,承受外力偶矩 $M_e = $

$2.5 \times 10^3 N \cdot m$ 的作用,试计算 τ_{max}。若改为截面面积相等的圆截面杆,试比较两种情况下的 τ_{max}。

解:(1)求矩形截面杆的 τ_{max}

用截面法便可求得各截面的扭矩为

$$T = M_e$$

由式(5-18)得

$$\tau_{max} = \frac{T}{\alpha h b^2} = \frac{2.5 \times 10^3}{0.231 \times 90 \times 10^{-3} \times (60 \times 10^{-3})^2} = 33.4 \times 10^6 (Pa) = 33.4 (MPa)$$

(2)计算圆截面杆的 τ_{max}

由已知条件可知,$A_{圆} = A_{矩}$,即

$$\pi R^2 = h \cdot b = 90 \times 60 = 5.4 \times 10^3 (mm^2)$$

由此可得

$$R = 41.5 \text{ mm}, \quad D = 83 \text{ mm}$$

$$\tau_{max} = \frac{T}{W_t} = \frac{2.5 \times 10^3}{\frac{\pi}{16} \times 83^3 \times 10^{-9}} = 22.3 \times 10^6 (Pa) = 22.3 (MPa)$$

可见,在截面面积相同条件下,矩形截面的最大切应力比圆截面的最大切应力要大。

5.6.3 开口薄壁杆件的自由扭转

工程结构中,为了减轻重量,广泛采用其壁厚远远小于横截面其他两个方向的尺寸的杆件,即薄壁杆件。若薄壁截面的壁厚中线为一条不封闭的折线或曲线,则称其为**开口薄壁杆件**,如图 5-21(a)所示;否则为**闭口薄壁杆件**,如图 5-21(b)所示。

开口薄壁杆件,如槽钢、工字钢等,其截面可看作由若干个狭长矩形所组成。若各狭长矩形的壁厚相等,则可将其展成为一狭长矩形,这样便可利用式(5-21)和式(5-22)分别计算最大切应力及扭转角,其中 l 为要展开的截面中线长度。若各狭长矩形的壁厚不等,其最大切应力及扭转角分别按下列公式计算:

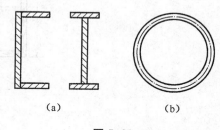

图 5-21

$$\begin{cases} \tau_{max} = \dfrac{T\delta_{max}}{\frac{1}{3}\sum h_i \delta_i^3} = \dfrac{T\delta_{max}}{I_p} \\[4mm] \varphi = \dfrac{Tl}{G \cdot \frac{1}{3}\sum h_i \delta_i^3} = \dfrac{Tl}{GI_p} \end{cases} \tag{5-23}$$

式中,h_i 和 δ_i 分别为各狭长矩形的长与宽,如图 5-22 所示;δ_{max} 是所有狭长矩形中的最大宽度;δ_{max} 发生在宽度最大的狭长矩形的长边上。切应力方向与边界相切形成环流,如图 5-23 所示。

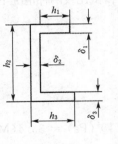
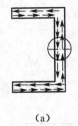
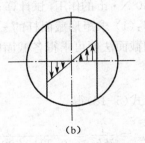

图 5-22   图 5-23

注意,在计算各种型钢截面的 I_p 时,因各部分连接处有圆角,增加了抗扭刚度,故应进行修正,其修正公式为

$$I_p = \eta \cdot \frac{1}{3} \sum h_i \delta_i^3$$

式中,η 是修正系数。角钢 $\eta = 1.00$,槽钢 $\eta = 1.12$,T 字钢 $\eta = 1.15$,工字钢 $\eta = 1.20$。

5.6.4 闭口薄壁杆件的自由扭转

如图 5-24 所示为闭口薄壁杆,设其壁厚 δ 为常量,因 δ 很小,故可认为切应力沿壁厚均匀分布,方向沿截面中线的切线方向形成环流。其切应力和扭转角的计算公式为

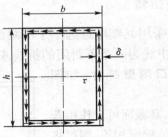

图 5-24

$$\begin{cases} \tau = \dfrac{T}{2\omega\delta} \\ \varphi = \dfrac{Tls}{4G\omega^2\delta} \end{cases} \tag{5-24}$$

式中,ω 为截面中线所围成的面积;s 为截面中线全长。

【例 5-10】 薄壁杆件的横截面如图 5-25 所示,分别为开口和闭口的圆环形。设两杆的平均半径 r 和壁厚 δ 均相同,试比较两者的最大切应力及扭转角。

解:(1) 计算开口薄壁杆件的应力及变形

环形开口截面可看作是 $h = 2\pi r$、宽为 δ 的狭长矩形,据式(5-21)和式(5-22)可求得

$$\tau_1 = \frac{T}{\frac{1}{3}h\delta^2} = \frac{3T}{2\pi r\delta^2}$$

$$\varphi_1 = \frac{Tl}{G \times \frac{1}{3}h\delta^3} = \frac{3Tl}{2\pi r\delta^3 G}$$

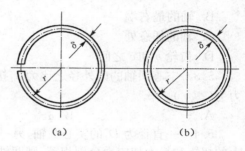

图 5-25

（2）计算闭口薄壁杆的应力及变形

闭口截面的 ω 和 s 分别为

$$\omega = \pi r^2, \quad s = 2\pi r$$

由式（5-24）可求得

$$\tau_2 = \frac{T}{2\omega\delta} = \frac{T}{2\pi r^2\delta}$$

$$\varphi_2 = \frac{Tls}{4G\omega^2\delta} = \frac{Tl}{2G\pi r^3\delta}$$

（3）比较

在 T 和 l 相同的情况下，两者应力之比为

$$\frac{\tau_1}{\tau_2} = 3\frac{r}{\delta}$$

两扭转角之比

$$\frac{\varphi_1}{\varphi_2} = 3\left(\frac{r}{\delta}\right)^2$$

由于 $r \gg \delta$，可见开口薄壁杆的应力和变形要远大于同样情况下的闭口薄壁杆。

模拟试题

5.1　如试题 5.1 图所示受扭阶梯轴，其正确的扭矩为（　　）。

A. 图（a）　　　　　　B. 图（b）　　　　　　C. 图（c）　　　　　　D. 图（d）

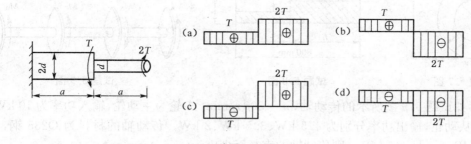

试题 5.1 图

5.2　等截面传动轴，轴上安装 a、b、c 三个齿轮，其上的外力偶矩的大小和转向一定，如试题 5.2 图所示，但齿轮的位置可以调换。从受力的角度，齿轮 a 的位置应放置在（　　）。

A. 轴的最左端

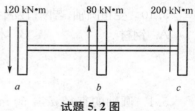

试题 5.2 图

B. 轴的最右端

C. 轴的任意处

D. 齿轮 b 和 c 之间

5.3 空心圆轴的内外径之比为 α，扭转时轴内边缘的切应力为 τ，则横截面上最大的切应力为（　　）。

A. τ 　　　　　　B. $\alpha\tau$ 　　　　　　C. τ/α 　　　　　　D. $(1-\alpha^4)\tau$

5.4 一直径为 D_1 的实心圆轴，另一内外直径之比为 $d_2/D_2=\alpha$ 的空心圆轴，若两轴截面上的扭矩和最大切应力分别相等，则两轴的横截面面积之比 A_1/A_2 为（　　）。

A. $\dfrac{(1-\alpha^4)^{\frac{2}{3}}}{1-\alpha^2}$ 　　　　　　　　　　　　　B. $(1-\alpha^4)^{\frac{2}{3}}$

C. $1-\alpha^2$ 　　　　　　　　　　　　　　　D. $(1-\alpha^2)(1-\alpha^4)^{\frac{2}{3}}$

5.5 已知实心圆轴和空心圆轴的材料、扭转力偶矩和长度均相同，最大切应力也相等，若空心圆轴截面内外径之比为 0.8，则实心圆轴截面直径与空心圆轴截面的外径之比为（　　）。

A. 0.84 　　　　　B. 1.2 　　　　　C. 0.89 　　　　　D. 1.4

5.6 【2009 年一级注册结构工程师真题】直径为 d 的实心圆轴受扭，若使扭转角减小到原来的 1/2，圆轴的直径需变为（　　）。

A. $\sqrt[4]{2}d$ 　　　　　B. $\sqrt[3]{\sqrt{2}}d$ 　　　　　C. $0.5d$ 　　　　　D. $2d$

5.7 如试题 5.7 图所示空心圆轴的内外径之比为 0.8，若受扭时 a 点的剪应变为 γ_a，则 b 点的剪应变 γ_b 为（　　）。

A. $\gamma_b=0.8\gamma_a$ 　　B. $\gamma_b=\gamma_a$ 　　C. $\gamma_b=1.25\gamma_a$ 　　D. $\gamma_b=2.5\gamma_a$

5.8 如试题 5.8 图所示两段空心圆柱，已知 $d_1=30\,\mathrm{mm}$，$d_2=40\,\mathrm{mm}$，$D=50\,\mathrm{mm}$，欲使两圆轴的扭转角相等，则 l_2 的长度为（　　）mm。

A. 312 　　　　　B. 323 　　　　　C. 416 　　　　　D. 432

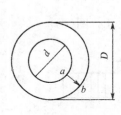 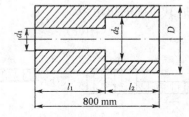 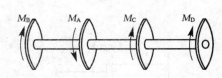

试题 5.7 图　　　　　　　　试题 5.8 图　　　　　　　　试题 5.9 图

5.9 如试题 5.9 图所示的传动轴，$n=300\,\mathrm{r/min}$，A 轮为主动轮，输入功率为 10 kW，B、C、D 轮为从动轮，输出功率分别为 4.5 kW、3.5 kW、2 kW。传动轴的材料为 Q235 钢，$G=80\times10^3\,\mathrm{MPa}$，$[\tau]=40\,\mathrm{MPa}$，则传动轴的直径至少应为（　　）mm。

A. 30 　　　　　B. 25 　　　　　C. 20 　　　　　D. 15

5.10 受扭圆轴，若断口发生在与轴线成 45° 的斜截面上，则该轴可能用的材料是（　　）。

A. 钢材 　　　　　B. 木材 　　　　　C. 铸铁 　　　　　D. 铝材

习 题

5.1 圆轴的直径 $d=50\,\mathrm{mm}$，转速为 120 r/min。若该轴横截面上的最大切应力等于

60 MPa,试问所传递的功率为多大?

5.2 实心圆轴的直径 $d=100\,\text{mm}$,长 $l=1\,\text{m}$,其两端所受外力偶矩 $M_e=14\,\text{kN}\cdot\text{m}$,材料的切变模量 $G=80\,\text{GPa}$。试求:

(1) 最大切应力及两端截面间的相对扭转角;

(2) 图示截面上 A,B,C 三点处切应力的数值及方向;

(3) C 点处的切应变。

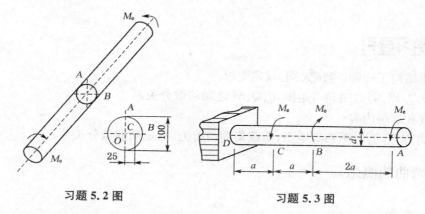

习题 5.2 图   习题 5.3 图

5.3 如习题 5.3 图所示一等直圆杆,已知 $d=40\,\text{mm}$,$a=400\,\text{mm}$,$G=80\,\text{GPa}$,$\varphi_{DB}=1°$。试求:

(1) 最大切应力;

(2) 截面 A 相对于截面 C 的扭转角。

5.4 长度相等的两根受扭圆轴,一为空心圆轴,一为实心圆轴,两者材料相同,受力情况也一样。实心轴直径为 d;空心轴外径为 D,内径为 d_0,且 $\dfrac{d_0}{D}=0.8$。试求当空心轴与实心轴的最大切应力均达到材料的许用切应力($\tau_{\max}=[\tau]$),扭矩 T 相等时的重量比和刚度比。

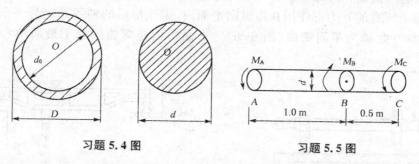

习题 5.4 图   习题 5.5 图

5.5 如习题 5.5 图所示等直圆杆,已知外力偶矩 $M_A=2.99\,\text{kN}\cdot\text{m}$,$M_B=7.20\,\text{kN}\cdot\text{m}$,$M_C=4.21\,\text{kN}\cdot\text{m}$,许用切应力 $[\tau]=70\,\text{MPa}$,许可单位长度扭转角 $[\varphi']=1°/\text{m}$,切变模量 $G=80\,\text{GPa}$。试确定该轴的直径 d。

6

弯曲内力

本章学习导引

一、一级注册结构工程师《考试大纲》规定要求

　　梁的内力方程,剪力图和弯矩图,q、Q、M之间的微分关系。

二、重点掌握和理解内容

　　梁的内力方程,剪力图和弯矩图,荷载集度与剪力、弯矩间的微分关系。

6.1　平面弯曲的概念

6.1.1　弯曲

　　在工程实际中,存在着大量受到弯曲的构件。例如图 6-1(a) 所示的火车轮轴、图 6-2(a) 所示的桥式起重机横梁、图 6-3(a) 所示的房屋结构中的大梁、图 6-4 所示的受气流冲击的汽轮机叶片等。这些弯曲构件的受力特点是:杆件受到垂直于杆轴线的外力(即横向力)或受到位于轴线所在平面内的力偶(即力偶矩矢垂直于轴线的力偶)作用;变形特点是:杆的轴线将由直线变为曲线。这种变形形式称为**弯曲**。凡是以弯曲变形为主的杆件,习惯上称为**梁**。梁是一类常用的构件,几乎在各类工程中都占有重要的地位。

　　工程中梁的横截面一般都至少有一个对称轴(图 6-5),由对称轴组成的平面称为**纵向对称面**。若梁上所有的外力都作用在该纵向平面内,梁变形后的轴线必定是一条在该平面内的曲线,这种弯曲称为**平面弯曲**(图 6-6)。平面弯曲是弯曲问题中最简单和最常见的情况。

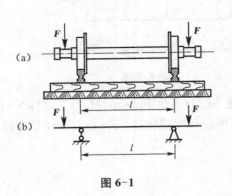

图 6-1

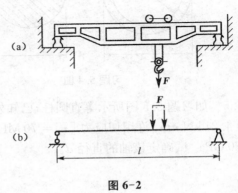

图 6-2

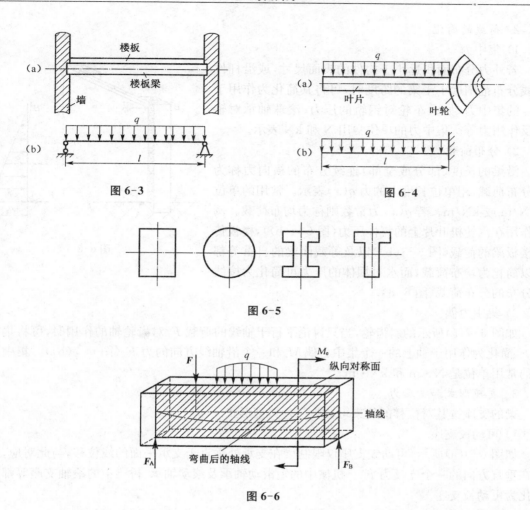

图 6-3

图 6-4

图 6-5

图 6-6

本章主要讨论梁在平面弯曲下的内力计算,它是对梁进行强度和刚度计算的重要基础。

6.1.2 梁的简化

工程问题中,受弯杆件的几何形状不同、支承条件各异、荷载情况复杂,为了便于分析计算,一般需要根据具体情况区分主次因素,将实际构件简化为计算简图,即所谓建立力学模型。建立力学模型的一般原则是:精度足够,计算简便和偏于安全。

1. 构件的简化

在梁的计算简图中用梁的轴线代表梁,取两个支承中间的距离作为梁的长度,称为**跨度**(见图 6-7(a))。

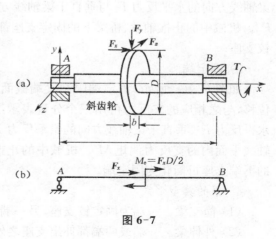

图 6-7

2. 荷载的简化

1）集中力

若外力分布面积远小于构件的表面尺寸,或沿杆件轴线分布范围远小于梁的跨度时,可将其简化为作用于一点的集中力,如火车轮对钢轨的压力、滚珠轴承对轴的反作用力等。集中力的单位常用 N 和 kN 表示。

2）分布荷载

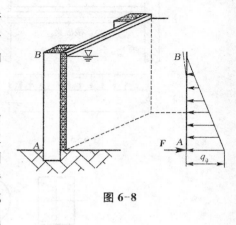

图 6-8

沿梁的长度（部分或全部）连续分布的横向力称为线分布荷载,用单位长度上的力 $q(x)$ 表示。常用的单位是 N/m 或 kN/m。若 $q(x)$ 为常数则称为均布荷载。例如作用在汽轮机叶片上的气体压力（图 6-4(b)）,楼板传给楼板梁的荷载（图 6-3(b)）以及等截面梁的自重等都可以简化为均布荷载,而水对坝体的压力可简化为按线性分布的分布荷载（图 6-8）。

3）集中力偶

如图 6-7(a)所示的斜齿轮,当只讨论平行于轴线的荷载 F_x 对齿轮轴的作用时,可将集中力 F_x 简化为作用于轴上的一个集中力偶 M_e 和一个沿轴线方向的力 F_x（图 6-7(b)）。集中力偶的常用单位是 N·m 和 kN·m。

3. 支座形式和支反力

梁的支座按其对位移的约束可分为三种典型形式。

1）可动铰支座

如图 6-9(a)所示,可动铰支座仅限制梁在支承处垂直于支承平面的线位移,与此对应,仅存在垂直方向的一个支反力 F_y。机械中的短滑动轴承及滚动轴承、桥梁中的滚轴支座等都可简化为可动铰支座。

2）固定铰支座

如图 6-9(b)所示,固定铰支座限制梁在支承处沿任何方向的线位移,因此相应支反力可用两个分力表示,例如沿梁轴线方向的水平反力 F_x 与垂直于梁轴线方向的铅垂反力 F_y。机械中的止推轴承、桥梁下的固定支座都可简化为固定铰支座。

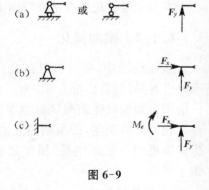

图 6-9

3）固定端

如图 6-9(c)所示,固定端限制梁端截面的线位移与角位移,与之相应的支反力可用三个分量表示:沿轴线方向的水平反力 F_x、垂直于梁轴线方向的铅垂反力 F_y 以及位于梁轴线平面内的支反力偶矩 M_e。机械中的止推长轴承、水坝的下端支座可简化为固定端。

4. 梁的典型形式

（1）简支梁。一端为固定铰支座,另一端为可动铰支座的梁。如图 6-2(b)所示的梁。

（2）外伸梁。一端或两端都伸出支座之外的梁。如图 6-1(b)所示的梁。

（3）悬臂梁。一端固定，另一端自由的梁。如图6-4(b)所示的梁。

上述三种梁都只有三个支反力，由于平面弯曲时支反力与主动力构成平面一般力系，有三个独立的平衡方程，所以支反力可以由静力平衡方程确定，统称为**静定梁**。有时工程上根据需要，对一个梁设置较多的支座，因而梁的支反力数目多于独立平衡方程的数目，此时仅用平衡方程就无法确定其所有的支反力，这种梁称为静不定梁或超静定梁，将在第9章中讨论。

【**例6-1**】 试求如图6-10(a)所示的静定梁固定端A及支座B处的支反力。

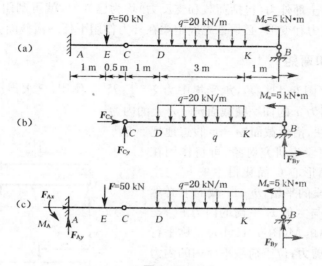

图 6-10

解：静定梁的AC段又称为基本梁或主梁，CB段又称为副梁。

求支反力时，可将中间铰拆开（图6-10(b)），先通过平衡方程求出副梁CB上支座B的支反力。然后，再研究整个梁AB（图6-10(c)），由平衡方程求出固定端A的支反力。

（1）先研究梁CB。梁上的均布荷载以其合力代替，合力的作用线通过均布荷载图形面积的形心。由平衡方程

$$\sum M_C = 0, \quad F_{By} \times 5 + 5 \times 10^3 - 20 \times 10^3 \times 3 \times 2.5 = 0$$

解得

$$F_{By} = 29 \text{ kN}$$

（2）再研究整个梁AB。由平衡方程

$$\sum F_x = 0, \quad F_{Ax} = 0$$

$$\sum F_{Ay} = 0, \quad F_{Ay} - 50 \times 10^3 - 20 \times 10^3 \times 3 + 29 \times 10^3 = 0$$

得

$$F_{Ay} = 81 \text{ kN}$$

$$\sum M_A = 0, \quad M_A - 50 \times 10^3 \times 1 - 20 \times 10^3 \times 3 \times 4 + 5 \times 10^3 + 29 \times 10^3 \times 6.5 = 0$$

解得

$$M_A = 96.5 \text{ kN} \cdot \text{m}$$

注意:本题亦可先研究梁 AC,再研究梁 CB,从而求得支反力。

6.2 梁的内力

当作用在梁上的全部外力(包括荷载和支反力)均为已知时,就可利用截面法确定梁的内力。为了计算梁的应力和变形,必须首先确定梁在外力作用下任一横截面上的内力。

6.2.1 剪力和弯矩

设一简支梁 AB(图 6-11(a)),承受集中力 F_1、F_2 及 F_3 作用,已求得支反力为 F_A 和 F_B。现研究距左端的距离为 x 的任一横截面 $m-m$ 上的内力。

首先,利用截面法,沿横截面 $m-m$ 假想地把梁截分为两段。取左段为研究对象,可将作用在左段上的外力向截面形心 C 简化得主矢 F' 与主矩 M'。为了保持左段的平衡,$m-m$ 截面上必然存在两个内力分量:与主矢 F' 平衡的内力 F_S;与主矩时平衡的内力偶矩 M(图 6-11(b))。称平行于截面的内力 F_S 为**剪力**;位于荷载平面内的内力偶矩 M 为**弯矩**。

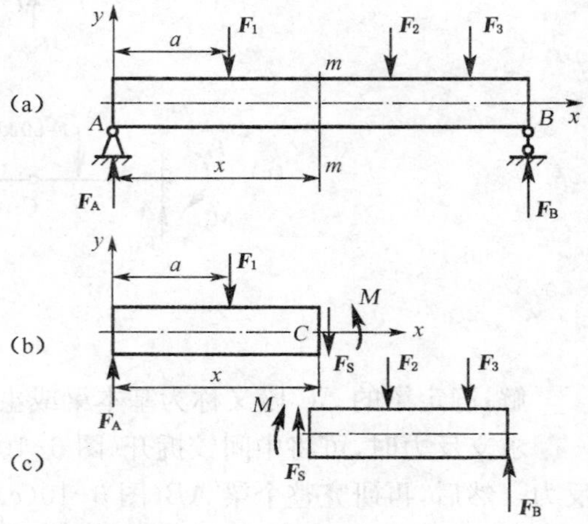

根据左段梁的平衡方程

$$\sum F_y = 0, \quad F_A - F_1 - F_S = 0$$

得

$$F_S = F_A - F_1 \tag{6-1}$$

$$\sum M_C = 0, \quad M - F_A x + F_1(x-a) = 0$$

得

$$M = F_A x - F_1(x-a) \tag{6-2}$$

图 6-11

左段梁横截面 $m-m$ 上的剪力和弯矩,实际上是右段梁对左段梁的作用。由作用与反作用原理可知,右段梁在同一截面 $m-m$ 上的剪力和弯矩,在数值上应该分别与式(6-1)、(6-2)相等,但指向和转向相反(图 6-11(c))。若对右段梁列出平衡方程,所得结果必然相同。

6.2.2 剪力和弯矩的正负号规定

为了使左、右两段梁上求得的同一横截面上的内力不仅数值相等,而且符号相同,根据梁的变形,对剪力和弯矩的符号作如下规定。

在所截横截面的内侧切取微段,凡使微段产生顺时针转动趋势的剪力为正(图 6-12(a)),反之为负(图 6-12(b))。使微段弯曲变形后,凹面朝上的弯矩为正(图 6-12(c)),反之为负(图

6-12(d))。按此规定,图 6-11(b)、(c)中的剪力和弯矩均为正号。

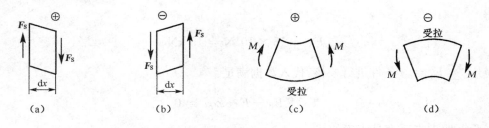

图 6-12

6.2.3 梁横截面上内力的计算

利用截面法计算内力较麻烦,需画出脱离体的受力图,列平衡方程,解方程。故仔细观察式(6-1)、(6-2)两式,可归纳出梁横截面上内力的计算规律如下。

(1) 梁任一横截面上的剪力在数值上等于该截面一侧所有竖向外力(包括支反力)的代数和。根据剪力的正负规定可知,横截面左侧向上的外力或右侧向下的外力产生正剪力,反之产生负剪力。

(2) 梁任一横截面上的弯矩在数值上等于该截面一侧所有外力(包括支反力)对该截面形心取力矩的代数和。根据弯矩正负号的规定可知,不论在横截面左侧还是右侧,向上的外力均产生正弯矩,反之向下的外力均产生负弯矩;若截面一侧有外力偶,则外力偶的转向与该截面同侧向上的外力对该截面形心的力矩转向相同时产生正弯矩,反之产生负弯矩。即左侧梁上,顺时针转动的外力偶为正;右侧梁上,逆时针转动的外力偶为正。

上述规律,可以概括为口诀:"**左上右下,剪力为正;左顺右逆,弯矩为正。**"据此可直接写出梁上任一横截面的剪力和弯矩的计算式。

【例 6-2】 简支梁受荷载作用如图 6-13 所示。已知 $F=8$ kN,$q=12$ kN/m,$a=1.5$ m,$b=2$ m。试求截面 1-1 和 2-2 上的剪力和弯矩。

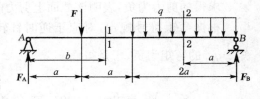

图 6-13

解:(1) 求支反力

设 A、B 支座处的反力 F_A、F_B 是向上的,由静力学平衡方程

$$\sum M_A = 0, \quad 4F_B a - Fa - 2qa \times 3a = 0$$

即

$$4F_B \times 1.5 - 8 \times 10^3 \times 1.5 - 2 \times 12 \times 10^3 \times 1.5 \times 3 \times 1.5 = 0$$

得

$$F_B = 29 \times 10^3 \, \text{N} = 29 \, \text{kN}$$

$$\sum M_B = 0, \quad 4F_A a - 3Fa - 2qa \times a = 0$$

即

$$4F_A \times 1.5 - 3 \times 8 \times 10^3 \times 1.5 - 2 \times 12 \times 10^3 \times 1.5^2 = 0$$

得

$$F_A = 15 \times 10^3 \text{N} = 15 \text{ kN}$$

应用 $\sum F_y = 0$ 条件进行校核,代入数据满足:

$$F_A + F_B - F - 2qa = 0$$

经验证所求支反力是正确的。

(2) 求指定截面上的剪力和弯矩

1-1 截面取左段梁为研究对象,作用于这段梁上的外力有 F 和支反力 F_A。作用于截面 1-1 上的剪力等于 F_A 和 F 的代数和,根据剪力符号规定,于是有

$$F_{S_1} = F_A - F = 15 \times 10^3 - 8 \times 10^3 = 7 \times 10^3 (\text{N}) = 7 (\text{kN})$$

作用于 1-1 截面上的弯矩等于 F_A、F 分别对截面形心力矩的代数和,且 F_A 之矩为顺时针转向,F 之矩为逆时针转向。根据弯矩符号规定,于是有

$$M_1 = F_A b - F(b-a) = 15 \times 10^3 \times 2 - 8 \times 10^3 \times (2-1.5)$$
$$= 26 \times 10^3 (\text{N} \cdot \text{m}) = 26 (\text{kN} \cdot \text{m})$$

2-2 截面取右段梁为研究对象,作用于这段梁上的外力有支反力 F_B 和均布荷载 q。根据剪力符号规定,有

$$F_{S_2} = qa - F_B = 12 \times 10^3 \times 1.5 - 29 \times 10^3 = -11 \times 10^3 (\text{N}) = -11 (\text{kN})$$

求得的剪力为负,表明该截面上剪力的实际方向是向下的。

根据弯矩符号规定,对应于逆时针转向的矩 $F_B a$ 的弯矩为正,而对应于顺时针转向的矩 $\frac{1}{2}qa^2$ 的弯矩为负,于是得

$$M_2 = F_B a - \frac{1}{2}qa^2 = 29 \times 10^3 \times 1.5 - \frac{1}{2} \times 12 \times 10^3 \times (1.5)^2$$
$$= 30 \times 10^3 (\text{N} \cdot \text{m}) = 30 (\text{kN} \cdot \text{m})$$

该值为正,说明此截面上的弯矩为顺时针转向。

由本例题看到,按上述方法计算任一截面内力时,省略了取脱离体及列平衡方程,因而非常方便。此外,计算时通常取外力比较简单的一侧。

【例 6-3·真题】【2010 年一级注册结构工程师真题】如图 6-14 所示外伸梁,在 C、D 处作用相同的集中力 F,截面 A 的剪力和截面 C 的弯矩分别是(   )。

A. $F_{S_A} = 0, M_C = 0$

B. $F_{S_A} = F, M_C = FL$

C. $F_{S_A} = \frac{F}{2}, M_C = \frac{FL}{2}$

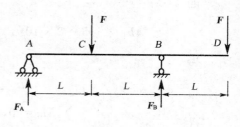

图 6-14

<></>

D. $F_{S_A} = 0, M_C = 2FL$

解:(1) 求支反力

设 A、B 支座处的反力 F_A、F_B 是向上的,由静力学平衡方程

$$\sum M_A = 0, F_B \cdot 2L - F \cdot L - F \cdot 3L = 0$$
$$\sum M_B = 0, F_A \cdot 2L - F \cdot L + F \cdot L = 0$$

解得

$$F_A = 0, F_B = 2F$$

(2) 求指定截面上的剪力和弯矩

截面 A 处支座反力为零,采用截面法很显然可知剪力为零。

截面 C 处采用截面法取左侧为研究对象,因为左侧外力为零,所以 AC 段弯矩为零。

所以应选择 A。

6.3 剪力图和弯矩图

一般情况下,梁横截面上的剪力和弯矩随截面位置的不同而不同。若以横坐标 x 表示横截面在梁轴线上的位置,则梁的各个截面上的剪力和弯矩可以表示为坐标 x 的函数,即

$$F_S = F_S(x)$$
$$M = M(x)$$

上述关系式分别称为**剪力方程**和**弯矩方程**。

以平行于梁轴线的横坐标 x 表示横截面的位置,以相应截面上的剪力或弯矩为纵坐标,根据剪力方程和弯矩方程绘出的剪力和弯矩沿轴线变化的图线称为**剪力图**和**弯矩图**。绘图时将正的剪力画在横坐标轴的上侧,而正的弯矩则画在梁受拉的一侧,也就是画在横坐标轴的下侧。

从剪力图和弯矩图上可直观地判断最大剪力和最大弯矩所在截面的位置和数值。

下面举例说明如何建立剪力方程和弯矩方程,以及如何根据方程绘制剪力图和弯矩图。

【例 6-4】 如图 6-15(a)所示剪支梁在 C 点受集中力 F_P 作用。试列出它的剪力方程和弯矩方程,并作剪力图和弯矩图。

解:

(1) 求约束力

由静力平衡方程

$$\sum M_B = 0, F_P b - F_{Ay} l = 0$$
$$\sum M_A = 0, F_{By} l - F_P a = 0$$

得

$$F_{Ay} = \frac{F_P b}{l}, F_{By} = \frac{F_P a}{l}$$

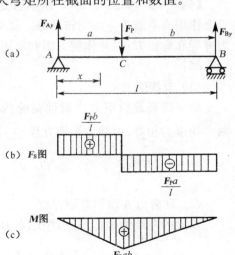

图 6-15

（2）分段列剪力方程和弯矩方程

以梁的左端为坐标原点，集中力 F_P 作用于 C 点，梁在 AC 和 CB 两段内的剪力或弯矩不能用同一方程式来表示，应分段考虑。在 AC 段内取距原点为 x 的任意截面，截面以左只有外力 F_{Ay}，则得这一截面上的 F_S 和 M 分别为

$$F_S(x) = \frac{F_P b}{l}, (0 < x < a) \tag{6-3}$$

$$M(x) = \frac{F_P b}{l} x, (0 \leqslant x \leqslant a) \tag{6-4}$$

这就是在 AC 段内的剪力方程和弯矩方程。如在 CB 段内取距左端为 x 的任意截面，截面以左有 F_P 和 F_{Ay} 两个外力，截面上的剪力和弯矩分别为

$$F_S(x) = \frac{F_P b}{l} - F_P = -\frac{F_P a}{l}, (a < x < l) \tag{6-5}$$

$$M(x) = \frac{F_P b}{l} x - F_P(x - a) = \frac{F_P a}{l}(l - x), (a \leqslant x \leqslant l) \tag{6-6}$$

（3）绘制剪力图和弯矩图

由式（6-3）可知，在 AC 段内梁的任意横截面的剪力皆为 $F_P b / l$，且符号为正，所以在 AC 段（$0 < x < a$）内，剪力图是在横轴上方的水平线（图6-15(b)）。同理，可根据（6-5）式作 CB 段的剪力图。从剪力图看出，当 $a < b$ 时，最大剪力为 $F_{Smax} = F_P b / l$。

由式（6-4）可知，在 AC 段内梁的任意横截面的弯矩是 x 的一次函数，所以弯矩图是一条斜直线。只要确定线上的两点，就可以确定这条直线。如 $x = 0$ 处，$M = 0$；$x = a$ 处，$M = F_P ab / l$。连接这两点就得到 AC 段的内力弯矩图（图6-15(c)）。同理，可以根据式（6-6）作 CB 段的弯矩图。从弯矩图看出，最大弯矩发生于截面 C 上，且 $M_{max} = F_P ab / l$。

【例6-5】 如图6-16(a)所示剪支梁，在整个梁上作用有集度为 q 的均布荷载。试列出它的剪力方程和弯矩方程，并作剪力图和弯矩图。

解：

（1）求约束力

由于荷载及约束力均对称梁跨的中点，因此两个约束力相等，由静力平衡方程 $\sum F_y = 0$ 得

$$F_{Ay} = F_{By} = \frac{ql}{2}$$

（2）列剪力方程和弯矩方程

以梁的左端为坐标原点，距原点为 x 的任意截面上的剪力和弯矩分别为

$$F_S(x) = F_{Ay} - qx = \frac{ql}{2} - qx \, (0 < x < l)$$

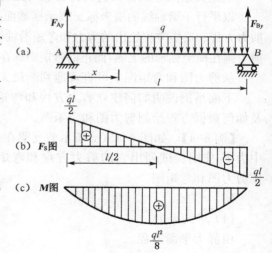

图6-16

$$M(x) = F_{Ay}x - qx \cdot \frac{x}{2} = \frac{qlx}{2} - \frac{qx^2}{2}(0 \leqslant x \leqslant l)$$

（3）绘制剪力图和弯矩图

由剪力方程可知，剪力图是一斜直线，只要确定线上的两点，就可以确定这条直线。如 $x = 0$ 处，$F_S = \frac{ql}{2}$；$x = l$ 处，$F_S = \frac{ql}{2}$。连接这两点就得梁的内力剪力图（图 6-16(b)）。由弯矩方程可知，弯矩图为一条二次抛物线，就需要多定几个点，如 $x = 0$ 和 $x = l$ 处，$M = 0$；$x = \frac{l}{2}$ 处，$M = \frac{ql^2}{8}$；$x = \frac{l}{4}$ 和 $x = \frac{3l}{4}$ 处，$M = \frac{3ql^2}{32}$。将这些点连成一光滑曲线即得到弯矩图（图 6-16(c)）。

由图中可见，此梁在梁跨中点横截面上的弯矩值为最大，$M_{max} = ql^2/8$，此截面上 $F_S = 0$；而两支座内侧横截面上的剪力值最大，$F_{Smax} = ql/2$，且由于梁的结构及荷载具有对称性，剪力图反对称，弯矩图正对称。

【例 6-6】 如图 6-17(a)所示的简支梁在 C 处受集中力偶 M 的作用。试列出它的剪力方程和弯矩方程，并作剪力图和弯矩图。

解：

（1）求约束力

由静力平衡方程 $\sum M_A = 0$ 和 $\sum M_B = 0$，分别得约束力为

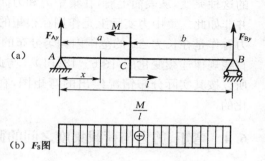

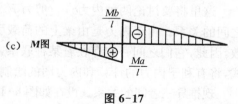

图 6-17

$$F_{Ay} = \frac{M}{l}, F_{By} = -\frac{M}{l}$$

（2）列剪力方程和弯矩方程

此简支梁上的荷载只有一个在两支座之间的力偶而没有横向外力，故全梁只有一个剪力方程

$$F_S(x) = \frac{M}{l}(0 < x < l)$$

但 AC 和 CB 两梁段的弯矩方程则不同，这些方程是

AC 段： $\qquad M(x) = \frac{M}{l}x(0 \leqslant x < a)$

CB 段： $\qquad M(x) = \frac{M}{l}x - M = -\frac{M}{l}(l - x)(a < x \leqslant l)$

（3）绘制剪力图和弯矩图

由剪力方程可知，整个梁的剪力图是一条平行于横轴上方的水平线（图 6-17(b)）。由两个弯矩方程可知，左、右两段梁的弯矩图各是一条斜直线，绘出梁的弯矩图（图 6-17(c)）。

由图可见，在 $b > a$ 的情况下，集中力偶作用处的右侧横截面上弯矩绝对值最大，$|M|_{max} = Mb/l$（正值）。

由以上各例题可知，绘制剪力图和弯矩图的步骤为：

（1）根据静力平衡方程求未知约束力。

（2）分段列剪力和弯矩方程。一般在集中力或集中力偶作用和分布荷载开始或结束处，都应分段。

（3）根据剪力和弯矩方程的特点定出图形的关键点再连成图形。

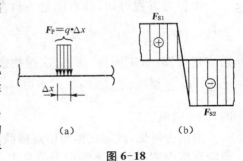

图 6-18

从上述例题中发现，在梁上集中力作用处，其左、右两侧横截面上的剪力数值有骤然的变化，两者的代数差等于此集中力的值，在剪力图上相应于集中力作用处有一个突变；与此相仿，梁上集中力偶作用处左、右两侧横截面上的弯矩数值也有骤然的变化，两者的代数差也等于此集中力偶矩的值，在弯矩图上相应于力偶作用处也有一个突变。至于在剪力图和弯矩图上的这种突变，从表面上看，在集中力和力偶作用处的横截面上，剪力和弯矩似无定值。但事实并非如此。集中力实际上是作用在很短的一段梁（其长为 Δx）上的分布力的简化，若将此分布力看作是在长为 Δx 的范围内均匀分布的（图 6-18(a)），则在此段梁上实际的剪力图将是按斜直线规律连续变化的（图 6-18(b)）。与此相仿，由于集中力偶实际上也是一种简化的结果，所以按其实际分布情况绘出的弯矩图，在集中力偶作用处长为 Δx 的一段梁上也是连续变化的。

6.4 弯矩、剪力与荷载集度之间的微分关系

这里将要讨论两种内力——剪力 $F_S(x)$ 和弯矩 $M(x)$ 之间以及它们与梁上分布荷载 $q(x)$ 之间的关系。由于内力是由梁上的荷载引起的，而剪力和弯矩及分布荷载集度又都是 x 的函数，因此，它们之间一定存在着某种联系，如能找到反映弯矩、剪力和荷载集度三者联系的关系式，将有利于内力的计算和内力图的绘制与校核。

现推导三者间的关系。设在如图 6-19(a)所示梁上作用有任意的分布荷载 $q(x)$，$q(x)$ 以向上为正，向下为负。我们取梁中的微段来研究，在距左端为 x 处，截取长度为 dx 的微段梁（图 6-19(b)）。设该微段梁左侧横截面上的剪力和弯矩分别为 $F_S(x)$ 和 $M(x)$，微段梁右侧横截面上的剪力和弯矩分别为 $F_S(x)+dF_S(x)$ 和 $M(x)+dM(x)$。此微段梁除两侧存在剪力、弯矩外，在上面还作用有分布荷载 $q(x)$。由于 dx 很微小，可不考虑 $q(x)$ 沿 dx 的变化而看成是均布的。

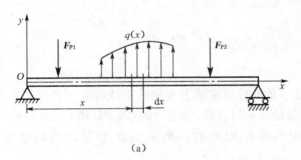

图 6-19

根据平衡方程 $\sum F_y = 0$, $\sum M_C = 0$ 得到

$$F_S + q(x)\mathrm{d}x - F_S - \mathrm{d}F_S = 0$$

$$-M - F_S\mathrm{d}x - q(x)\mathrm{d}x\left(\frac{\mathrm{d}x}{2}\right) + M + \mathrm{d}M = 0$$

略去上述方程中的二阶微量,得到

$$\begin{cases} \dfrac{\mathrm{d}F_S}{\mathrm{d}x} = q(x) \\[2mm] \dfrac{\mathrm{d}M}{\mathrm{d}x} = F_S \\[2mm] \dfrac{\mathrm{d}^2 M}{\mathrm{d}x^2} = q(x) \end{cases} \tag{6-7}$$

以上三式就是荷载集度、剪力和弯矩之间的微分关系。

式(6-7)的几何意义为:剪力图上某点处的切线斜率等于该点处荷载集度的大小;弯矩图上某点处的切线斜率等于该点处剪力的大小。此外,由弯矩与荷载集度之间的关系式可知,由荷载集度的正负可判定弯矩曲线的凹凸性。

应用这些关系,以及有关剪力图和弯矩图的规律,可检验所作剪力图和弯矩图的正确性,或直接作梁的剪力图和弯矩图。现将荷载与剪力、弯矩之间的微分关系以及剪力图和弯矩图的一些特征归纳如下。

（1）在梁段上无荷载作用

由于 $q(x) = 0$, $\dfrac{\mathrm{d}F_S(x)}{\mathrm{d}x} = q(x) = 0$, 因此 $F_S(x) =$ 常数, 即剪力图是平行于 x 轴的直线。由于 $F_S(x) =$ 常数, 所以, $\dfrac{\mathrm{d}M(x)}{\mathrm{d}x} = F_S(x) =$ 常数, 即相应的弯矩图是斜直线。

（2）在梁段上作用有均布荷载

由于 $q(x) =$ 常数 $\neq 0$, $\dfrac{\mathrm{d}F_S(x)}{\mathrm{d}x} =$ 常数 $\neq 0$, 故剪力图为斜直线, 其斜率随 q 值而定, 而相应的弯矩图则为二次抛物线。且当均布荷载向上即 $q > 0$ 时, $\dfrac{\mathrm{d}^2 M(x)}{\mathrm{d}x^2} = q > 0$, 弯矩图为凸曲线;反之, 当分布荷载向下即 $q < 0$ 时, 弯矩图为凹曲线。

此外在梁的某一截面上, 若 $\dfrac{\mathrm{d}M(x)}{\mathrm{d}x} = F_S(x) = 0$, 则在这一横截面处, 弯矩图相应存在极值, 即剪力为零的横截面上弯矩取得极值。

（3）在集中力作用的截面

在集中力作用截面的左、右两侧, 剪力 F_S 发生突然变化, 突变的数值和方向与集中力相同;该处弯矩图连续, 但有尖点。

（4）在集中力偶作用的截面

在集中力偶作用截面的左、右两侧, 弯矩图发生突变, 突变的数值与集中力偶相同, 而剪力图连续且无变化。

现将有关弯矩、剪力与荷载间的关系以及剪力图和弯矩图的一些特征汇总整理为表6-1,

以供参考。

表 6-1　在各种荷载作用下剪力图与弯矩图的特征

荷载类型	无荷载段 $q(x)=0$			均布荷载 $q(x)=c$		集中力 F		集中力偶	
				$q>0$	$q<0$			M_e	M_e
F_s 图	水平线			斜直线		产生突变		无影响	
						F	F		
M 图	$F_s>0$	$F_s=0$	$F_s<0$	二次抛物线，$F_s=0$ 处有极值		在 c 处有折角		有突变	
						c	c	M_e	M_e

【例 6-7】　如图 6-20(a)所示的外伸梁，荷载如图所示。已知 $l=4\,\mathrm{m}$，画此梁的剪力图和弯矩图。

解：由静力平衡方程，求得约束力

$$F_{By}=20\,\mathrm{kN}, \quad F_{Dy}=8\,\mathrm{kN}$$

梁上的外力将梁分为 3 段，需分段作剪力图和弯矩图。

（1）剪力图

AB 段上有均布荷载，该段的剪力图为斜直线，通过

$$\begin{cases} F_{SA}=0 \\ F_{SB\text{左}}=-\dfrac{1}{2}ql=-8\,\mathrm{kN} \end{cases} \text{画出。}$$

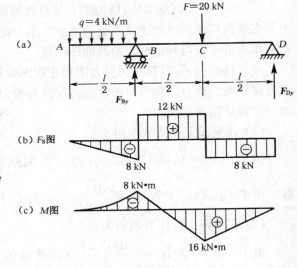

图 6-20

由于 BC 和 CD 两段内无分布荷载，剪力图为水平线，$F_{SB\text{右}}=F_{SB\text{左}}+F_{By}=12\,\mathrm{kN}$，$F_{SD\text{左}}=-F_{Dy}=-8\,\mathrm{kN}$，分别画出剪力图，如图 6-20(b)所示。

（2）弯矩图

AB 段上有向下的均布荷载作用，弯矩图为向下凸的曲线（即开口向朝上的抛物线），$M_A=0$，$M_B=-\dfrac{1}{2}ql\cdot\dfrac{l}{4}=-8\,\mathrm{kN}\cdot\mathrm{m}$，可画出这一抛物线。

由于 BC 和 CD 两段内无分布荷载，弯矩图为斜直线。

$$\begin{cases} M_B=-8\,\mathrm{kN}\cdot\mathrm{m} \\ M_C=F_{Dy}\cdot\dfrac{l}{2}=16\,\mathrm{kN}\cdot\mathrm{m} \end{cases} \qquad \begin{cases} M_C=16\,\mathrm{kN}\cdot\mathrm{m} \\ M_D=0 \end{cases}$$

分别画出两直线，弯矩图如图 6-20(c)所示。

【例6-8】 一简支梁,尺寸及荷载如图 6-21(a)所示。已知 $l=4$ m,画此梁的剪力图和弯矩图。

解:由静力平衡方程,求得约束力

$$F_{Ay} = 6 \text{ kN}, F_{Cy} = 18 \text{ kN}$$

梁上的外力将梁分为2段,需分段作剪力图和弯矩图。

(1) 剪力图

AB 段上无均布荷载,该段的剪力图为水平线,通过

$$F_S = F_{Ay} = 6 \text{ kN}$$

画出。

由于 BC 段有均布荷载,剪力图为斜直线,

$$\begin{cases} F_{SB} = 6 \text{ kN} \\ F_{SC左} = -F_{Cy} = -18 \text{ kN} \end{cases}$$

分别画出剪力图,如图 6-21(b)所示。

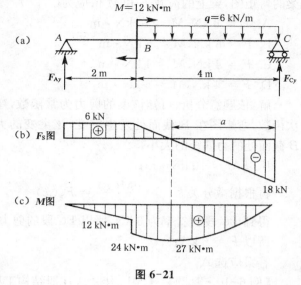

图 6-21

(2) 弯矩图

AB 段内无分布荷载,弯矩图为斜直线,$M_A = 0$,$M_{B左} = F_{Ay} \times 2$ m $= 12$ kN·m,画出。

由于 BC 段有向下的均布荷载作用,弯矩图为向下凸的曲线(即开口向朝上的抛物线),

$$\begin{cases} M_{B右} = M_{B左} + M = 24 \text{ kN} \cdot \text{m} \\ M_C = 0 \end{cases}$$

由剪力图可知,此段弯矩图中存在极值,设弯矩具有极值的截面距右端的距离为 a,由该截面上剪力等于零的条件得:

$$F_S = F_{Cy} + qa = 0$$

$$a = \frac{F_{Cy}}{q} = 3 \text{ m}$$

弯矩极值为:$M_{max} = F_{Cy} \cdot a - \dfrac{1}{2}qa^2 = 18 \text{ kN} \times 3 \text{ m} - \dfrac{6 \text{ kN/m} \times 3^2 \text{ m}^2}{2} = 27 \text{ kN} \cdot \text{m}$

可画出这一抛物线,弯矩图如图 6-21(c)所示。

从上面两个例题看到,根据剪力图和弯矩图的变化规律来作图很简便,画内力图的步骤如下:

(1) 根据梁上的外力情况确定控制截面将梁分段。

(2) 根据各段梁上的外力情况,确定各段内力图的形状。

(3) 根据各段内力图的形状,算出有关控制截面的内力值,逐段画出内力图。

【例6-9·真题】【2013年一级注册结构工程师真题】悬臂梁的弯矩如图 6-22 所示,根据

梁的弯矩图,梁上的荷载 F 和 M 值应为(　　　)。

A. $F = 6\,\text{kN}, M = 10\,\text{kN} \cdot \text{m}$

B. $F = 6\,\text{kN}, M = 6\,\text{kN} \cdot \text{m}$

C. $F = 4\,\text{kN}, M = 4\,\text{kN} \cdot \text{m}$

D. $F = 4\,\text{kN}, M = 6\,\text{kN} \cdot \text{m}$

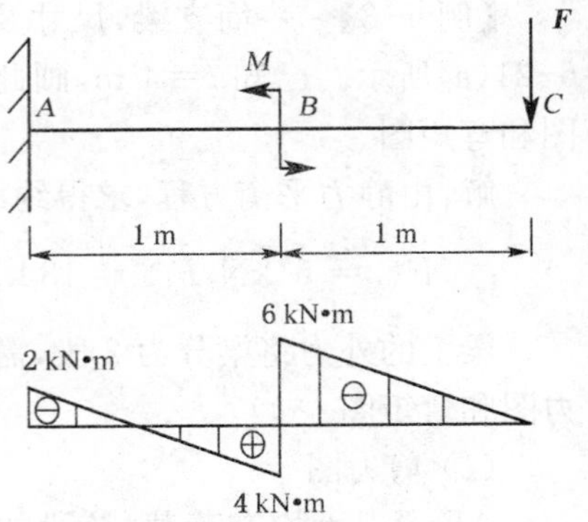

解:依题意分析,可知该梁的剪力为常函数,弯矩为一次函数,弯矩图在 B 截面处发生突变,该突变的大小即为 B 截面处的力偶矩的大小,

所以 $M = 10\,\text{kN} \cdot \text{m}$;

再根据微分关系　　$\dfrac{\mathrm{d}M(x)}{\mathrm{d}x} = F_{\mathrm{S}}(x)$

得到 BC 段的斜率为 6 kN,所以 BC 段的剪力为 6 kN

所以 $F = 6\,\text{kN}$;

答案应选 A。

【例 6-10·真题】【2014 年一级注册结构工程师真题】梁的弯矩如图 6-23 所示,最大值在 B 截面,在梁的 A、B、C、D 四个截面中,剪力为零的截面是(　　　)。

A. A 截面

B. B 截面

C. C 截面

D. D 截面

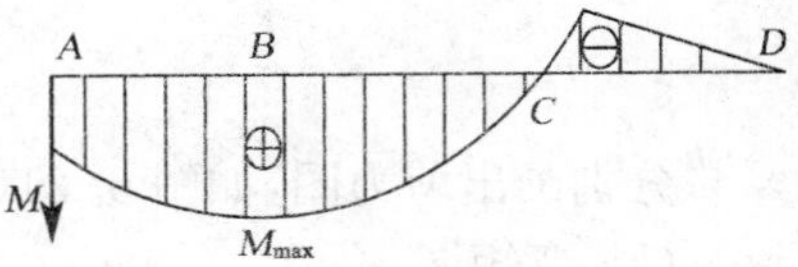

解:根据微分关系　　$\dfrac{\mathrm{d}M(x)}{\mathrm{d}x} = F_{\mathrm{S}}(x)$

可知弯矩图的极值点即为剪力为零的截面,

所以 B 截面的剪力为零;

答案应选 B。

图 6-22

图 6-23

6.5　平面刚架和曲杆的内力图

平面刚架是由在同一平面内、不同取向的杆件,在节点处相互刚性连接而组成的结构。如图 6-24 所示的结构 ABC 为一刚架,杆 AC 与杆 BC 在节点 B 处刚性连接,节点 B 称为刚节点。它与铰节点的区别在于结构承载变形后,刚节点处杆件间的夹角仍与承载前相同,保持不变,而铰节点处杆件间的夹角是可以变化的。例如图 6-25 所示结构中 B 处为刚节点,C 处为铰节点。在承载后,此结构变成 $AB'C'D$ 形状。节点 B 及 C 处承载前都为直角。变形后刚节点处的角度仍为直角 $\left(\theta_1 = \dfrac{\pi}{2}\right)$,而铰节点处的角度发生变化 $\left(\theta_2 \neq \dfrac{\pi}{2}\right)$。

因此,对刚架从几何形状来看,虽然轴线已不再是一根直线,但由于其节点是刚性的,在承受荷载时可作为一连续的整体来考虑。刚节点不仅可像铰节点那样传递力的作用,而且可以传递力偶的作用。由于刚架的轴线为折线,与梁相比较,其内力情况将更复杂些。一般情况,平面刚架在平面内受力时,内力除了弯矩及剪力外,尚存在轴向力,故刚架的内力图包括轴力图、剪力图及弯矩图。

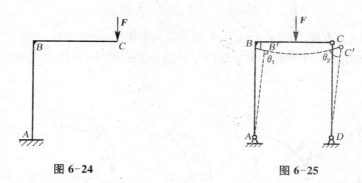

图 6-24   图 6-25

刚架内力的求解原则上与求梁内力的方法相同,即某截面内力的数值等于此截面一侧所有外力对此截面简化后的合力及合力矩。但由于刚架各杆的轴线方向不同,为了能表示内力沿各杆轴线的变化规律,习惯上按下列约定:弯矩图画在各杆的受拉一侧,不注明正负号;剪力图及轴力图可画在刚架轴线的任意一侧(通常正值画在刚架的外侧),需注明正负号(剪力与轴力的正负号规定同前)。

轴线是一平面曲线的杆件称为**平面曲杆**,工程中的某些构件如活塞环、吊钩、链环、拱等都可简化为平面杆件。平面曲杆横截面上的内力情况及其内力图的绘制方法与刚架的相类似。

下面举例说明平面刚架和曲杆内力图的绘制方法。

【例 6-11】 如图 6-26(a)所示为下端固定的刚架,在其轴线平面内受集中荷载 F_1 和 F_2 作用。试作刚架的内力图。

解:计算内力时,一般应先求出刚架的支反力。本题刚架 C 点为自由端,若取包含自由端部分为研究对象(见图 6-26(a)),就可不求支反力。下面分别列出各段杆的内力方程。

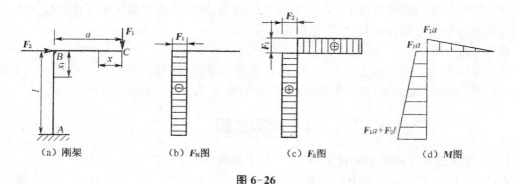

(a) 刚架   (b) F_N图   (c) F_S图   (d) M图

图 6-26

CB 段:

$$F_N(x) = 0, \quad 0 < x < a$$
$$F_S(x) = F_1, \quad 0 < x \leqslant a$$
$$M(x) = -F_1 x, \quad 0 \leqslant x \leqslant a$$

BA 段:

$$F_N(x_1) = -F_1, \quad 0 < x_1 < l$$
$$F_S(x_1) = F_2, \quad 0 < x_1 < l$$

$$M(x_1) = -F_1 a - F_2 x_1, \quad 0 \leqslant x_1 < l$$

根据各段杆的内力方程,即可绘出轴力图、剪力图与弯矩图,分别如图 6-26(b)、(c)、(d)所示。

【例 6-12】 如图 6-27(a)所示为一端固定的四分之一圆环,半径为 R,受力 F 作用。试作此曲杆的内力图。

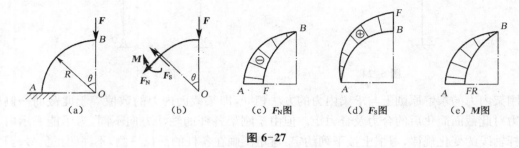

图 6-27

解:对于曲杆,应用极坐标表示其横截面位置。取环的中心 O 为极点,以 OB 为极轴,并用 θ 表示横截面位置(图 6-27(a))。

(1)列内力方程

根据截出部分(图 6-27(b))的静力平衡条件,可得

$$F_N(\theta) = -F\sin\theta$$

$$F_S(\theta) = F\cos\theta$$

$$M(\theta) = -FR\sin\theta$$

其中内力的符号规定同刚架一样,即引起拉伸变形的轴力为正;对保留段内任一点取矩,若力矩为顺时针方向则剪力为正,反之为负(正的轴力、剪力图通常画在曲杆外侧)。弯矩图画在曲杆弯曲时受拉一侧,而不在图中标出正负号。

(2)画内力图

根据上述内力方程及内力图画法,以曲杆轴线为基线,用径向射线的长度表示内力的大小,分别作该曲杆的轴力图、剪力图和弯矩图,如图 6-27(c)、(d)、(e)所示。

模拟试题

6.1 如试题 6.1 图所示悬臂梁,其弯矩图正确的是( )。

A. 图(a)　　　　B. 图(b)　　　　C. 图(c)　　　　D. 图(d)

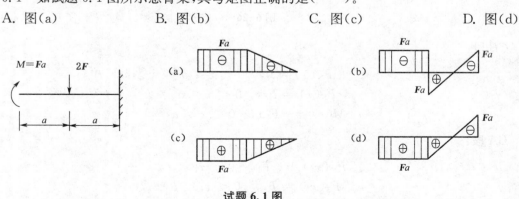

试题 6.1 图

6.2 如试题 6.2 图所示外伸梁,其弯矩图正确的是(　　)

A. 图(a)　　　　　B. 图(b)　　　　　C. 图(c)　　　　　D. 图(d)

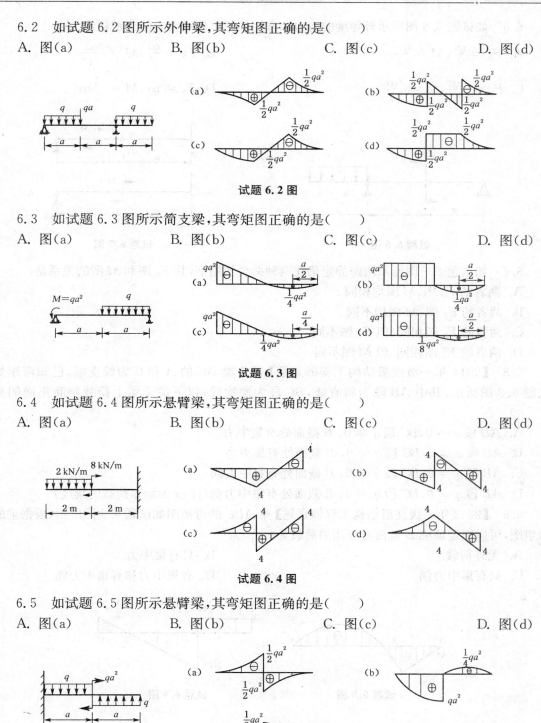

试题 6.2 图

6.3 如试题 6.3 图所示简支梁,其弯矩图正确的是(　　)

A. 图(a)　　　　　B. 图(b)　　　　　C. 图(c)　　　　　D. 图(d)

试题 6.3 图

6.4 如试题 6.4 图所示悬臂梁,其弯矩图正确的是(　　)

A. 图(a)　　　　　B. 图(b)　　　　　C. 图(c)　　　　　D. 图(d)

试题 6.4 图

6.5 如试题 6.5 图所示悬臂梁,其弯矩图正确的是(　　)

A. 图(a)　　　　　B. 图(b)　　　　　C. 图(c)　　　　　D. 图(d)

试题 6.5 图

6.6　如试题 6.6 图所示外伸梁的剪力和弯矩的绝对值最大的值分别是(　　)

A. $F_s = \dfrac{qa}{4}, M = \dfrac{qa^2}{4}$ 　　　　　　　　B. $F_s = \dfrac{qa}{2}, M = \dfrac{3qa^2}{4}$

C. $F_s = \dfrac{3qa}{4}, M = \dfrac{3qa^2}{4}$ 　　　　　　　D. $F_s = qa, M = \dfrac{3}{4}qa^2$

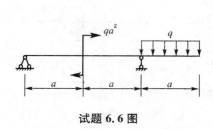

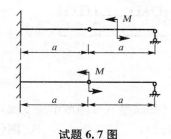

试题 6.6 图　　　　　　　　　　　　　　　　试题 6.7 图

6.7　如试题 6.7 图所示两跨静定梁在两种荷载作用下,其 F_s 图和 M 图的关系是(　　)

A. 两者的 F_s 图、M 图均相同

B. 两者的 F_s 图、M 图均不同

C. 两者的 F_s 图相同、但 F_s 图不同

D. 两者的 F_s 图相同、但 M 图不同

6.8　【2014 年一级注册结构工程师真题】简支梁 AC 的 A 和 C 为铰支端,已知弯矩如试题 6.8 图所示,其中 AB 段为斜直线,BC 段为抛物线,以下关于梁上荷载判断正确的是(　　)。

A. AB 段 $q = 0$,BC 段 $q \neq 0$,B 截面处有集中力

B. AB 段 $q \neq 0$,BC 段 $q = 0$,B 截面处有集中力

C. AB 段 $q = 0$,BC 段 $q \neq 0$,B 截面处有集中力偶

D. AB 段 $q \neq 0$,BC 段 $q = 0$,B 截面处有集中力偶(注:q 为均布荷载的集度)

6.9　【2012 年一级注册结构工程师真题】梁 ABC 的弯矩图如试题 6.9 图所示,根据梁的弯矩图,可以断定该梁 B 截面处作用的荷载为(　　)。

A. 无外荷载　　　　　　　　　　　　　B. 只有集中力

C. 只有集中力偶　　　　　　　　　　　D. 有集中力和有集中力偶

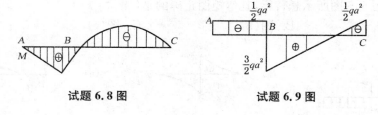

试题 6.8 图　　　　　　　　　　试题 6.9 图

习　题

6.1　试求如习题 6.1 图所示各梁指定截面(标有短线处)的剪力和弯矩。

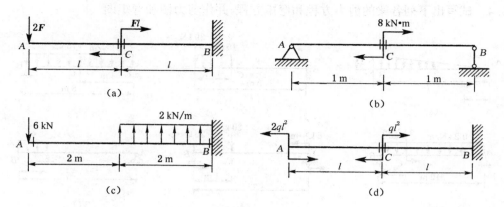

习题 6.1 图

6.2 试建立如习题 6.2 图所示各梁的剪力方程和弯矩方程,绘制剪力图和变矩图并确定 $|F_S|_{max}$ 和 $|M|_{max}$。

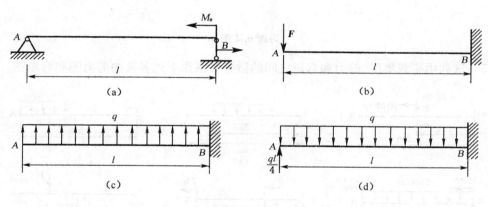

习题 6.2 图

6.3 如习题 6.3 图所示各梁,试利用剪力、弯矩和荷载集度间的关系作剪力图和弯矩图。

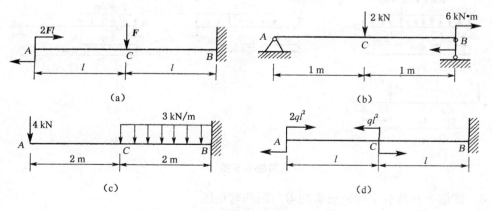

习题 6.3 图

6.4 试写出下列各梁的剪力方程和弯矩方程,并作剪力图和弯矩图。

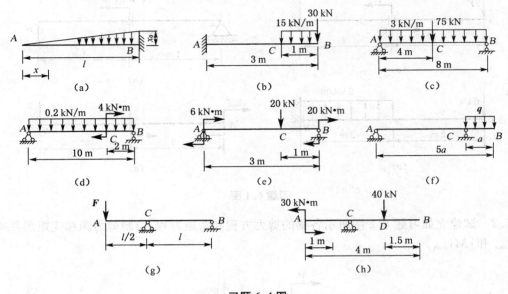

习题 6.4 图

6.5 试利用荷载集度、剪力和弯矩之间的微分关系作下列各梁的剪力图和弯矩图。

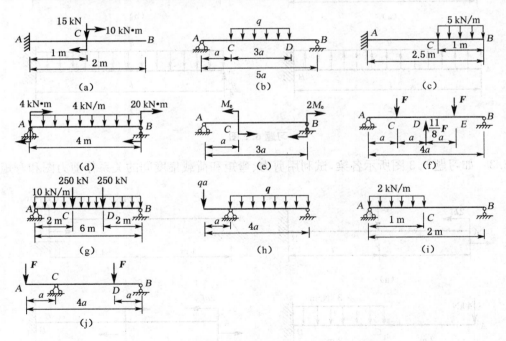

习题 6.5 图

6.6 试作下列具有中间铰的梁的剪力图和弯矩图。

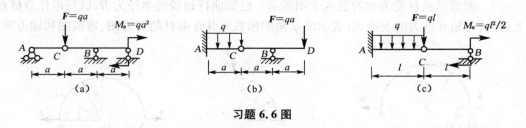

习题 6.6 图

6.7 已知简支梁的剪力图如习题 6.7 图所示。试作梁的弯矩图和荷载图。已知梁上没有集中力偶作用。

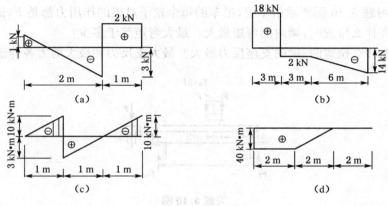

习题 6.7 图

6.8 试作如习题 6.8 图所示刚架的剪力图、弯矩图和轴力图。

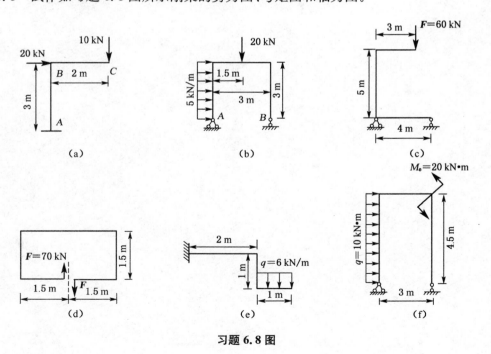

习题 6.8 图

6.9 圆弧形曲杆受力如习题6.9图所示。已知曲杆轴线的半径为R,试写出任意横截面C上剪力、弯矩和轴力的表达式(表示成φ角的函数),并作曲杆的剪力图、弯矩图和轴力图。

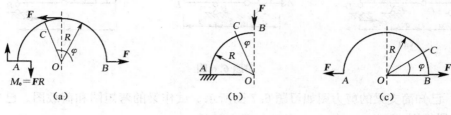

(a)　　　　　　　(b)　　　　　　　(c)

习题 6.9 图

6.10 如习题6.10图所示吊车梁,吊车的每个轮子对梁的作用力都是F,试问:

(1)吊车在什么位置时,梁内的弯矩最大? 最大弯矩等于多少?

(2)吊车在什么位置时,梁的支座反力最大? 最大支反力和最大剪力各等于多少?

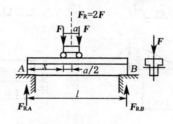

习题 6.10 图

弯曲应力

一、一级注册结构工程师《考试大纲》规定要求

弯曲正应力和正应力强度条件,弯曲剪应力和剪应力强度条件,梁的合理截面,弯曲中心概念。

二、重点掌握和理解内容

弯曲正应力和正应力强度条件,弯曲剪应力和剪应力强度条件,梁的合理截面,弯曲中心概念。

7.1 弯曲正应力

7.1.1 纯弯曲梁的正应力

如图 7-1(a)所示简支梁横截面为矩形,两个外力 F 垂直于轴线,对称地作用于梁的纵向对称面内。梁的计算简图、剪力图和弯矩图分别表示于图 7-1(b)、(c)和(d)中。从图中可以看出,在 AC 和 DB 两段内,梁各横截面上既有弯矩又有剪力,这种弯曲称为**横力弯曲**或**剪切弯曲**。在 CD 段内梁横截面上剪力为零,而弯矩为常数,这种弯曲称为**纯弯曲**。弯矩是垂直于横截面的内力系的合力偶矩;而剪力是切于横截面的内力系的合力。因此,梁在横力弯曲时横截面上既有正应力又有切应力;而梁在纯弯曲时横截面上只有正应力而无切应力。以下先研究梁的正应力,然后再研究梁的切应力。

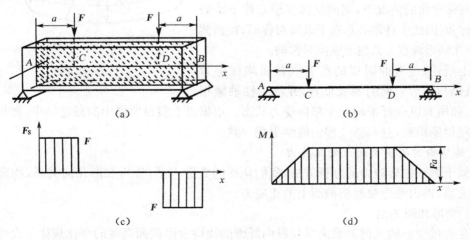

(a) (b) (c) (d)

图 7-1

1. 纯弯曲试验与假设

为了分析横截面上正应力的分布规律,先研究横截面上任一点纵向线应变沿截面的分布规律。为此可通过试验,观察其变形现象。为便于观察梁的变形,在其表面作纵向线 aa 和 bb,并作与它们垂直的横向线 mm 和 nn(图7-2(a)),然后在梁两端纵向对称平面内,施加一对大小相等、方向相反的力偶,使杆件发生纯弯曲变形。从试验中观察到(图7-2(b)):

(1) 各纵向线变为弧线,而且靠近梁顶面的纵向线缩短,靠近梁底面的纵向线伸长;

(2) 各横向线仍为直线,且仍与纵向线正交,只是横向线间相对转过一个角度;

(3) 从横截面看,在纵向线伸长区梁的宽度减少,而在纵向线缩短区,梁的宽度则增加,变形情况与轴向拉、压时的变形相似。

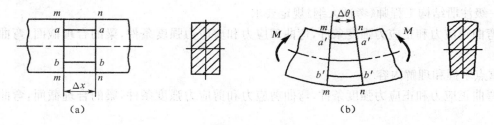

图 7-2

从上述观察到的梁表面的变形情况,对其内部变形可作如下假设:

(1) **弯曲平面假设**。即变形前的横截面,变形后仍保持为平面,且与变形后梁的轴线垂直,但要发生转动。

(2) **单向受力假设**。即纵向纤维之间无相互挤压,只受到轴向拉伸或压缩。

设想梁是由无数层纵向纤维组成。根据平面假设,当梁弯曲时,由于上部各层纤维缩短,下部各层纤维伸长,而梁的变形是连续的,因此可判定中间必有一层纤维长度保持不变,这一层纤维称为**中性层**。中性层与横截面的交线称为**中性轴**(图7-3)。梁的横截面绕中性轴转动,中性轴将横截面分为受拉区和受压区。在对称弯曲的情况下,梁的整体变形对称于梁的纵向对称面,因此中性轴必垂直于纵向对称面,在横截面上,中性轴必垂直于截面的纵向对称轴。

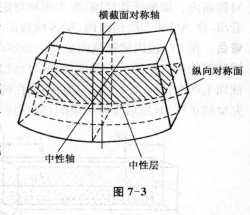

图 7-3

综上所述,纯弯曲时梁的所有横截面均保持为平面,且仍与变形后梁的轴线垂直,并绕中性轴做相对转动,而所有纵向纤维均处于单向受力状态。根据以上假设所得出的理论结果,在长期的实践中已经得到检验,且与弹性理论的结果相一致。

2. 纯弯曲时梁横截面上的正应力

类似于圆轴扭转应力的分析方法,我们从梁的变形入手,分析变形几何关系、物理关系和静力学关系,得出纯弯曲时横截面上的正应力。

(1) 变形几何关系

现在通过变形的几何关系来寻找纵向纤维的线应变沿截面高度的变化规律。设弯曲变形前后分别如图 7-4(a)和图 7-4(b)所示。设横截面的对称轴为 y 轴，中性轴为 z 轴（它的位置尚未确定）。x 轴为通过原点的截面外法线方向。根据平面假设，变形前相距 $\mathrm{d}x$ 的两个横截面，变形后相对转过一个角度 $\mathrm{d}\theta$，并仍保持平面。

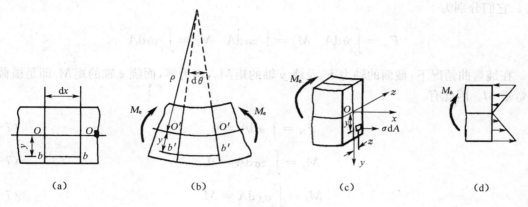

图 7-4

这就使得距中性层为 y 的纵向纤维 bb 的长度变为

$$\overline{b'b'} = (\rho + y)\mathrm{d}\theta$$

式中，ρ 为中性层的曲率半径。该层纤维变形前的长度与中性层处纵向纤维 OO 长度相等，又因为变形前、后中性层内纤维 OO 的长度不变，故有

$$\overline{bb} = \overline{OO} = \overline{O'O'} = \mathrm{d}x = \rho\mathrm{d}\theta$$

根据应变的定义，求得纤维 bb 的应变为

$$\varepsilon = \frac{\overline{b'b'} - \overline{bb}}{\overline{bb}} = \frac{(\rho + y)\mathrm{d}\theta - \rho\mathrm{d}\theta}{\rho\mathrm{d}\theta} = \frac{y}{\rho} \tag{7-1}$$

可见，只要平面假设成立，则纵向纤维的线应变与它到中性层的距离成正比。

（2）物理关系

因为纵向纤维之间无正应力，每一纤维都是单向拉伸或压缩。当应力不超过比例极限时，由胡克定律知

$$\sigma = E\varepsilon$$

将式(7-1)代入上式，得

$$\sigma = E\frac{y}{\rho} \tag{7-2}$$

这表明：任意纵向线段的正应力与它到中性层的距离成正比。在横截面上，任意点的正应力与该点到中性轴的距离成正比，亦即沿截面高度，正应力按直线规律变化，其分布规律如图 7-4(d)所示。

（3）静力关系

上面虽已找到了应变和应力的分布规律，但其中的曲率半径及中性轴位置尚未确定，它们

可通过静力关系求出。

如图 7-4(c)所示,考虑微面积 dA 上的微内力 σdA,它构成垂直于横截面的空间平行力系,这一力系可简化成三个内力分量,即平行于 x 轴的轴力 F_N;对 y 轴和 z 轴的力偶矩 M_y 和 M_z。它们分别为

$$F_N = \int_A \sigma dA \quad M_y = \int_A z\sigma dA \quad M_z = \int_A y\sigma dA$$

在纯弯曲情况下,截面的轴力 F_N 及绕 y 轴的矩 M_y,均为零,而绕 z 轴的矩 M_z 即是横截面的弯矩 M。因此有

$$F_N = \int_A \sigma dA = 0 \tag{7-3}$$

$$M_y = \int_A z\sigma dA = 0 \tag{7-4}$$

$$M_z = \int_A \sigma y dA = M \tag{7-5}$$

将式(7-2)代入式(7-3),得

$$\int_A \sigma dA = \int_A E \frac{y}{\rho} dA = \frac{E}{\rho} \int_A y dA = \frac{E}{\rho} S_z = 0 \tag{7-6}$$

因 $E/\rho \neq 0$,故必有静矩 $S_z = \int_A y dA = 0$,即整个截面对中性轴的静矩为零。因此中性轴(z 轴)通过横截面的形心。

将式(7-2)代入式(7-4),得

$$M_y = \int_A z\sigma dA = \int_A z \frac{E}{\rho} y dA = \frac{E}{\rho} I_{yz} = 0 \tag{7-7}$$

由于 y 轴为对称轴,必然有 $I_{yz} = 0$,所以式(7-7)是自然满足的。

将式(7-2)代入式(7-5),得

$$\int_A y E \frac{y}{\rho} dA = \frac{E}{\rho} \int_A y^2 dA = \frac{E}{\rho} I_z = M \tag{7-8}$$

式中 $I_z = \int_A y^2 dA$ 为横截面对中性轴的惯性矩。

由此可得

$$\frac{1}{\rho} = \frac{M}{EI_z} \tag{7-9}$$

式中,$1/\rho$ 是梁轴线变形后的曲率,式(7-9)表明:曲率 $1/\rho$ 与横截面上的弯矩 M 成正比,与 EI_z 成反比。乘积 EI_z 称为梁的**抗弯刚度**。惯性矩 I_z 综合反映了横截面形状与尺寸对弯曲变形的影响。

将式(7-9)代入式(7-2),得

$$\sigma = \frac{My}{I_z} \tag{7-10}$$

式(7-10)这就是纯弯曲时梁横截面上任一点的正应力计算公式。式中，M 为横截面上的弯矩；y 为欲求应力点至中性轴的距离；I_z 为横截面对中性轴的惯性矩。应用式(7-10)计算正应力时，可采用两种方法来判定正应力的正负号：一种是将弯矩 M 和坐标 y 的正负号同时代入，在 M 为正的情况下，y 为正时 σ 为拉应力，y 为负时 σ 为压应力；另一种方法是根据弯曲变形直接判定正应力是拉应力还是压应力。以中性层为界，变形后梁凸出一侧为拉应力，凹入一侧为压应力。此时，式(7-10)中的 M 和 y 均以绝对值代入。

需要说明的是：在导出式(7-9)和式(7-10)时，为了方便，把梁截面画成矩形，但在推导过程中，并未涉及矩形截面的几何特征。所以，只要梁有纵向对称面且荷载作用于这个平面内，公式就适用。

7.1.2　横力弯曲时梁横截面上的正应力

式(7-10)是在纯弯情况下，并以上述提出的两个假设为基础导出的。但常见的弯曲问题多为横力弯曲，即梁的横截面上不但有正应力而且还有切应力。由于切应力的存在，梁的横截面将发生翘曲，不再保持为平面。此外，在与中性层平行的纵向截面上，还有由横向力引起的挤压应力。因此，梁在纯弯曲时所做的平面假设和单向受力状态的假设都不能成立。严格地说，式(7-10)不成立。但弹性理论的分析结果指出，在均布荷载作用下的矩形截面简支梁，当其跨度与截面高度之比大于 5 ($l/h > 5$)时，横截面上的正应力按纯弯时的式(7-10)来计算，其误差不超过 1%。对于工程实际中常用的其他截面梁，应用纯弯曲正应力计算公式来计算横力弯曲时的正应力，所得结果误差偏大一些，但满足工程中的精度要求。且梁的跨高比 l/h 越大其误差越小。于是式(7-10)可推广为

$$\sigma = \frac{M(x)y}{I_z} \tag{7-11}$$

式中，$M(x)$ 为 x 截面的弯矩。

7.1.3　最大弯曲正应力

由式(7-11)可知，梁内最大的弯曲正应力发生在弯矩数值最大的截面，且距中性轴最远的边缘点上，如果横截面对称于中性轴，横截面上最大拉应力和最大压应力相等，均为

$$\sigma_{max} = \frac{M_{max} y_{max}}{I_z} = \frac{M_{max}}{I_z / y_{max}}$$

令

$$W_z = \frac{I_z}{y_{max}} \tag{7-12}$$

则

$$\sigma_{max} = \frac{M_{max}}{W_z} \tag{7-13}$$

式中，W_z 为截面的几何参数，称为**抗弯截面模量**。它综合反映了截面的形状、曲强度的影响，量纲为长度的三次方，单位为 m^3。

对于高度为 h、宽度为 b 的矩形截面梁,其抗弯截面模量为

$$W_z = \frac{I_z}{y_{max}} = \frac{bh^3/12}{h/2} = \frac{bh^2}{6}$$

同理对直径为 d 的圆形截面(图 7-5(b)),其抗弯截面模量为

$$W_z = \frac{I_z}{y_{max}} = \frac{\pi d^4/64}{d/2} = \frac{\pi d^3}{32}$$

对于空心圆截面(图 7-5(c)),其抗弯截面模量为

$$W_z = \frac{\pi D^3}{32}(1 - \alpha^4)$$

式中,$\alpha = d/D$,代表内外径的比值。

对于工程中常用的各种型钢,其抗弯截面模量可从附录的型钢表中查得。

如果横截面关于中性轴不对称,则同一截面上的最大拉应力和最大压应力并不相等。例如,T 形截面(图 7-5(d)),在计算最大应力时,应分别以横截面上受拉和受压部分距中性轴最远的距离 $y_{t,max}$ 和 $y_{c,max}$ 直接代入式(7-11),以求得相应的最大拉、压应力。

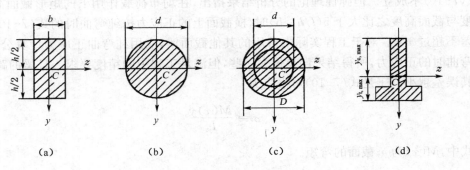

图 7-5

【例 7-1】 承受均布荷载的简支梁,荷载及尺寸如图 7-6(a)所示,求:

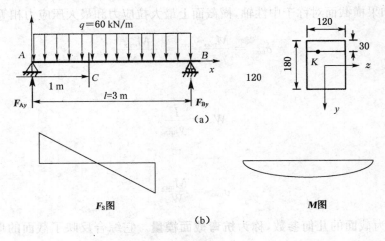

图 7-6

(1) C 截面上 K 点的正应力;

(2) C 截面上最大正应力;

(3) 全梁的最大正应力;

(4) 已知 $E=200\,\text{GPa}$,C 截面的曲率半径 ρ_C。

解:(1) 根据平衡方程,可以求得支座 B 和 A 处的支座反力分别为

$$F_{Ay}=90\,\text{kN},\ F_{By}=90\,\text{kN}$$

(2) C 截面上 K 点的正应力。C 截面的弯矩为

$$M_C=90\times 1-60\times 1\times 0.5=60(\text{kN}\cdot\text{m})$$

截面惯性矩

$$I_z=\frac{bh^3}{12}=\frac{0.12\times 0.18^3}{12}=5.832\times 10^{-5}(\text{m}^4)$$

因此

$$\sigma_K=\frac{M_C\cdot y_K}{I_z}=\frac{60\times 10^3\times\left(\frac{180}{2}-30\right)\times 10^{-3}}{5.832\times 10^{-5}}=61.7\times 10^6\,\text{Pa}=61.7\,\text{MPa}(\text{压})$$

(3) C 截面上最大正应力

$$\sigma_{C,max}=\frac{M_C\cdot y_{max}}{I_z}=\frac{60\times 10^3\times\frac{180}{2}\times 10^{-3}}{5.832\times 10^{-5}}=92.59\times 10^6(\text{Pa})=92.59\,\text{MPa}$$

(4) 全梁的最大正应力。全梁最大弯矩为

$$M_{max}=67.5\,\text{kN}\cdot\text{m}$$

所以

$$\sigma_{c,max}=\frac{M_{max}\cdot y_{max}}{I_z}=\frac{67.5\times 10^3\times\frac{180}{2}\times 10^{-3}}{5.832\times 10^{-5}}=104.17\times 10^6(\text{Pa})=104.17(\text{MPa})$$

(5) C 截面的曲率半径 ρ_C。由式(7-9)可得

$$\rho_C=\frac{EI_z}{M_C}=\frac{200\times 10^9\times 5.832\times 10^{-5}}{60\times 10^3}=194.4(\text{m})$$

【例 7-2】 如图 7-7 所示悬臂梁,$l=0.4$,承受荷载 $F=15\,\text{kN}$ 作用,试计算横截面 B 的最大弯曲拉应力与最大弯曲压应力。

解:(1) 计算 B 截面的弯矩。

$$M_B=Fl=15\times 10^3\times 0.4=6(\text{kN}\cdot\text{m})$$

(2) 确定截面形心,计算横截面惯性矩。选参考坐标系 yOz',如图 7-7(b)所示,并将截面 B 分解为矩形(1)与(2)。由组合截面形心公式,得截面形心 C 的纵坐标为

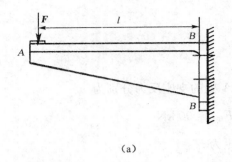 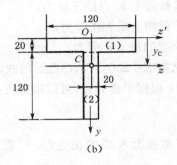

图 7-7

$$y_C = \left[\frac{(0.120 \times 0.020) \times (0.010) + (0.020 \times 0.120) \times (0.020 + 0.060)}{0.120 \times 0.020 + 0.020 \times 0.120}\right]$$

$$= 0.045(\mathrm{m})$$

由平行移轴公式,可得矩形(1)与(2)对形心轴 z 的惯性矩分别为

$$I_{z1} = \frac{0.120 \times 0.020^3}{12} + (0.120 \times 0.020) \times (0.045 - 0.010)^2$$

$$= 3.02 \times 10^{-6}(\mathrm{m}^4)$$

$$I_{z2} = \frac{0.020 \times 0.120^3}{12} + (0.020 \times 0.120) \times (0.080 - 0.045)^2$$

$$= 5.82 \times 10^{-6}(\mathrm{m}^4)$$

因此,截面 B 对形心轴 z 的惯性矩为

$$I_z = I_{z1} + I_{z2} = 3.02 \times 10^{-6} + 5.82 \times 10^{-6} = 8.84 \times 10^{-6}(\mathrm{m}^4)$$

(3) 计算最大弯曲正应力。在截面 B 的上下边缘,分别作用有最大拉应力与最大压应力,其值分别为

$$\sigma_{\mathrm{t,max}} = \frac{M_B y_C}{I_z} = \frac{6 \times 10^3 \times 0.045}{8.84 \times 10^{-6}} = 3.05 \times 10^7(\mathrm{Pa}) = 30.5(\mathrm{MPa})$$

$$\sigma_{\mathrm{c,max}} = \frac{M_B(0.120 + 0.020 - y_C)}{I_z}$$

$$= \frac{6 \times 10^3 \times (0.120 + 0.020 - 0.045)}{8.84 \times 10^{-6}}$$

$$= 6.45 \times 10^7(\mathrm{Pa}) = 64.5(\mathrm{MPa})$$

【例 7-3】 如图 7-8(a)所示为一受均布荷载的悬臂梁,已知梁的长度 $L = 1$ m,均布荷载集度 $q = 6$ kN/m,梁由 10 号槽钢制成,试求此梁的最大拉应力和最大压应力。

解:(1) 查表得槽钢截面尺寸如图 7-8 所示,$y_1 = 15.2$ mm,$y_2 = 32.8$ mm,其截面的惯性矩 $I_z = 25.6 \times 10^4$ mm^4。

(2) 作弯矩图(图 7-8(b))

由弯矩图知梁的固定端截面上弯矩最大,其值为

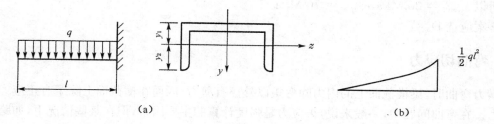

(a)   (b)

图 7-8

$$|M|_{max} = \frac{ql^2}{2} = \frac{1}{2} \times (6 \times 10^3 \times 1^2) = 3\,000(\text{N} \cdot \text{m})$$

（3）求最大应力

因危险截面上的弯矩为负，故截面上边缘点受最大拉应力；截面下边缘点受最大压应力。其值为

$$\sigma_{t,max} = \frac{M_{max}}{I_z}y_1 = \frac{3\,000}{25.6 \times 10^{-8}} \times 0.015\,2 = 178 \times 10^6(\text{Pa}) = 178(\text{MPa})$$

$$\sigma_{c,max} = \frac{M_{max}}{I_z}y_2 = \frac{3\,000}{25.6 \times 10^{-8}} \times 0.032\,8 = 384 \times 10^6(\text{Pa}) = 384(\text{MPa})$$

【例7-4·真题】【2010年一级注册结构工程师真题】如图7-9所示外伸梁的荷载及尺寸，则该梁正应力强度计算的结果是(　　　)。

A. $\sigma_{t,max} = 30\,\text{MPa}, \sigma_{c,max} = 35\,\text{MPa}$　　　　B. $\sigma_{t,max} = 35\,\text{MPa}, \sigma_{c,max} = 35\,\text{MPa}$

C. $\sigma_{t,max} = 30\,\text{MPa}, \sigma_{c,max} = 70\,\text{MPa}$　　　　D. $\sigma_{t,max} = 35\,\text{MPa}, \sigma_{c,max} = 70\,\text{MPa}$

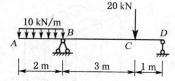

图 7-9

解：（1）先绘制弯矩图（图7-10）

得出：$M_{max}^+ = M_C = 10\,\text{kN} \cdot \text{m}$

$M_{max}^- = M_B = 20\,\text{kN} \cdot \text{m}$

（2）计算应力

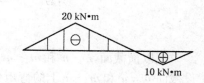

图 7-10

B点：$\sigma_{Bt} = \frac{My}{I_z} = \frac{20 \times 10^6}{4 \times 10^7} \times 60 = 30\,\text{MPa}$

$\sigma_{Bc} = \frac{My}{I_z} = \frac{20 \times 10^6}{4 \times 10^7} \times 140 = 70\,\text{MPa}$

C点：$\sigma_{Ct} = \frac{My}{I_z} = \frac{10 \times 10^6}{4 \times 10^7} \times 140 = 35\,\text{MPa}$

$\sigma_{Cc} = \frac{My}{I_z} = \frac{10 \times 10^6}{4 \times 10^7} \times 60 = 15\,\text{MPa}$

所以 $\sigma_{t,max} = 35\ \text{MPa}$，$\sigma_{c,max} = 70\ \text{MPa}$

答案应选 D。

7.2 弯曲切应力

横力弯曲时，梁横截面上的内力除弯矩以外还有剪力，因而在横截面上除了有正应力还有切应力。在弯曲问题中，一般来说，正应力是强度计算的主要因素，但在某些情况下，如跨度较短而截面较高的梁，其切应力就可能有相当大的数值，这时还有必要进行切应力的强度校核。

分析弯曲切应力的方法不同于分析弯曲正应力，且切应力的分布规律与其横截面的形状有密切关系。下面讨论几种工程中常见截面梁的弯曲切应力。

7.2.1 矩形截面梁

如图 7-11(a)所示，高为 h，宽为 b 的矩形截面梁的任意截面上，剪力 F_S 沿截面的对称轴 y。关于横截面上切应力的分布规律，首先作以下两点假设：

（1）假设横截面上各点切应力 τ 的方向都平行于剪力 F_S；

（2）假设切应力 τ 沿截面宽度 b 均匀分布。

关于这两点假设，可作以下说明：在横截面两侧边缘的各点处，切应力与边缘平行，即与剪力平行，由对称性，y 轴上各点处的切应力必然与剪力方向一致。由此可假设横截面上各点切应力 τ 的方向都平行于剪力 F_S。另外，如果截面是比较狭长的，沿截面宽度方向，切应力的大小和方向不会有大的变化，也就是说可以假设弯曲切应力沿截面的宽度均匀分布。基于以上两点假设所得到的解，与精确解相比有足够的精度。按照这两点假设，在距中性轴为 y 的横线 pq 上，各点的切应力 τ 均相等，且平行于剪力 F_S（图 7-11(b)）。

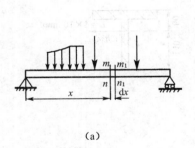

(a)

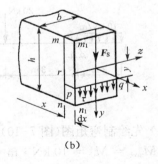

(b)

图 7-11

现以横截面，$m-n$ 和 m_1-n_1 从图 7-11(a)所示梁中取出长为 $\mathrm{d}x$ 的微段，见图 7-12(a)。设截面 $m-n$ 和 m_1-n_1 上的弯矩分别为 M 和 $M+\mathrm{d}M$，再以平行于中性层且距中性层为 y 的 pr 平面从这一段梁中截出一部分 $prnn_1$，则在这一截出部分的左侧面 rn 上作用着因弯矩 M 引起的正应力；而在右侧面 pn_1 上作用着因弯矩 $M+\mathrm{d}M$ 引起的正应力。在顶面 pr 上作用着切应力 τ'。以上三种应力（即两侧正应力和顶面切应力 τ'）都平行于 x 轴（图 7-12(a)）。在右侧面 pn_1 上（图 7-12(b)），由微内力 $\sigma\mathrm{d}A$ 组成的内力系的合力是

$$F_{N2} = \int_{A_1} \sigma\mathrm{d}A \qquad (7\text{-}14)$$

式中 A_1 为侧面 pn_1 的面积。正应力 σ 应按式(7-11)计算，于是

$$F_{N2} = \int_{A_1} \sigma dA = \int_{A_1} \frac{(M+dM)y_1}{I_z} dA = \frac{M+dM}{I_z} \int_{A_1} y_1 dA = \frac{M+dM}{I_z} S_z^*$$

式中

$$S_z^* = \int_{A_1} y_1 dA \qquad\qquad (7-15)$$

S_z^* 是横截面的部分面积 A_1 对中性轴的静矩，即距中性轴为 y 的横线 pq 以外（远离中性轴的方向为"外"）的面积对中性轴的静矩。同理，可以求得左侧截面 rn 上的内力系合力 F_{N1} 为

$$F_{N1} = \int_{A_1} \sigma dA = \int_{A_1} \frac{My_1}{I_z} dA = \frac{M}{I_z} \int_{A_1} y_1 dA = \frac{M}{I_z} S_z^*$$

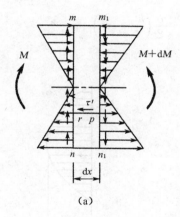 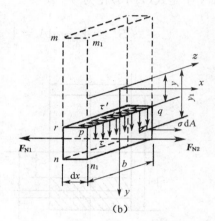

(a)　　　　　　　　　　　　　(b)

图 7-12

在顶面 pr 上，与顶面相切的内力系的合力是

$$dF'_s = \tau' b dx$$

F_{N1}，F_{N2} 和 dF'_s 的方向都平行于 x 轴，应满足平衡方程 $\sum F_x = 0$，即

$$F_{N2} - F_{N1} - dF'_s = 0$$

将 F_{N1}，F_{N2} 和 dF'_s 的表达式代入上式，得

$$\frac{M+dM}{I_z} S_z^* - \frac{M}{I_z} S_z^* - \tau' b dx = 0$$

简化后可得出

$$\tau' = \frac{dM}{dx} \frac{S_z^*}{I_z b}$$

注意到上式中 $\dfrac{dM}{dx} = F_s$，于是上式化为

$$\tau' = \frac{F_{\mathrm{S}}S_z^*}{I_z b}$$

式中 τ' 是距中性层为 y 的 pr 平面上的切应力,由切应力互等定理,它等于横截面上的横线 pq 上的切应力 τ,即

$$\tau = \frac{F_{\mathrm{S}}S_z^*}{I_z b} \tag{7-16}$$

式中,F_{S} 为横截面上的剪力,b 为截面宽度,I_z 为整个横截面对中性轴的惯性矩,S_z^* 为横截面上距中性轴为 y 的横线以外部分的面积对中性轴的静矩。此即矩形截面梁**弯曲切应力的计算公式**。

式(7-16)中的 F_{S}、b 和 I_z 对某一横截面而言均为常量,因此横截面上切应力 τ 的变化规律由 S_z^* 确定,而 S_z^* 与坐标 y 有关,所以 τ 随坐标 y 而变化。对于矩形截面(图 7-13),可取 $\mathrm{d}A = b\mathrm{d}y_1$,于是式(7-15)化为

$$S_z^* = \int_{A_1} y_1 \mathrm{d}A = \int_y^{h/2} b y_1 \mathrm{d}y_1 = \frac{b}{2}\left(\frac{h^2}{4} - y^2\right)$$

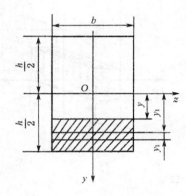

图 7-13

S_z^* 也可按照式(7-15)计算,即 S_z^* 等于横线以外部分面积与该面积的形心至中性轴距离的乘积:

$$S_z^* = A^* y_{\mathrm{C}}^* = b\left(\frac{h}{2} - y\right)\left(\frac{h}{2} + y\right)\frac{1}{2} = \frac{b}{2}\left(\frac{h^2}{4} - y^2\right)$$

这样,式(7-16)可以写成

$$\tau = \frac{F_{\mathrm{S}}}{2I_z}\left(\frac{h^2}{4} - y^2\right) \tag{7-17}$$

由式(7-17)可见,切应力沿截面高度按抛物线规律变化。当 $y = \pm h/2$ 时,$\tau = 0$,即截面的上、下边缘线上各点的切应力为零。随着离中性轴的距离 y 的减小,τ 逐渐增大。当 $y = 0$ 时,切应力 τ 有最大值,即最大切应力发生在中性轴上,其值为

$$\tau_{\max} = \frac{F_{\mathrm{S}}h^2}{8I_z}$$

将 $I_z = bh^3/12$ 代入上式，即可得出

$$\tau_{max} = \frac{3}{2}\frac{F_S}{bh} \tag{7-18}$$

可见，矩形截面梁横截面上的最大切应力为平均切应力 $\dfrac{F_S}{bh}$ 的 1.5 倍。

7.2.2 工字形截面梁

工字型截面如图 7-14(a)所示，其上、下的水平矩形称为翼缘，中间的竖直矩形称为腹板，设剪力 F_S 沿 y 轴方向。

下面先讨论腹板的弯曲切应力。在距中性轴为 y 的腹板各点上，τ 均匀分布，其方向与 F_S 相同，只需注意此处的 S_z^* 应为图 7-14(a)所示阴影面积对中性轴的静矩。即

$$S_z^* = \frac{b}{2}\left(\frac{h}{2}-\frac{h_0}{2}\right)\left[\frac{h_0}{2}+\frac{1}{2}\left(\frac{h}{2}-\frac{h_0}{2}\right)\right]+b_0\left(\frac{h_0}{2}-y\right)\left[y+\frac{1}{2}\left(\frac{h_0}{2}-y\right)\right]$$

$$= \frac{b}{8}(h^2-h_0^2)+\frac{b_0}{2}\left(\frac{h_0^2}{4}-y^2\right)$$

于是

$$\tau = \frac{F_S}{I_z b_0}\left[\frac{b}{8}(h^2-h_0^2)+\frac{b_0}{2}\left(\frac{h_0^2}{4}-y^2\right)\right] \tag{7-19}$$

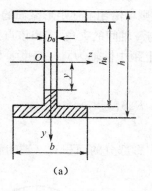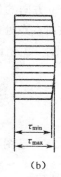

图 7-14

可见，工字形截面梁腹板上的切应力 τ 按抛物线规律分布（图 7-14(b)）。以 $y=0$ 及 $y=\pm h_0/2$ 分别代入式(7-19)可得中性轴处的最大切应力及腹板与翼缘交界处的最小切应力分别为

$$\tau_{max} = \frac{F_S}{I_z b_0}\left[\frac{bh^2}{8}-\frac{(b-b_0)h_0^2}{8}\right]$$

$$\tau_{min} = \frac{F_S}{I_z b_0}\left(\frac{bh^2}{8}-\frac{bh_0^2}{8}\right)$$

由 τ_{max} 与 τ_{min} 的表达式可看出，因 $b_0 \ll b$，所以 τ_{max} 与 τ_{min} 的差别并不大，可认为，腹板上的

弯曲切应力是近似地平均分布的。

对于工程上常用的标准工字钢,其 I_z/S_z^* 的数值可直接由型钢表查出。因此只需将此比值代入式(7-16)便可算出 τ_{max},而不必根据式(7-19)去计算。

若将图 7-14(b)中腹板切应力分布图的面积乘以腹板的厚度 b_0,这便是腹板上切应力的合力,即 $\int_{-h_0/2}^{h_0/2} \tau b_0 \mathrm{d}y$。对于标准的工字形钢,此积分等于$(0.95\sim0.97)F_S$。也就是说,弯曲时腹板承担了绝大部分的剪力 F_S。又据腹板上的 τ 近似均匀分布,所以 τ 可近似计算为

$$\tau = \frac{F_S}{b_0 h_0} \tag{7-20}$$

在翼缘上,也应有平行于 F_S 的切应力分量,分布情况比较复杂,但其数值很小,并无实际意义,所以通常并不进行计算。此外,翼缘上还有平行于翼缘宽度 b 的切应力分量。它与腹板内的切应力比较,一般来说也是次要的。工字梁翼缘的全部面积都在离中性轴最远处,每一点的正应力都比较大,所以翼缘承担了截面上的大部分弯矩。

7.2.3　圆形截面梁

对于圆形截面梁(图 7-15(a))除中性轴处切应力与剪力平行外,其他点的切应力并不平行于剪力。考虑距中性轴为 y,长为 b 的弦线 AB 上各点的切应力(图 7-15(a))。根据切应力互等定理,弦线两个端点处的切应力必与圆周相切,且切应力作用线交于 y 轴的某点 P。弦线中点处切应力作用线由对称性可知也通过 P 点。因而可以假设 AB 线上各点切应力作用线都通过同一点 P,并假设各点切应力沿 y 方向的分量 τ_y 相等,则可沿用前述矩形截面的公式计算圆截面的切应力分量 τ_y,求得 τ_y 后,按所在点处切应力方向与 y 轴间的夹角,求出该点处的总切应力 τ。

根据以上假设,即可用式(7-16)求出截面上距中性轴为同一高度 y 处切应力沿 y 方向分量 τ_y,即

$$\tau_y = \frac{F_S S_z^*}{I_z b} \tag{7-21}$$

其中 b 为 AB 弦的长度,S_z^* 是图 7-15(b)中阴影部分的面积对 z 轴的静矩。

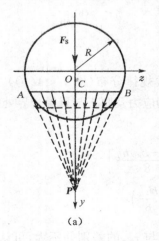

(a)

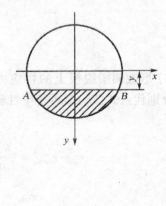

(b)

图 7-15

圆截面的最大切应力 τ_{max} 仍然发生在中性轴上各点处。由于在中性轴两端处切应力的方向与圆周相切,且与 F_S 平行,故中性轴上各点处的切应力都与 F_S 平行,且 τ_y 就是该点的总切应力。对中性轴上的点,

$$b = 2R, S_z^* = \frac{\pi R^2}{2} \cdot \frac{4R}{3\pi}$$

代入式(7-21),并注意到 $I_z = \dfrac{\pi R^4}{4}$,可得

$$\tau_{max} = \frac{4}{3} \frac{F_S}{\pi R^2} \tag{7-22}$$

式中 $\dfrac{F_S}{\pi R^2}$ 是梁截面上的平均切应力,可见最大切应力是平均切应力的 $\dfrac{4}{3}$ 倍。

【例 7-5】 梁截面如图 7-16 所示,剪力 $F_S = 15$ kN,并位于梁的纵向对称面(xy)平面内。试计算该截面的最大弯曲切应力,以及腹板与翼缘交接处的弯曲切应力。已知截面的惯性矩 $I_z = 8.84 \times 10^{-6}$ m^4,C 为截面形心。

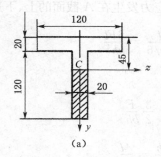
(a)

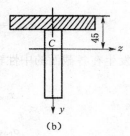
(b)

图 7-16

解 (1)计算 $S_{z max}^*$,求 τ_{max} 中性轴一侧的部分截面对中性轴的静矩为

$$S_{z max}^* = \frac{1}{2} \times (0.020 + 0.120 - 0.045)^2 \times 0.020 = 9.03 \times 10^{-5} (\text{m}^3)$$

所以,最大弯曲切应力为

$$\tau_{max} = \frac{F_S S_{z max}^*}{b I_z} = \frac{(15 \times 10^3) \times (9.03 \times 10^{-5})}{0.020 \times (8.84 \times 10^{-6})} = 7.66 \times 10^6 (\text{Pa}) = 7.66 (\text{MPa})$$

(2)腹板、翼缘交接处的弯曲切应力。由图 7-16(b)可知,腹板、翼缘交接线一侧的部分面积对中性轴 z 的静矩为

$$S_z^* = (0.02 \times 0.120) \times \left(0.045 - \frac{0.020}{2}\right)$$
$$= 8.40 \times 10^{-5} (\text{m}^3)$$

所以,交接上各点处的弯曲切应力为

$$\tau = \frac{F_S S_z^*}{b I_z} = \frac{(15 \times 10^3) \times (8.40 \times 10^{-5})}{0.020 \times 8.84 \times 10^{-6}} = 7.13 \times 10^6 (\text{Pa}) = 7.13 (\text{MPa})$$

【例 7-6】 一矩形截面悬臂梁,在自由端承受集中荷载 F,如图 7-17(a)所示,试求梁的最大正应力 σ_{max} 和最大切应力 τ_{max} 的比值。

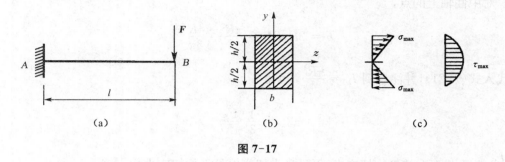

图 7-17

解:该梁的最大剪力和最大弯矩分别为

$$|F_S|_{max} = F$$
$$|M|_{max} = Fl$$

由应力的分布规律(图 7-17(c))可知,最大正应力发生在 A 截面的上、下边缘,其值为

$$\sigma_{max} = \frac{M_{max}}{W_z} = \frac{Fl}{bh^2/6} = \frac{6Fl}{bh^2}$$

最大切应力发生在各截面的中性轴处,其值为

$$\tau_{max} = \frac{3}{2}\frac{F}{A} = \frac{3}{2}\frac{F}{bh}$$

可得

$$\frac{\sigma_{max}}{\tau_{max}} = \frac{6Fl}{bh^2} \cdot \frac{2bh}{3F} = \frac{4l}{h}$$

由上式可知,对于细长梁($l > 5h$),当梁的跨度 l 远大于其截面高度 h 时,梁的最大弯曲正应力远大于弯曲切应力。因此在一般细长的非薄壁截面梁中,弯曲正应力是主要的。

7.3 梁的强度条件

一般情况下,梁内同时存在弯曲正应力与弯曲切应力。

7.3.1 弯曲正应力强度条件

横截面上最大的正应力发生在离中性轴最远的点上,一般说来,该处切应力为零或很小。所以,梁弯曲时,最大正应力作用点可视为处于单向受力状态。因此,梁的弯曲正应力强度条件为

$$\sigma_{max} = \left(\frac{M}{W_z}\right)_{max} \leqslant [\sigma] \tag{7-23}$$

对等截面直梁,最大弯曲正应力发生在最大弯矩所在截面上,这时弯曲正应力强度条件可表示为

$$\sigma_{max} = \frac{M_{max}}{W_z} \leqslant [\sigma] \tag{7-24}$$

式(7-23)、式(7-24)中,$[\sigma]$为许用弯曲正应力。对于抗拉和抗压性能相同的材料,只要最大应力的绝对值不超过许用应力即可。对于抗拉、压性能不同的材料,如铸铁等脆性材料,则要求最大拉应力和最大压应力(注意两者常常并不发生在同一横截面上)都不超过各自的许用值。其强度条件为

$$\sigma_{t,max} \leqslant [\sigma_t], \sigma_{c,max} \leqslant [\sigma_c] \qquad (7-25)$$

【例 7-7】 T 字形截面铸铁梁的荷载尺寸如图 7-18(a)所示。铸铁的抗拉许用应力为 $[\sigma_t] = 30$ MPa,抗压许用应力$[\sigma_c] = 160$ MPa。已知截面对形心轴 z 的惯性矩 $I_z = 763$ cm^4,且 $|y_1| = 52$ mm。试校核梁的强度。

解:(1)求支反力

由静力平衡方程求出梁的支反力为

$$F_A = 2.5 \text{ kN} \quad (\uparrow), \quad F_B = 10.5 \text{ kN} \quad (\uparrow)$$

(2)绘弯矩图(图 7-18(b))

最大正弯矩在截面 C 上,

$$M_C = 2.5 \text{ kN} \cdot \text{m}$$

最大负弯矩在截面 B 上,

$$M_B = -4 \text{ kN} \cdot \text{m}$$

(3)危险截面与危险点判断

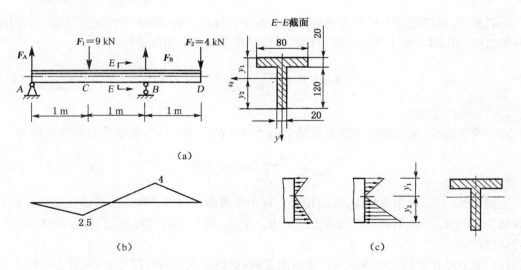

(a)

(b)　　　　　　　　(c)

图 7-18

T 形截面与中性轴不对称,注意到梁的最大拉应力和最大压应力往往并不发生在同一截面上,故作用有最大正弯矩的 C 截面和作用有最大负弯矩的 B 截面均为危险截面。

截面 C 与 B 的弯曲正应力分布分别绘在图 7-18(c)中。在截面 B 上,M 为负,最大拉应力发生在上边缘各点,最大压应力发生在下边缘各点;在截面 C 上,M 为正,最大拉应力发生在下边缘各点,最大压应力发生于上边缘各点。

由于 $|M_B| > |M_C|$，$|y_2| > |y_1|$，因此，梁内的最大弯曲压应力 $\sigma_{c,max}$ 发生在 B 截面的下边缘各点。至于最大弯曲拉应力究竟发生在 B 截面上边缘各点还是 C 截面下边缘各点，则需经计算才能确定。这些可能最先发生破坏的点称为**危险点**。

（4）强度校核

由式（7-10）得

对 B 截面

$$\sigma_t = \frac{M_B y_1}{I_z} = \frac{4 \times 10^3 \times 52 \times 10^{-3}}{763 \times 10^{-8}} = 27.2 \times 10^6 (\text{Pa}) = 27.2(\text{MPa})$$

$$\sigma_c = \frac{M_B y_2}{I_z} = \frac{4 \times 10^3 \times (120 + 20 - 52) \times 10^{-3}}{763 \times 10^{-8}} = 46.1 \times 10^6 (\text{Pa}) = 46.1(\text{MPa})$$

对 C 截面

$$\sigma_t = \frac{M_C y_2}{I_z} = \frac{2.5 \times 10^3 \times (120 + 20 - 52) \times 10^{-3}}{763 \times 10^{-8}} = 28.8 \times 10^6 (\text{Pa}) = 28.8(\text{MPa})$$

所以，最大拉应力是在截面 C 的下边缘各点处。由此，得

$$\sigma_{t,max} = 28.8 \text{ MPa} < [\sigma_t]$$
$$\sigma_{c,max} = 46.1 \text{ MPa} < [\sigma_c]$$

可见，梁的弯曲强度符合要求。

7.3.2　弯曲切应力强度条件

一般来说，梁横截面上的最大切应力发生在中性轴各点处，而该处的正应力为零。因此最大弯曲切应力作用点处于纯剪切应力状态。这时弯曲切应力强度条件为

$$\tau_{t,max} = \left(\frac{F_S S_z^*}{I_z b}\right)_{max} \leqslant [\tau] \tag{7-26}$$

式中，$[\tau]$ 为许用切应力。

对于等截面梁，最大切应力发生在最大剪力所在的截面上。弯曲切应力强度条件为

$$\tau_{max} = \frac{F_{Smax} S_{zmax}^*}{I_z b} \leqslant [\tau] \tag{7-27}$$

值得注意的是，对于细长梁，弯曲切应力远小于弯曲正应力，所以说，弯曲正应力是控制梁强度的主要因素，一般不必考虑切应力的强度。但是，对于下列几种情况的梁，必须进行切应力的强度校核。

（1）短梁或者有较大荷载作用在支座附近时，梁的最大弯矩可能不大，而剪力却较大。

（2）由钢板和型钢焊接或铆接而成的组合截面梁，腹板较薄。

（3）胶合而成的组合梁，一般需对胶合面进行切应力强度校核。

（4）梁沿某一方向的抗剪能力较差（如木梁的顺纹方向）。

通常，在选择截面时，先按正应力的强度条件选择截面的尺寸和形状，然后再校核切应力强度条件。

【例 7-8】　简支梁 AB 如图 7-19(a)所示。$l = 2$ m，$a = 0.2$ m。梁上的荷载为 $q = 10$ kN/m，

$F = 200$ kN。材料的许用应力为$[\sigma] = 150$ MPa，$[\tau] = 100$ MPa。试选择适用的工字钢型号。

解：（1）计算支反力

由对称性得

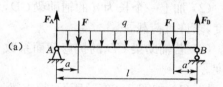

$$F_A = F_B = 210 \text{ kN} \quad (\uparrow)$$

（2）作剪力图和弯矩图（图7-19(b)），由图可知

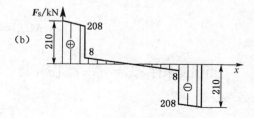

$$|F_S|_{max} = 210 \text{ kN}$$

$$|M|_{max} = 45 \text{ kN} \cdot \text{m}$$

（3）按正应力强度条件选择截面

由弯曲正应力强度条件，有

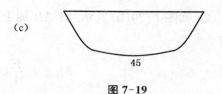

$$W \geqslant \frac{M_{max}}{[\sigma]} = \frac{45 \times 10^3}{160 \times 10^6} = 281 \times 10^{-6} \text{(m}^3)$$

$$= 281 \text{(cm}^3)$$

查型钢表，选用 22a 工字钢，其 $W = 309$ cm³。

（4）按切应力强度条件校核

由型钢表查出腹板厚度 $d = 0.75$ cm，$\dfrac{I_z}{S_{z max}^*} =$

图 7-19

18.9 cm，代入切应力强度条件，于是得

$$\tau_{max} = \frac{F_{Smax} S_{z max}^*}{b I_z} = \frac{210 \times 10^3}{0.75 \times 10^{-2} \times 18.9 \times 10^{-2}} = 148 \times 10^6 \text{(Pa)} = 148 \text{(MPa)} > [\tau]$$

τ_{max} 超过 $[\tau]$ 很多，应重新选择更大的截面，现以 25b 工字钢进行试算。由表查得 $d = 1$ cm，$\dfrac{I_z}{S_{z max}^*} = 21.3$ cm，再次进行切应力强度校核：

$$\tau_{max} = \frac{210 \times 10^3}{1 \times 10^{-2} \times 21.3 \times 10^{-2}} = 98.6 \times 10^6 \text{(Pa)} = 98.6 \text{(MPa)} < [\tau]$$

因此，同时满足正应力与切应力强度条件，应选用型号为 25b 的工字钢。

【例 7-9】 简支梁 AB 受力如图 7-20(a)所示。若梁的长度 l、抗弯截面系数 W 与材料的许用应力 $[\sigma]$ 均为已知。试问：

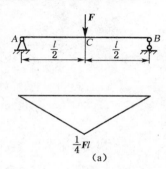

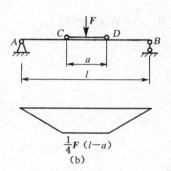

图 7-20

(1) 当 F 直接作用在 AB 梁上时,求许可荷载 $[F_1]$;

(2) 加上一个长为 a 的辅助梁 CD,力 F 作用在 CD 梁上,见图 5-20(b),考虑主梁 AB 的强度,求许可荷载 $[F_2]$。

(3) 若辅助梁 CD 的抗弯截面系数 W、材料的许用应力 $[\sigma]$ 与主梁 AB 相同,求 a 的合理长度。

解:(1) 如图 7-20(a)所示,简支梁 AB 内的最大弯矩和最大正应力分别为

$$M_{max} = \frac{Fl}{4}, \quad \sigma_{max} = \frac{Fl}{4W}$$

由强度条件 $\sigma_{max} = \dfrac{Fl}{4W} \leqslant [\sigma]$,得

$$[F_1] = \frac{4W}{l}[\sigma]$$

(2) 如图 7-20(b)所示,梁 AB 加上辅助梁 CD。梁 AB 内的最大弯矩和最大正应力分别为

$$M_{max} = \frac{F}{4}(l-a), \sigma_{max} = \frac{F(l-a)}{4W}$$

由强度条件 $\dfrac{F(L-a)}{4W} \leqslant [\sigma]$,得

$$[F_2] = \frac{4W}{l\left(1 - \dfrac{a}{l}\right)}[\sigma]$$

可见

$$[F_2] = \frac{1}{1 - \dfrac{a}{l}}[F_1] > [F_1]$$

(3) 求 a 的合理长度。

欲使设计合理,则主梁 AB 和辅助梁 CD 内的最大正应力均达到许用应力,即要求

$$\sigma_{ABmax} = \sigma_{CDmax}$$

因为 $W_{AB} = W_{CD}$,所以

$$M_{ABmax} = M_{CDmax}$$

则

$$\frac{F(l-a)}{4} = \frac{Fa}{4}$$

得到

$$a = \frac{l}{2}$$

由此式得辅助梁 CD 的合理长度应为主梁 AB 的一半。这时

$$[F_2] = \frac{1}{1 - \dfrac{l}{2l}}[F_1] = 2[F_1]$$

可见,改善梁的受力情况,能使梁增加承载能力。

7.4 梁的优化设计

前面曾指出,弯曲正应力是控制弯曲强度的主要因素,所以,弯曲正应力的强度条件

$$\sigma_{\max} = \frac{M_{\max}}{W_z} \leqslant [\sigma]$$

是设计梁的主要依据。从这个条件可以看出,提高梁承载能力应从两个方面来考虑:一是合理安排梁的受力情况,以减小 $M_{\max}$ 的数值;二是采用合理的截面形状,以提高梁抗弯截面模量 W_z 的数值,充分利用材料的性能。下面我们分几点进行讨论。

7.4.1 合理安排梁的支撑和荷载

1. 合理安排梁的支撑

合理地安排支座位置,可减小梁内的最大弯矩值。例如,如图 7-21(a)所示的受均布荷载作用的简支梁,其最大弯矩 $M_{\max} = \dfrac{1}{8}ql^2 = 0.125ql^2$;若将两支座分别向跨中移动 $0.2l$（图 7-21(b)),则最大弯矩 $M_{\max} = \dfrac{1}{40}ql^2 = 0.025ql^2$,仅为前者的 1/5。由此可见,在可能的条件下,适当地调整梁的支座位置,可以降低最大弯矩值,提高梁的承载能力。例如,门式起重机的大梁图 7-22(a)、锅炉简体图 7-22(b)等,就是采用上述措施,以达到提高强度、节省材料的目的。

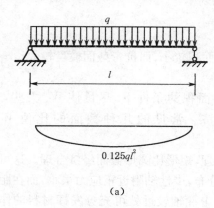

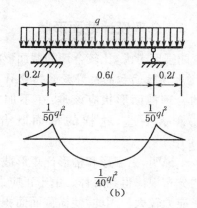

图 7-21

2. 合理布置荷载

合理地布置荷载也可降低梁的最大弯矩值。例如,如图 7-23(a)所示的简支梁,在集中力 F 作用下梁的最大弯矩为 $M_{\max} = \dfrac{1}{4}Fl$。当集中荷载作用位置不受限制时,应尽量靠近支座,

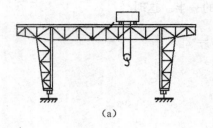
(a)

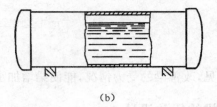
(b)

图 7-22

如集中力 F 作用在距支座 $l/6$ 处(图 7-23(b)),则梁上的最大弯矩为 $M_{max} = \frac{5}{36}Fl$,是原来最大弯矩的 0.56 倍。当荷载的位置不能改变时,可以把集中力分散成较小的力或者改变成分布荷载,从而减小最大弯矩。例如把作用于跨中的集中力通过辅梁分散为两个集中力(图 7-23(c)),使得最大弯矩 $M_{max} = \frac{1}{4}Fl$ 降为 $\frac{1}{8}Fl$。

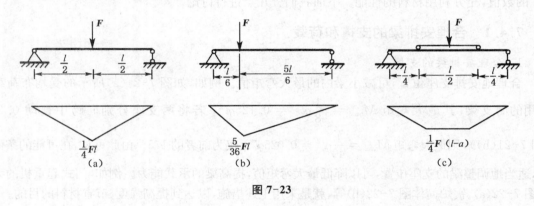

图 7-23

7.4.2　合理设计截面形状

从弯曲强度考虑,比较合理的截面形状是截面面积较小,而抗弯截面模量较大。

1. 增大单位面积的抗弯截面模量 W_z/A

梁的合理截面形状应该是:在不加大横截面面积的条件下,尽量使 W_z 大些,即应使比值 W_z/A 大一些,这样的截面既合理又经济。常见的几种截面的比值 W_z/A 列于表 7-1 中。

表 7-1 说明,工字形和槽形比矩形截面经济合理,矩形比圆形截面经济合理。这可从弯曲正应力的分布规律得到解释。由于正应力按线性分布,中性轴附近正应力很小,而在距中性轴较远处正应力较大。因此,使横截面面积分布在距中性轴较远处可充分发挥材料的作用。工程中,大量采用的工字形和箱形截面梁就是运用了这一原理。而实心圆截面梁上、下边缘处材料较少,中性轴附近材料较多,因而不能做到材尽其用,所以,对于需做成圆形截面的轴类构件,可采用空心圆截面。

表 7-1 W_z/A 值

截面形状	矩形	圆形	环形	槽钢	工字钢
W_z/A	$0.167\,h$	$0.125\,h$	$0.205\,h$	$(0.27\sim0.31)h$	$(0.27\sim0.31)h$

值得注意的是在提高 W_z 的过程中不可将矩形截面的宽度取得太小；也不可将空心圆、工字形、箱形及槽形截面的壁厚取得太小，否则可能出现失稳的问题。

2. 根据材料的性质选择截面的形状

塑性材料（如钢材）因其抗拉和抗压能力相同，因此截面应以中性轴为对称轴，这样可使最大拉应力和最大压应力相等，并同时达到许用应力，使材料得到充分利用。对于抗拉和抗压能力不相等的脆性材料，如铸铁等，设计截面时，应尽量选择中性轴不是对称轴的截面，如 T 形截面，且应使中性轴靠近受拉一侧（图 7-24），尽可能使截面上最大拉应力和最大压应力同时达到或接近材料抗拉和抗压的许用应力。通过调整截面尺寸，如能使 y_1 和 y_2 之比接近下列关系：

$$\frac{\sigma_{t,max}}{\sigma_{c,max}} = \frac{M_{max}y_1}{I_z} \Big/ \frac{M_{max}y_2}{I_z} = \frac{y_1}{y_2} = \frac{[\sigma_t]}{[\sigma_c]}$$

则最大拉应力和最大压应力便可同时接近许用应力。

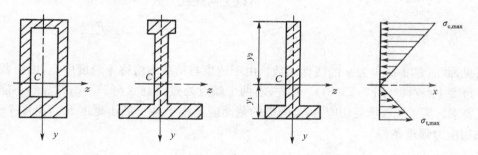

图 7-24

7.4.3 采用等强度梁

前面在进行梁的强度计算时，一般是根据危险截面上的 M_{max} 来设计 W_z，然后取其他各横截面的尺寸和形状都和危险截面相等，这就是通常的等截面梁。等截面梁各个截面的最大应力并不相等，这是因为各截面的弯矩 $M(x)$ 不相等。除危险截面外的其他截面上作用的弯矩 $M(x)$ 都小于 M_{max}，故其最大应力也就小于危险截面上的 σ_{max}。因而在荷载作用下，只有 M_{max} 作用面上的 σ_{max} 才可能达到或接近材料的许用应力 $[\sigma]$，而梁的其他截面的材料便没有充分发挥作用。为了节约材料，减轻梁的自重，可以把其他截面的 $W_z(x)$ 作得小一些，使各横截面上的最大应力同时达到许用应力，这样的梁称为**等强度梁**。

等强度梁的截面是沿轴线变化的，所以是变截面梁。变截面梁横截面上的正应力仍可近

似地用等截面梁的公式来计算。根据等强度梁的要求,应有

$$\sigma_{max} = \frac{M(x)}{W_z(x)} = [\sigma]$$

即

$$W_z(x) = \frac{M(x)}{[\sigma]} \tag{7-28}$$

由式(7-28)可见,确定了弯矩随截面位置的变化规律,即可求得等强度梁横截面的变化规律,下面举例说明。

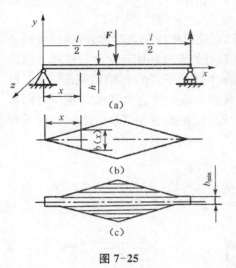

图 7-25

设图 7-25(a)所示受集中力 F 作用的简支梁为矩形截面的等强度梁,若截面高度 h=常量,则宽度 b 为截面位置 x 的函数,$b=b(x)(0 \leqslant x \leqslant \frac{l}{2})$,矩形截面的抗弯截面模量为

$$W_z(x) = \frac{b(x)h^2}{6}$$

弯矩方程式为

$$M(x) = \frac{F}{2}x$$

将以上两式代入式(7-28),得

$$b(x) = \frac{3F}{h^2[\sigma]}x$$

可见,截面宽度 $b(x)$ 为 x 的线性函数。由于约束与荷载均对称于跨度中点,因而截面形状也关于跨度中点对称(图 7-25(b))。在左、右两个端点处截面宽度 $b(x)=0$,这显然不能满足抗剪强度要求。为了能够承受切应力,梁两端的截面应不小于某一最小宽度 b_{min},见图 7-25(c)。由弯曲切应力强度条件

$$\tau_{max} = \frac{3}{2}\frac{F_{Smax}}{A} = \frac{3}{2}\frac{\dfrac{F}{2}}{b_{min}h} = [\tau]$$

得

$$b_{min} = \frac{3F}{4\,h[\tau]}$$

若设想把这一等强度梁分成若干狭条,然后叠置起来,并使其略微拱起,这就是汽车以及其他车辆上经常使用的叠板弹簧,如图 7-26 所示。

若上述矩形截面等强度梁的截面宽度 b 为常数,而高度 h 为 x 的函数,即 $h=h(x)$,用完全相同的方法可以

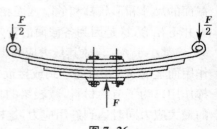

图 7-26

求得

$$h(x) = \sqrt{\frac{3Fx}{b[\sigma]}} \tag{7-29}$$

$$h_{min} = \frac{3F}{4b[\tau]} \tag{7-30}$$

按式(7-29)和式(7-30)确定的梁形状如图 7-27(a)所示。如把梁做成如图 7-27(b)所示的形式,就成为厂房建筑中广泛使用的"鱼腹梁"。

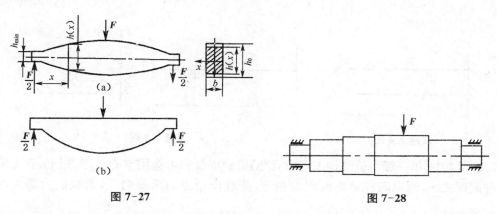

图 7-27　　　　　　　　　　　图 7-28

使用式(7-28),也可求得圆截面等强度梁的截面直径沿轴线的变化规律。但考虑到加工的方便及结构上的要求,常用阶梯形状的变截面梁(阶梯轴)来代替理论上的等强度梁,如图 7-28 所示。

模拟试题

7.1　悬臂梁及其弯矩图如试题 7.1 图所示,Z 轴为截面中性轴,$I_z = 2 \times 10^7 \text{ mm}^4$,则梁上最大拉应力 $\sigma_{t,max}$ 为(　　　)。

A. 50 MPa　　　　B. 150 MPa　　　　C. 25 MPa　　　　D. 75 MPa

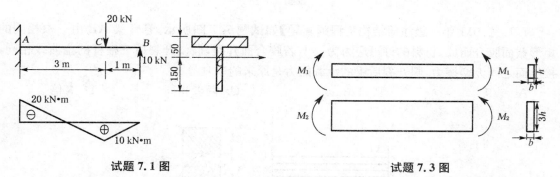

试题 7.1 图　　　　　　　　　　试题 7.3 图

7.2　将直径为 2 mm 的钢丝绕在直径为 2 m 的卷筒上,钢丝中产生的最大应力为(　　　),其中钢丝的弹性模量 E 为 2×10^5 MPa。

A. 100 MPa　　　　B. 200 MPa　　　　C. 150 MPa　　　　D. 250 MPa

7.3　如试题 7.3 图所示两根梁材料相同,当两梁各对应截面转角相等时,则两梁横截面上最大正应力之比为（　　）。

A. 1/3　　　　　　　　B. 1/2　　　　　　　　C. 1/9　　　　　　　　D. 1/4

7.4　如试题7.4图所示悬臂梁,自由端受力偶矩M的作用,梁的中性层上正应力σ及剪应力τ为（　　）。

A. $\sigma = 0, \tau = 0$　　B. $\sigma = 0, \tau \neq 0$　　C. $\sigma \neq 0, \tau = 0$　　D. $\sigma \neq 0, \tau \neq 0$

7.5　如试题7.5图所示为倒T形截面的铸铁悬臂梁,其荷载如图,材料的容许拉应力$[\sigma_t] = 40$ MPa,容许压应力$[\sigma_c] = 80$ MPa,则该梁可承受的最大荷载F为（　　）kN。

A. 41.4　　　　　　　B. 44.4　　　　　　　C. 62.4　　　　　　　D. 66.7

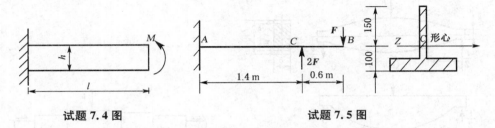

试题7.4图　　　　　　　　　　　　试题7.5图

7.6　【2014年一级注册结构工程师真题】梁的横截面可选用空心矩形、矩形、正方形和圆形四种截面之一,假设四种截面面积均相等,荷载作用方向铅垂向下,承载能力最大的截面是（　　）。

A. 图(a)　　　　　　　B. 图(b)　　　　　　　C. 图(c)　　　　　　　D. 图(d)

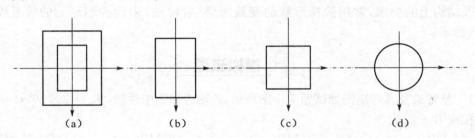

试题7.6图

7.7　【2011年一级注册结构工程师真题】如试题7.7图所示,悬臂梁AB由三根相同的矩形截面胶合而成,材料的许可应力为$[\sigma]$,若胶合面开裂,假设开裂后三根杆的挠曲线相同,接触面之间无摩擦力,则开裂后梁的承载能力是原来的（　　）。

A. 1/9　　　　　　　B. 1/3　　　　　　　C. 两者相同　　　　　　　D. 3倍

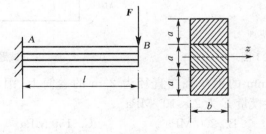

试题7.7图

7.8 【2014年一级注册结构工程师真题】桁架由两根细长直杆组成,杆的截面尺寸相同,材料分别为结构钢和普通铸铁,在下列桁架中,布局比较合理的是(　　)。

A. 图(a)　　　　　B. 图(b)　　　　　C. 图(c)　　　　　D. 图(d)

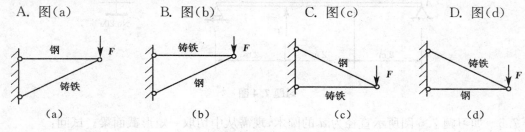

试题 7.8 图

习　题

7.1　长度为 250 mm、截面尺寸为 $h \times b = 0.8 \text{ mm} \times 25 \text{ mm}$ 的薄钢尺,由于两端外力偶的作用而弯成中心角为 $60°$ 的圆弧。已知弹性模量 $E = 210 \text{ GPa}$。试求钢尺横截面上的最大正应力。

7.2　矩形截面的悬臂梁受集中力和集中力偶作用,如习题 7.2 图所示。试求截面 $m-m$ 和同定端截面 $n-n$ 上 A,B,C,D 四点处的正应力。

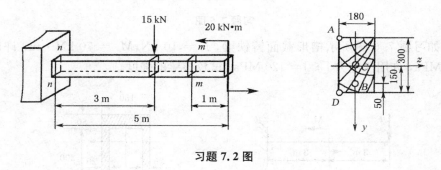

习题 7.2 图

7.3　某矩形截面悬臂梁,已知 $l = 4 \text{ m}, \dfrac{b}{h} = \dfrac{3}{5}, q = 10 \text{ kN/m}, [\sigma] = 10 \text{ MPa}$。试确定此梁横截面的尺寸。

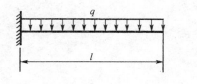

习题 7.3 图

7.4　20a 工字钢梁的支撑和受力情况如习题 7.4 图所示。若 $[\sigma] = 165 \text{ MPa}$,试求许可荷载 F。

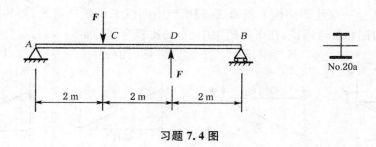

习题 **7.4** 图

7.5 如习题 7.5 图所示直径为 d 的圆木,现需从中切取一矩形截面梁。试问:

(1) 如欲使所切矩形梁的弯曲强度最高,h 和 b 应分别为何值;

(2) 如欲使所切矩形梁的弯曲刚度最高,h 和 b 应分别为何值。

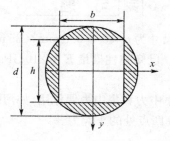

习题 **7.5** 图

7.6 如习题 7.6 图所示槽形截面铸铁梁,$F = 10 \text{ kN}$,$M_e = 70 \text{ kN} \cdot \text{m}$,许用拉应力 $[\sigma_t] = 35 \text{ MPa}$,许用压应力 $[\sigma_c] = 120 \text{ MPa}$。试校核梁的强度。

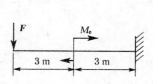

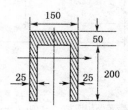

习题 **7.6** 图

8 梁弯曲时的位移

一、一级注册结构工程师《考试大纲》规定要求
求梁变形的积分法、叠加法。
二、重点掌握和理解内容
弯曲变形，积分法和叠加法求梁的位移。

8.1 梁的挠度和转角

8.1.1 工程中的弯曲变形问题

在工程结构中，某些受弯杆件除满足强度要求外，还必须满足刚度要求，也就是说，弯曲变形不能太大，否则构件不能正常工作。例如，车床主轴的弯曲变形过大（图 8-1(a)），会影响齿轮的啮合和轴承的配合，使传动不平稳，磨损加快，而且还会影响加工精度（图 8-1(b)）。又如轧钢机在轧制钢板时，若轧辊的弯曲变形过大（图 8-1(c)），将使轧出的钢板沿宽度方向的厚度不匀，影响产品质量。因此弯曲变形过大往往不利于构件的正常工作，所以要限制它。

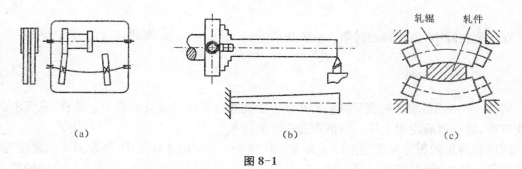

（a）　　　　　　　　　　（b）　　　　　　　　　（c）

图 8-1

但有时又有相反的情况，即要求构件有适当的变形，才能符合使用要求。例如弹簧扳手（图 8-2），要求有明显的弯曲变形，才能使测得的力矩更为准确。

此外，弯曲变形的计算还经常应用于超静定系统的求解。本章研究平面弯曲时梁的变形计算。因此，必须研究梁的弯曲变形。

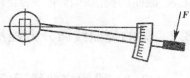

图 8-2

8.1.2 弯曲变形——挠度和转角

假设悬臂梁 AB，在外载作用下，发生弯曲变形，将原为直的轴线 AB 弯曲成连续光滑的曲线 $A'B'$，如图 8-3 所示。在平面弯曲的情况下，曲线 $A'B'$ 是一条位于荷载平面内的平面曲线，该曲线称为梁的**挠曲线**。

为了描述梁的变形，通常取直角坐标系。以梁的左端 A 为原点，令 x 轴与梁变形前的轴线重合，方向向右；w 轴与梁左端截面的形心主轴重合，方向向下。这样，挠曲线可以用方程

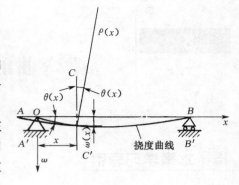

图 8-3

$$\omega = f(x) \tag{8-1}$$

表示。式（8-1）称为梁的**挠曲线方程**。

由图 8-3 可见，梁弯曲后，任一横截面的形心 C 移至 C'，由于梁的变形是很小的，变形后的挠曲线是一条非常平坦的曲线。所以，形心 C 的水平位移可以忽略，从而认为线位移 CC' 垂直于变形前的轴线，这种截面形心在弯曲时的线位移，称为该截面的**挠度**，用 w 表示。另外，梁在变形时，横截面还将绕中性轴转过一角度，这个角度称为截面的转角，用 θ 表示（图 8-3）。因此，梁的弯曲变形可用挠度和转角两个基本量来度量。挠度 w 和转角 θ 随截面位置 x 而变化，即均为 x 的函数。

根据梁的平面假定，变形后的横截面仍垂直于梁的轴线。因此，任一截面的转角，也可用挠曲线在该截面形心处的切线与 x 轴的夹角 θ 来表示。由挠曲线方程（8-1）求得挠曲线上任意一点的斜率为

$$\tan\theta = \frac{\mathrm{d}\omega}{\mathrm{d}x} = \omega' \tag{8-2a}$$

在工程实际中，由于梁的转角 θ 一般是很小的，故 $\tan\theta \approx \theta$，则式（8-2a）改写为

$$\theta = \frac{\mathrm{d}\omega}{\mathrm{d}x} = \omega' \tag{8-2b}$$

式（8-2b）表明，梁任一横截面的转角 θ 等于挠曲线在该截面处的斜率。这样，只需求出挠曲线方程，就可以确定梁上任一横截面的挠度和转角。

挠度和转角的符号与所选坐标系有关。在图 8-3 所示的坐标系中，规定向下的挠度为正，反之为负。截面顺时针转向的转角为正，反之为负。根据这样的规定，在图 8-3 所示的简支梁上，C 截面的挠度和转角均为正值。

8.2 梁的挠曲线微分方程及其积分

8.2.1 梁的挠曲线近似微分方程

在推导纯弯曲梁的正应力公式时（见第 7 章），曾得到用中性层曲率表示的弯曲变形公式

$$\frac{1}{\rho} = \frac{M}{EI} \tag{8-3a}$$

式(8-3a)表示弯矩引起的弯曲变形。在横力弯曲时,剪力也会影响弯曲变形,但在一般情况下,梁的跨度总是远大于横截面高度的。此时,剪力对弯曲变形的影响很小,可以忽略不计。这样,式(8-3a)仍可用作计算横力弯曲时变形的基本关系式。当然,这时的曲率 $1/\rho$ 和弯矩 M 均为 x 的函数,即

$$\frac{1}{\rho(x)} = \frac{M(x)}{EI} \tag{8-3b}$$

另外,平面曲线 $\omega = f(x)$ 的曲率及 $\dfrac{1}{\rho(x)}$ 可以写成

$$\frac{1}{\rho(x)} = \pm \frac{\dfrac{d^2\omega}{dx^2}}{\left[1 + \left(\dfrac{d\omega}{dx}\right)^2\right]^{3/2}} \tag{8-3c}$$

由于挠曲线是一条非常平坦的曲线,$\dfrac{d\omega}{dx}$ 的数值是很小的,$\left(\dfrac{d\omega}{dx}\right)^2$ 与 1 相比可以忽略,于是,式(8-3c)可简化为

$$\frac{1}{\rho(x)} = \pm \frac{d^2\omega}{dx^2} = \pm \omega'' \tag{8-3d}$$

将式(8-3d)代入式(8-3b),得

$$\pm \omega'' = \frac{M(x)}{EI} \tag{8-3e}$$

式中等号左边的符号,取决于弯矩的符号规定和 x-ω 坐标系的选取。如图 8-4 所示,在图 8-4(a)中,当梁段受到正弯矩作用时,挠曲线向上凸出,该曲线在图示 x-ω 坐标系中的二阶导数为正;在图 8-4(b)中,正弯矩作用下梁段挠曲线的二阶导数为负。因此,式(8-3e)等号两侧的符号应该一致,于是,式(8-3e)应为

$$\omega'' = -\frac{M(x)}{EI} \tag{8-3f}$$

式(8-3f)即为**挠曲线近似微分方程**,称它为近似微分方程的原因:①忽略了剪力对弯曲变形的影响;②在式(8-3c)的分母 $\left[1 + \left(\dfrac{d\omega}{dx}\right)^2\right]^{3/2}$ 中,略去了 $\left(\dfrac{d\omega}{dx}\right)^2$ 项。由方程(8-3f)求得的结

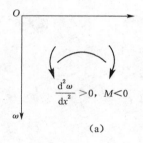

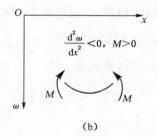

图 8-4

果,对工程应用来说,是足够精确的。

8.2.2 梁的转角和挠度方程

对挠曲线近似微分方程进行积分,可以求得梁的转角方程和挠度方程,从而求得梁在各个截面的挠度和转角。式(8-3f)可改写为

$$EI\omega'' = -M(x) \tag{8-4}$$

对于等截面梁,抗弯刚度 EI 为常数。将式(8-4)的等号两侧乘以 dx,积分一次得转角方程为

$$EI\omega' = -\int M(x)dx + C \tag{8-5}$$

同样,将式(8-5)的等号两侧乘以 dx,再积分一次,得到挠曲线方程为

$$EI\omega = -\int\left[\int M(x)dx\right]dx + Cx + D \tag{8-6}$$

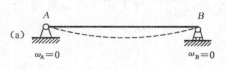
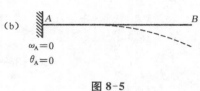

图 8-5

式中:C、D 为积分常数,可通过梁挠曲线的边界条件确定,其值可以利用梁在某些截面处挠度或转角的已知条件来确定。例如,在简支梁上(图 8-5(a)),A、B 两支座处的挠度 ω_A 和 ω_B 应为零,在悬臂梁上(图 8-5(b)),固定端处的挠度 ω_A 和转角 θ_A 应为零,这些条件统称为**边界条件**。另外,因为挠曲线是连续光滑的,所以,在挠曲线的任意一点上,挠度和转角分别只有一个确定的数值,这就是**连续条件**。根据边界条件和连续条件可以确定积分常数。

【例 8-1】 长度为 l 的悬臂梁 AB,在其自由端承受集中力 F 作用,如图 8-6 所示。设梁的抗弯刚度 EI 为常数。试求梁的转角方程和挠度方程,并确定绝对值最大的转角 $|\theta|_{max}$ 和挠度 $|\omega|_{max}$。

解:(1)写出弯矩方程。以固定端为原点,取直角坐标系 $x-\omega$,如图 8-6 所示。研究 x 截面右侧梁段的平衡,可直接写出弯矩方程为

$$M(x) = -F(l-x) \tag{a}$$

(2)列出挠曲线近似微分方程并进行积分。将式(b)代入挠曲线近似微分方程(8-4),得

$$EI\omega'' = F(l-x) \tag{b}$$

图 8-6

经两次积分后,依次得

$$EI\omega' = -\frac{F}{2}x^2 + Flx + C \tag{c}$$

$$EI\omega = -\frac{F}{6}x^3 + \frac{F}{2}x^2 + Cx + D \tag{d}$$

（3）由边界条件确定积分常数。在固定端 A 处，挠度和转角均为零。即当 $x=0$ 时，

$$\omega = 0 \tag{e}$$

$$\theta = \omega' = 0 \tag{f}$$

把式（f）代入式（c），式（e）代入式（d），分别得

$$C = EI\omega'_A = 0, \quad D = EI\omega_A = 0$$

把求得的积分常数代入（c）、（d）两式，得到梁的转角方程和挠度方程分别为

$$\theta = \omega' = -\frac{Fx}{2EI}(2l + x) \tag{g}$$

$$\omega = -\frac{Fx^2}{6EI}(3l + x) \tag{h}$$

（4）确定 $|\theta|_{max}$ 和 $|\omega|_{max}$。由图 8-6 看出，转角和挠度的最大值均发生在梁的自由端处，以 $x = l$ 代入（g）、（h）两式，得到

$$\theta_B = \frac{Fl^2}{2EI}, \quad \text{即} \quad |\theta|_{max} = \frac{Fl^2}{2EI} \tag{i}$$

$$\omega_B = \frac{Fl^3}{3EI}, \quad \text{即} \quad |\omega|_{max} = \frac{Fl^3}{3EI} \tag{j}$$

式（i）中的 θ_B 为正值，表示 B 截面的转角是顺时针转向；式（j）中的 ω_B 为正值，表示 B 截面的挠度是向下的。

【例 8-2】 如图 8-7 所示简支梁，承受均布荷载 q 作用。试求此梁的挠度方程和转角方程，并确定绝对值最大的挠度 $|\omega|_{max}$ 和转角 $|\theta|_{max}$。

解：（1）建立弯矩方程。取如图 8-7 所示 $x-\omega$ 坐标系，首先计算支反力。由于简支梁上的荷载是对称的，故两支反力相等，即 $F_{Ay} = F_{By} = ql/2$。梁的弯矩方程为

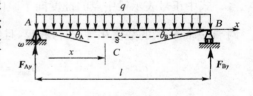

图 8-7

$$M(x) = \frac{ql}{2}x - \frac{q}{2}x^2$$

（2）列挠曲线微分方程并进行积分。将弯矩方程代入挠曲线微分方程（8-4），得

$$EI\omega'' = -\frac{ql}{2}x + \frac{q}{2}x^2 \tag{a}$$

经两次积分后，分别得

$$EI\omega' = -\frac{ql}{4}x^2 + \frac{q}{6}x^3 + C \tag{b}$$

$$EI\omega = \frac{q}{24}x^4 - \frac{ql}{12}x^3 + Cx + D \tag{c}$$

(3) 确定积分常数。简支梁的边界条件为

$$当 x = 0 时， \quad \omega = 0 \tag{d}$$
$$当 x = l 时， \quad \omega = 0 \tag{e}$$

将(d)、(e)两式代入式(c)，得

$$D = 0, \frac{ql^4}{24} - \frac{ql^4}{12} + Cl = 0$$

从而解得 $C = \dfrac{ql^3}{24}$。将积分常数 C、D 代入(b)、(c)两式，得转角方程和挠度方程分别为

$$\theta = \omega' = \frac{q}{24EI}(l^3 - 6lx^2 + 4x^3) \tag{f}$$

$$\omega = \frac{qx}{24EI}(l^3 - 2lx^2 + x^3) \tag{g}$$

在本例中，由于荷载和结构的对称性，所以弯曲变形也应该是对称的。在对称点 $x = \dfrac{l}{2}$ 处，横截面的转角应为零。因此，边界条件(e)也可以用下列条件代替，即当 $x = \dfrac{l}{2}$ 时，

$$\theta = \omega' = 0$$

将上式代入式(b)，可以得到同样的结果。由于利用了对称性，边界条件(e)是自然满足的。

(4) 确定 $|\omega|_{\max}$ 和 $|\theta|_{\max}$。由图 8-7 可见，绝对值最大的挠度发生在梁的中点。因为该处的转角等于零，挠度有极值，即

$$\omega_C = \frac{5ql^4}{384EI}$$

式中正号表示梁中点的挠度向下。由此可知，绝对值最大的挠度为 $\omega_{\max} = \dfrac{5ql^4}{384EI}$，在 A、B 两端，截面转角的数值相等，符号相反，且绝对值最大。于是，在式(f)中，分别令 $x=0$ 和 $x=l$，得

$$\theta_{\max} = \theta_A = -\theta_B = \frac{ql^3}{24EI}$$

【例 8-3】 简支梁受力如图 8-8 所示，F_P、EI、l 均为已知。求：加力点 B 的挠度和支承 A、C 处的转角。

解：(1) 确定梁约束力

首先，应用静力学方法求得梁在支承 A、C 两处的约束力分别如图中所示。

(2) 分段建立梁的弯矩方程

因为 B 处作用有集中力 F_P，所以需要分为 AB 和 BC 两段建立弯矩方程。

在图示坐标系中，为确定梁在 $0 \sim \dfrac{l}{4}$ 范围内各截

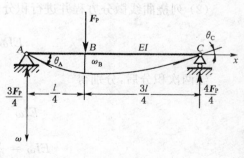

图 8-8

面上的弯矩,只需要考虑左端 A 处的约束力 $\frac{3F_P}{4}$;而确定梁在 $\frac{l}{4}\sim l$ 范围内各截面上的弯矩,则需要考虑左端 A 处的约束力 $\frac{3F_P}{4}$ 和荷载 F_P。于是,AB 和 BC 两段的弯矩方程分别为

$$AB \text{ 段} \qquad M_1(x) = \frac{3}{4}F_P x$$

$$BC \text{ 段} \qquad M_2(x) = \frac{3}{4}F_P x - F_P\left(x - \frac{l}{4}\right)$$

(3) 将弯矩表达式代入小挠度微分方程并分别积分

$$EI\frac{d^2\omega_1}{dx^2} = -M_1(x) = -\frac{3}{4}F_P x \quad \left(0 \leqslant x \leqslant \frac{l}{4}\right)$$

$$EI\frac{d^2\omega_2}{dx^2} = -M_2(x) = -\frac{3}{4}F_P x + F_P\left(x - \frac{l}{4}\right) \quad \left(\frac{l}{4} \leqslant x \leqslant l\right)$$

积分后得

$$EI\theta_1 = -\frac{3}{8}F_P x^2 + C_1 \qquad EI\theta_2 = -\frac{3}{8}F_P x^2 + \frac{1}{2}F_P\left(x - \frac{l}{4}\right)^2 + C_2$$

$$EI\omega_1 = -\frac{1}{8}F_P x^3 + C_1 x + D_1 \qquad EI\omega_2 = -\frac{1}{8}F_P x^3 + \frac{1}{6}F_P\left(x - \frac{l}{4}\right)^3 + C_2 x + D_2$$

其中,C_1、D_1、C_2、D_2 为积分常数,由支承处的约束条件和 AB 段与 BC 段梁交界处的连续条件确定。

(4) 利用约束条件和连续条件确定积分常数

在支座 A、C 两处挠度应为零,即

$$x = 0, \ \omega_1 = 0; \quad x = l, \ \omega_2 = 0$$

因为,梁弯曲后的轴线应为连续光滑曲线,所以 AB 段与 BC 段梁交界处的挠度和转角必须分别相等:

$$x = l/4, \ \omega_1 = \omega_2; \ x = l/4, \theta_1 = \theta_2$$

$$EI\theta_1 = -\frac{3}{8}F_P x^2 + C_2 \qquad EI\theta_2 = -\frac{3}{8}F_P x^2 + \frac{1}{2}F_P\left(x - \frac{l}{4}\right)^2 + C_2$$

$$EI\omega_1 = -\frac{1}{8}F_P x^3 + C_1 x + D_1 \qquad EI\omega_2 = -\frac{1}{8}F_P x^3 + \frac{1}{6}F_P\left(x - \frac{l}{4}\right)^3 + C_2 x + D_2$$

$$x = 0, \ \omega_1 = 0; \quad x = l, \ \omega_2 = 0$$

$$x = \frac{l}{4}, \ \omega_1 = \omega_2; \ x = \frac{l}{4}, \theta_1 = \theta_2$$

$$D_1 = D_2 = 0$$

$$C_1 = C_2 = \frac{7}{128}F_P l^2$$

(5) 确定转角方程和挠度方程以及指定横截面的挠度与转角

将所得的积分常数代入后,得到梁的转角和挠度方程为:

AB 段：
$$\theta(x) = \frac{F_P}{EI}\left(-\frac{3}{8}x^2 + \frac{7}{128}l^2\right)$$

$$\omega(x) = \frac{F_P}{EI}\left(-\frac{1}{8}x^3 + \frac{7}{128}l^2 x\right)$$

BC 段：
$$\theta(x) = \frac{F_P}{EI}\left[-\frac{3}{8}x^2 + \frac{1}{2}\left(x-\frac{l}{4}\right)^2 + \frac{7}{128}l^2\right]$$

$$\omega(x) = \frac{F_P}{EI}\left[-\frac{1}{8}x^3 + \frac{1}{6}\left(x-\frac{l}{4}\right)^3 + \frac{7}{128}l^2 x\right]$$

据此,可以算得加力点 B 处的挠度和支承处 A 和 C 的转角分别为

$$\omega_B = \frac{3}{256}\frac{F_P l^3}{EI} \qquad \theta_A = \frac{7}{128}\frac{F_P l^2}{EI} \qquad \theta_C = -\frac{5F_P l^2}{128EI}$$

【例 8-4·真题】【2011 年一级注册结构工程师真题】矩形截面简支梁梁中点承受集中力 F,若 $h = 2b$,分别采用 8-9 图(a)和图(b)两种方式放置,图(a)梁的最大挠度是图(b)梁的( )。

A. 0.5 倍   B. 2 倍   C. 4 倍   D. 8 倍

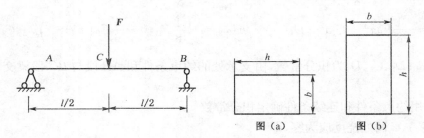

图 8-9

解:依题意,根据积分法可得出跨中 C 点的挠度最大,且表达式为

$$\omega_C = \frac{Fl^3}{48EI}$$

所以 $\dfrac{\omega_C(a)}{\omega_C(b)} = \dfrac{I_b}{I_a} = \dfrac{bh^3/12}{hb^3/12} = \dfrac{h^2}{b^2} = 4$

所以答案应选 C。

8.3 叠加法求梁的位移

积分法是求解弯曲变形的一种基本方法,它可以求得转角方程和挠度方程,但运算过程比较繁琐,尤其对梁上作用有多个荷载时,积分常数较多,求解比较麻烦。为此,工程中将梁在简单荷载作用下的转角和挠度列于设计手册,以便直接查用。附录Ⅱ中列出了简单荷载作用下梁的转角和挠度,利用这些结果,根据叠加原理,可以较方便地解决一些弯曲变形问题。

由于梁的变形很小,且梁的材料在线弹性范围内工作,因而梁的挠度和转角均与作用在梁上的荷载成线性关系。所以可以用叠加原理计算梁的变形,即当梁上同时作用有几个荷载时,

在梁上任一截面处所引起的位移(转角和挠度)等于各荷载单独作用时在该截面引起的位移(转角和挠度)的代数和。

【例 8-5】 如图 8-10 所示简支梁,承受均布荷载 q 和集中力偶 M_e 作用,已知 $M_e = ql^2$。试求跨度中点的挠度 ω_C 和 A 截面的转角 θ_A。

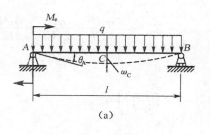
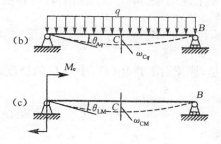

图 8-10

解:利用叠加法求解时,首先将 q、M_e 同时作用下的简支梁(图 8-10(a)),分解为 q 作用下的简支梁(图 8-10(b))和 M_e 作用下的简支梁(图 8-10(c)),然后由附录 II 查取结果叠加。

从附录 II 中查得均布荷载 q 作用下的中点挠度和 A 端面转角分别为

$$\omega_{Cq} = \frac{5ql^4}{384EI} , \theta_{Aq} = \frac{ql^3}{24EI}$$

由附录 II 查得集中力偶 M_e 作用下的中点挠度和 A 端面转角分别为

$$\omega_{Cq} = \frac{M_e l^2}{16EI} , \theta_A = \frac{M_e l}{3EI}$$

叠加以上结果,求得 q、M_e 同时作用下的中点挠度和 A 截面转角为

$$\omega_C = \frac{5ql^4}{384EI} + \frac{M_e l^2}{16EI} = \frac{29ql^4}{384EI}(\downarrow) , \theta_A = \frac{ql^3}{24EI} + \frac{M_e l}{3EI}(\text{顺时针})$$

【例 8-6】 简支梁如图 8-11(a)所示,在 $2a$ 的长度上对称地作用有均布荷载 q。试求梁中点挠度和梁端面的转角。

解:利用叠加法求解。由于简支梁上的荷载对跨度中点 C 对称,故 C 截面的转角应为零。因而从 C 截面取出梁的一半,可将其简化为悬臂梁,如图 8-11(b)所示。梁上作用有均布荷载 q 和支座 B 的反力 $F_{By} = qa$,这样,悬臂梁上 B 端面的挠度在数值上等于原梁中点 C 的挠度,但符号相反,B 端面的转角即为原梁 B 端面的转角。经这样处理后,应用叠加原理求解比较方便。

查附录 II 得,当集中力 $F_{By} = qa$ 作用时(图 8-11(c)),B 端面的转角和挠度分别为

$$\theta_{BF} = -\frac{(qa)l^2}{2EI}(\text{逆时针}) , \omega_{BF} = -\frac{(qa)l^3}{3EI}(\uparrow)$$

查附录 II 得,当均布荷载 q 作用时(图 8-11(d)),E 截面的转角和挠度分别为

$$\theta_{Bq} = \frac{qa^3}{6EI}(\text{顺时针}) , \omega_{Bq} = \frac{qa^4}{8EI}(\downarrow)$$

由于 EB 梁段上无荷载作用,所以 q 引起 B 点的转角和挠度分别为

$$\theta_{Bq} = \theta_{Eq} = \frac{qa^3}{6EI}(\text{顺时针})$$

$$\omega_{Bq} = \omega_{Eq} + \theta_{Eq}(l-a) = \frac{qa^4}{8EI} + \frac{qa^3}{6EI}(l-a) = -\frac{qa^4}{24EI} + \frac{qa^3 l}{6EI}(\downarrow)$$

叠加上述结果,可得 B 端面的转角和挠度分别为

$$\theta_B = \theta_{BF} + \theta_{Bq} = -\frac{qal^2}{2EI} + \frac{qa^3}{6EI}(\text{逆时针}), \omega_B = \omega_{BF} + \omega_{Bq} = -\frac{qal^3}{3EI} - \frac{qa^4}{24EI} + \frac{qa^3 l}{6EI}$$

于是,原梁(图 8-10(a))中点 C 的挠度 ω_C 为

$$\omega_C = -\omega_B = \frac{qa^4}{24EI}\left[1 - 4\frac{l}{a} + 8\left(\frac{l}{a}\right)^3\right]$$

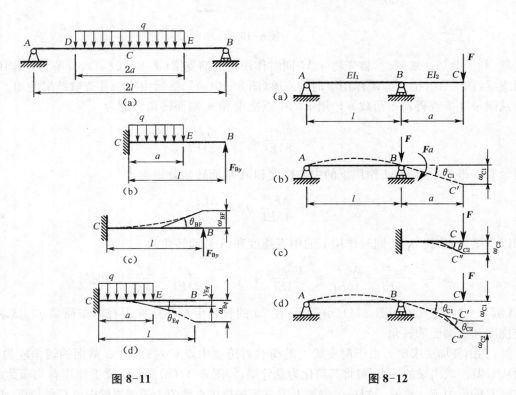

图 8-11　　　　　　　图 8-12

【例 8-7】　某一变截面外伸梁如图 8-12(a)所示。AB、BC 段的抗弯刚度分别为 EI_1 和 EI_2,在 C 端面处受集中力 F 作用,求 C 端面的挠度和转角。

解:由于外伸梁是变截面,故不能直接应用附录Ⅱ中的结果。为此,必须将外伸梁分为 AB、BC 两段来研究。首先假设梁的外伸段 BC 是刚性的,研究由于简支梁 AB 的变形所引起的 C 截面的挠度和转角;然后,再考虑由于外伸段 BC 的变形所引起的 C 截面的挠度和转角;最后将其两部分叠加,得 C 截面的实际变形。

由于假设 BC 段为刚性,故可将 F 力向简支梁 AB 的 B 端简化,得 F 和 Fa。F 力可由 B 支座的反力平衡,不会引起简支梁的弯曲变形。集中力偶 Fa 引起 B 截面的转角(图 8-12(b))由附录Ⅱ查得

$$\theta_B = \frac{(Fa)l}{3EI_1}(顺时针)$$

它引起 C 截面的转角和挠度分别为

$$\theta_{C1} = \theta_B = \frac{Fal}{3EI_1}, \omega_{C1} = \theta_B a = \frac{Fa^2 l}{3EI_1}(\downarrow)$$

在考虑 BC 段的变形时，可将其看作悬臂梁（图 8-12(c)），查附录Ⅱ得，在 F 力作用下 C 截面的转角和挠度分别为

$$\theta_{C2} = \frac{Fa^2}{2EI_2}(顺时针), \omega_{C2} = \frac{Fa^3}{3EI_2}(\downarrow)$$

将图 8-12(b)、(c)中的变形叠加后，求得 C 端面实际的转角和挠度分别为

$$\theta_C = \theta_{C1} + \theta_{C2} = \frac{Fal}{3EI_1} + \frac{Fa^2}{2EI_2}(顺时针)$$

$$\omega_C = \omega_{C1} + \omega_{C2} = \frac{Fa^2 l}{3EI_1} + \frac{Fa^3}{3EI_2}(\downarrow)$$

方向如图 8-12(d)所示。

【例 8-8】 在悬臂梁 AB 上作用线性分布荷载，如图 8-13 所示。试求自由端 B 点的挠度。

解：本例同样可以应用叠加法求解。将图 8-13 中 dx 微段上荷载 qdx 看作集中力，查附录得微段荷载 qdx 出作用下自由端 B 截面的挠度为

$$d\omega_B = \frac{(qdx)x^2}{6EI}(3l - x) \qquad (a)$$

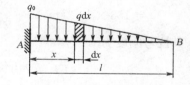

图 8-13

根据题意，线性分布荷载的表达式为

$$q = \left(1 - \frac{x}{l}\right)q_0 \qquad (b)$$

按照叠加原理，自由端 B 点的挠度应为 $d\omega_B$ 的积分。将式(b)代入式(a)，积分得

$$\omega_B = \frac{q_0}{6EI}\int_0^l \left(1 - \frac{x}{l}\right)(3l - x)x^2 dx = \frac{q_0 l^4}{30EI}(\downarrow)$$

8.4 梁的刚度条件及提高梁刚度的措施

8.4.1 梁的刚度计算

在工程实践中，为了保证某些构件的刚度要求，必须限制梁的最大挠度和最大转角，或者限制指定截面的挠度和转角，使它们不超过某些规定的数值。如果以 $[\omega]$ 为规定的许可挠度，$[\theta]$ 为规定的许可转角，则梁的刚度条件表示为

$$|\omega|_{max} \leqslant [\omega]$$

$$|\theta|_{max} \leqslant [\theta]$$

式中:$[\omega]$、$[\theta]$根据工作需要确定。例如,

普通机床主轴: $[\omega]=(0.0001\sim0.0005)l$,$[\theta]=(0.001\sim0.005)$ rad

起重机大梁: $[\omega]=(0.001\sim0.002)l$

滑动轴承: $[\theta]=0.001$ rad

其中,l为梁的跨度。在设计时,应参照有关规范确定$[\omega]$和$[\theta]$的具体数值。

【例 8-9】 空心主轴如图 8-14(a)所示,承受切削力 $F_1=2$ kN,齿轮传动力 $F_2=1$ kN 作用。已知轴的外径 $D=80$ mm,内径 $d=40$ mm,跨度 $l=400$ mm,外伸长度 $a=100$ mm。材料的弹性模量 $E=210$ GPa。若卡盘 C 处的许可挠度 $[\omega]=0.0001l$,轴承 B 处的许可转角 $[\theta]=\dfrac{1}{10^3}$rad。试校核轴的刚度。

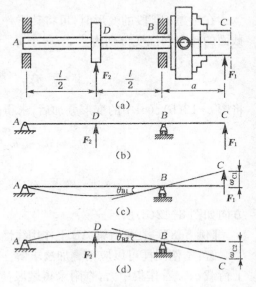

图 8-14

解:利用叠加原理,车床主轴(图 8-14(b))的弯曲变形应该是 F_1、F_2 单独作用下弯曲变形(图 8-14(c)、(d))的代数和。空心主轴的惯性矩为

$$I=\frac{\pi}{64}(D^4-d^4)=\frac{\pi}{64}(80^4-40^4)\times10^{-12}$$
$$=188\times10^{-8}(\text{m}^4)$$

其抗弯刚度为

$$EI=210\times10^9\times188\times10^{-8}=39.48\times10^4(\text{N}\cdot\text{m}^2)$$

当 F_1 单独作用时(图 8-14(c)),由附录 Ⅱ
得 C 端面的挠度和 B 截面的转角分别为

$$\omega_{C1}=\frac{F_1a^2}{3EI}(l+a)$$
$$=\frac{2\times10^3\times(100\times10^{-3})^2}{3\times39.48\times10^4}\times(400+100)\times10^{-3}$$
$$=8.44\times10^{-6}(\text{m})$$

$$\theta_{B1}=\frac{F_1al}{3EI}=\frac{2\times10^3\times100\times10^{-3}\times400\times10^{-3}}{3\times39.48\times10^4}$$
$$=0.675\times10^{-4}(\text{rad})(\text{逆时针})$$

当 F_2 单独作用时(图 8-14(d)),由附录 Ⅱ 得 B 截面的转角为

$$\theta_{B2}=\frac{F_2l^2}{16EI}=\frac{1\times10^3\times(400\times10^{-3})^2}{16\times39.48\times10^4}=2.53\times10^{-5}(\text{rad})(\text{顺时针})$$

由图 8-14(d)可知,F_2 作用下,BC 段上无弯曲变形;而且 θ_{B2} 又是一个很小的角度,因此,C 端面的挠度为

$$\omega_{C2}=\theta_{B2}a=2.53\times10^{-5}\times100\times10^{-3}=2.53\times10^{-6}(\text{m})(\downarrow)$$

于是，F_1，F_2同时作用下 C 端面的挠度和 B 截面的转角分别为

$$\omega_C = \omega_{C1} + \omega_{C2} = (-8.44 + 2.53) \times 10^{-6} = -5.91 \times 10^{-6} (\text{m})(\uparrow)$$

$$\theta_B = \theta_{B1} + \theta_{B2} = -0.675 \times 10^{-4} + 2.53 \times 10^{-5} = -0.422 \times 10^{-4} (\text{rad})(\text{逆时针})$$

主轴的许可挠度和许可转角为

$$[\omega_C] = \frac{l}{10^4} = \frac{400 \times 10^{-3}}{10^4} = 40 \times 10^{-6} (\text{m}), [\theta_B] = \frac{1}{10^3} = 10 \times 10^{-4} (\text{rad})$$

因为 $\omega_C < [\omega_C]$，$\theta_B < [\theta_B]$，所以主轴满足刚度条件。

8.4.2　提高梁刚度的措施

从附录Ⅱ列出的结果看到，梁的挠度和转角与梁的跨长、约束条件、抗弯刚度以及荷载施加方式有关。因此，可以从下列几个方面采取措施，提高梁的弯曲刚度。

1. 减小梁的长度

梁的长度 l 对弯曲变形影响最大。因为转角和挠度与跨度的二次方、三次方甚至四次方成正比，所以梁跨度的微小改变将引起弯曲变形的显著变化。因此缩短梁的长度是提高梁的弯曲刚度的重要措施。例如车床上的皮带轮、磨床上的砂轮（图 8-15）应尽量靠近支座，以缩短外伸臂的长度。

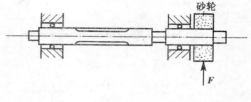

图 8-15

当梁的长度不能减小时，可以增加支承（约束）来提高梁的刚度。例如车细长零件时加尾顶尖支承（图 8-16）、镗深孔时在镗刀杆上装木垫块（图 8-17）都是增加梁的支承点。但采取这种措施后，原来的静定梁就变成为超静定梁。

图 8-16

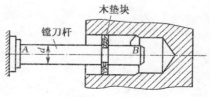

图 8-17

2. 增大抗弯刚度

抗弯刚度 EI 与梁的变形成反比。因此，增加抗弯刚度可以减小梁的变形。但注意到各种钢材（包括各种普遍碳素钢、优质合金钢）的弹性模量 E 的数值相差很小，故通过调换优质钢材来提高梁的抗弯刚度意义不大。因此，主要是增大截面的惯性矩来提高梁的抗弯刚度。即选用合理截面，尽可能以较小的截面面积取得较大的惯性矩。例如，自行车架由圆管焊接而成，不仅增加了车架的强度，也提高了车架的弯曲刚度；又如各种机床的床身、立柱（图 8-18）多采用空心薄壁截面等。

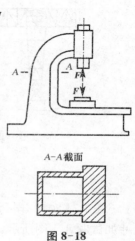

A—A截面

图 8-18

3. 调整加载方式

通过调整加载方式、改善结构设计来降低梁弯矩值的同时也可提高梁的弯曲刚度。例如图 8-19(a)所示的跨中受集中力作用的简支梁，将集中力改为分散在两处或均布在全梁施加可提高梁的强度，并可减小变形(图 8-19(b)、(c))。移动支座位置也将对梁的强度和刚度产生影响。将简支梁的支座互相靠近至适当位置(图 8-19(d))可使梁的变形明显减小。例如工程上常见的高压容器或龙门吊车大梁的支承(图 8-20)就采用类似措施，以提高其抗弯刚度。

此外，在设计制造时，针对具体情况还会采取一些其他措施来满足弯曲构件的刚度要求。例如对容易产生向下挠度的受弯构件采用预加反挠度的方法，如图 8-21 所示的天车梁，一般在制造时要求有上拱度 $\omega = \dfrac{l}{700} \sim \dfrac{l}{500}$。

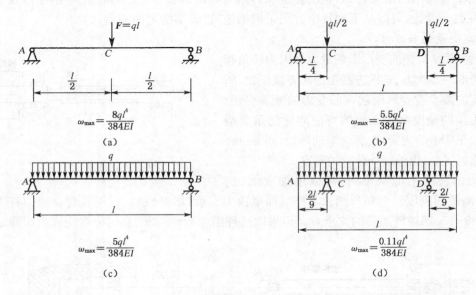

图 8-19

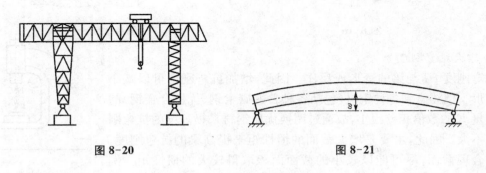

图 8-20   图 8-21

模拟试题

8.1 【2011 年一级注册结构工程师真题】两根矩形截面悬臂梁，弹性模量均为 E，截面尺寸如试题 8.1 图所示，两梁的荷载均在自由端的集中力偶作用。已知两梁的最大挠度相同，则

集中力偶 M_{e2} 是 M_{e1} 的（　　）。

（悬臂梁自由端受到集中力偶 M 作用，自由端挠度：$\dfrac{Ml^2}{2EI}$）

A. 8 倍　　　　　　　B. 4 倍　　　　　　　C. 2 倍　　　　　　　D. 1 倍

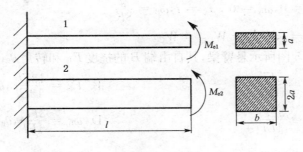

试题 8.1 图

8.2 【2010 年一级注册结构工程师真题】已知悬臂梁自由端承受集中力偶 M_e 作用，若梁的长度减小一半，则最大挠度是原来的（　　）。

（悬臂梁自由端受到集中力偶 M 作用，自由端挠度：$\dfrac{Ml^2}{2EI}$）

A. 1/2　　　　　　　B. 1/4　　　　　　　C. 1/8　　　　　　　D. 1/16

8.3 如试题 8.3 图所示静定梁，其挠曲线方程的段数及积分常数为（　　）。

A. 挠曲线方程分为两段，两个积分常数

B. 挠曲线方程分为两段，四个积分常数

C. 挠曲线方程分为三段，四个积分常数

D. 挠曲线方程分为三段，六个积分常数

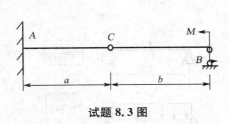

试题 8.3 图

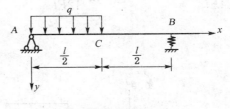

试题 8.4 图

8.4 如试题 8.4 图所示简支梁中支座 B 的弹簧刚度为 K（N/m），该梁的边界条件和连续条件是（　　）。

A. 边界条件：$x_1 = 0, \omega_A = 0$；$x_2 = l, \omega_B = \dfrac{ql}{4K}$

连续条件：$x_1 = x_2 = \dfrac{l}{2}, \theta_{C1} = \theta_{C2} = \theta_C, W_{C左} = W_{C右} = W_C$

B. 边界条件：$x_1 = 0, \omega_A = 0$；$x_2 = l, \omega_B = \dfrac{ql}{8K}$

连续条件：$x_1 = x_2 = \dfrac{l}{2}, \theta_{C1} = \theta_{C2} = \theta_C, W_{C左} = W_{C右} = W_C$

C. 边界条件：$x_1 = 0$，$\omega_A = 0$；$x_2 = l$，$\omega_B = \dfrac{ql}{4K}$

　　连续条件：$x_1 = x_2 = \dfrac{l}{2}$，$\theta_{C1} = \theta_{C2} = \theta_C$

D. 边界条件：$x_1 = 0$，$\omega_A = 0$；$x_2 = l$，$\omega_B = \dfrac{ql}{8K}$

　　连续条件：$x_2 = l$，$W_{C左} = W_{C右} = W_C$

8.5　如图试题 8.5 图所示悬臂梁，其自由端 B 的挠度 F_B 和转角 θ_B 为(　　)。

A. $F_B = \dfrac{4Fl^3}{3EI}$，$\theta_B = \dfrac{5Fl^2}{4EI}$　　　　　　　　B. $F_B = \dfrac{13Fl^2}{12EI}$，$\theta_B = \dfrac{5Fl^2}{4EI}$

C. $F_B = \dfrac{7Fl^3}{6EI}$，$\theta_B = \dfrac{3Fl^2}{4EI}$　　　　　　　　D. $\omega_B = \dfrac{3Fl^3}{4EI}$，$\theta_B = \dfrac{Fl^2}{2EI}$

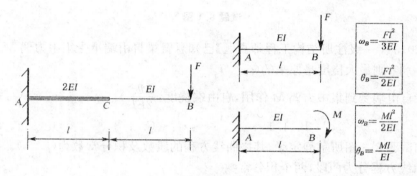

试题 8.5 图

8.6　如试题 8.6 图所示外伸梁，其 C 点的转角 θ_C 为(　　)。

A. $\dfrac{5qa^3}{24EI}$　　　　　　B. $\dfrac{5qa^3}{12EI}$　　　　　　C. $\dfrac{7qa^3}{24EI}$　　　　　　D. $\dfrac{7qa^3}{12EI}$

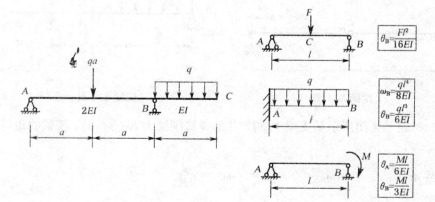

试题 8.6 图

8.7　如试题 8.7 图所示悬臂梁，抗弯刚度为 EI，求 A 点的挠度 ω_A 为(　　)。

A. $\dfrac{7Fa^3}{2EI}$　　　　　　B. $\dfrac{5Fa^3}{2EI}$　　　　　　C. $\dfrac{7Fa^3}{4EI}$　　　　　　D. $\dfrac{3Fa^3}{4EI}$

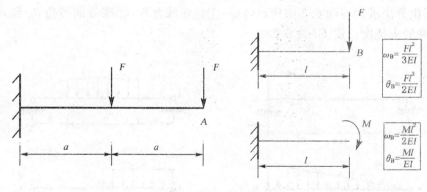

试题 8.7 图

8.8 【2010 年一级注册结构工程师真题】如试题 8.8 图所示,悬臂梁 AB 由两根相同的矩形截面梁胶合而成。若胶合面完全开裂,开裂后两根梁的弯曲变形相同,接触面之间无摩擦,则开裂后梁的最大挠度是原来的(   )。

A. 两者相同   B. 2 倍   C. 4 倍   D. 8 倍

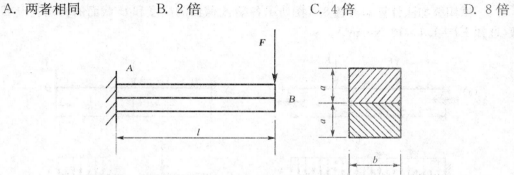

试题 8.8 图

习 题

8.1 用积分法求如习题 8.1 图所示各梁:①挠曲线方程;②自由端的挠度和转角。设 EI 为常数。

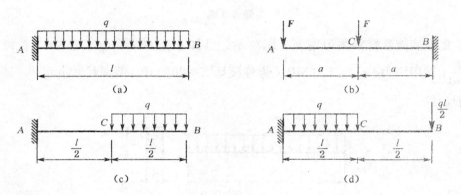

习题 8.1 图

8.2 用积分法求如习题 8.2 图所示各梁：①挠曲线方程；②端截面转角 θ_A 和 θ_B；③跨度中点的挠度和最大挠度。设 EI 为常数。

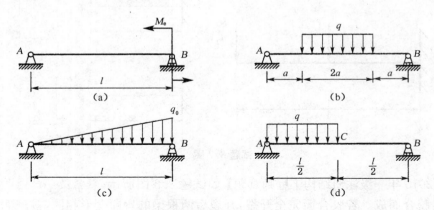

习题 8.2 图

8.3 试用叠加法计算如习题 8.3 图所示各梁 A 截面的挠度和 B 截面的转角。设 EI 为常数（已知 $EI=1.4\times10^7\text{N}\cdot\text{m}^2$）。

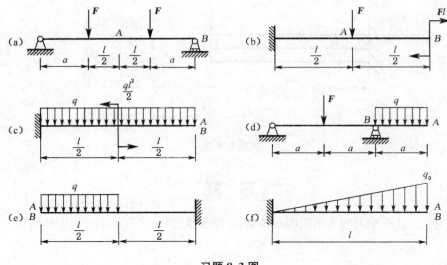

习题 8.3 图

8.4 矩形截面悬臂梁如习题 8.4 图所示。已知 $q=10\text{ kN/m}, l=3\text{ m}$。若许可挠度 $[\omega]=\dfrac{l}{250}$，许用应力 $[\sigma]=120\text{ MPa}$，弹性模量 $E=200\text{ GPa}$，截面尺寸 $h=2b$。试设计矩形截面的尺寸。

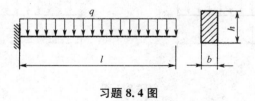

习题 8.4 图

8.5 一跨度 $l=4$ m 的简支梁（习题 8.5 图），承受集度 $q=10$ kN/m 的均布荷载和 $F=20$ kN 的集中力作用。该梁由两槽钢制成，设材料的弹性模量 $E=210$ GPa，许用应力 $[\sigma]=160$ MPa，梁的许用挠度 $[\omega]=\dfrac{l}{400}$，试选择槽钢型号，并校核其刚度。

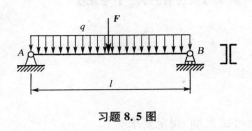

习题 8.5 图

8.6 试按叠加原理并利用附录 Ⅱ 求梁 A 点的挠度。

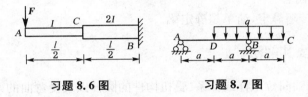

习题 8.6 图　　　　　　　习题 8.7 图

8.7 试按叠加原理并利用附录 Ⅱ 求解习题 8.7 图中的 ω_c。

8.8 试按叠加原理求如习题 8.8 图所示平面折杆自由端截面 C 的铅垂位移和水平位移。已知杆各段的横截面面积均为 A，弯曲刚度均为 EI。

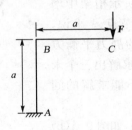

习题 8.8 图

9 简单的超静定问题

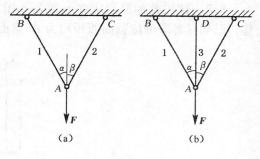

本章学习导引

一、一级注册结构工程师《考试大纲》规定要求

　　简单一次超静定问题。

二、重点掌握和理解内容

　　拉压超静定，扭转超静定，简单超静定梁。

9.1 超静定问题及其解法

　　在以前所讨论的轴向拉压杆或杆系、受扭构件的圆杆以及受弯曲的梁，其约束反力或构件的内力均可由静力平衡方程求解，如图 9-1(a) 所示桁架，这类问题称为**静定问题**。

　　在工程实际中经常遇到另一类情况，有时为减小构件内的应力或变形（位移），往往采用更多的构件或支座。例如在图 9-1(a) 所示桁架中增加一个杆件 AD（图 9-1(b)），对于节点 A 来说，由于平面汇交力系仅有两个独立的静力平衡方程，显然，仅由两个平衡方程不可能求解出三个未知轴力。这类仅靠静力平衡方程不能求解的问题，称为**超静定问题**。

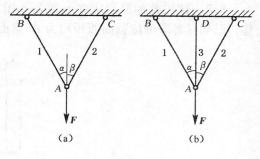

图 9-1

　　在静定结构上附加的杆件或支座，如图 9-1(b) 中杆 AD，习惯上将其称为"**多余**"约束，这种"多余"只是对保证结构的平衡与几何不变性而言的，对于提高结构的强度、刚度则是需要的。与多余约束相对应的内力或支反力，习惯上称为**多余未知力**。由于多余约束的存在，未知力的数目必然多于独立的静力平衡方程的数目，两者之差值称为**超静定次数**。因此，静定的次数就等于多余约束的个数。如图 9-1(b) 所示为一次超静定。

　　为求解超静定问题，必须建立与未知力个数相等的平衡方程。因此，除了建立静力平衡方程外，还必须建立补充方程，且补充方程的个数要与超静定的次数相同。能否建立起补充方程，又如何建立补充方程，这是求解超静定问题的关键。由于多余约束的存在，杆件（或结构）的变形受到了多于静定结构的附加限制，称为**变形协调条件**。于是，根据变形协调条件，可建立附加的变形协调方程。另外，由于变形（或位移）与力（或其他产生变形的因素）间具有一定的物理关系，将物理关系代入变形协调方程，即可得到补充方程。将静力平衡方程与补充方程联立求解，即可解出全部未知力。这就是综合运用变形协调条件、物理关系及静力学平衡条件

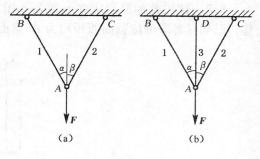

三方面,求解超静定问题的方法。实际上,材料力学的许多基本理论也正是从这三方面进行综合分析后建立的。

9.2 拉压超静定问题

9.2.1 拉压超静定问题解法

【例9-1】 如图9-2(a)所示为两端固定的杆,在 C、D 两截面处有一对力 F 作用,杆的横截面面积为 A,弹性模量为 E,求 A、B 处的支座约束力,并作轴力图。

解:取 AB 杆为研究对象,设 A、B 处的约束力为压力,如图9-2(b)所示,由平衡方程

$$\sum_{i=1}^{n} F_{ir} = 0, \quad F_A - F + F - F_B = 0$$

得

$$F_A = F_B \tag{a}$$

式(a)中,只知道两个未知约束力相等,不能解出具体值,故还需要列一个补充方程。

显然,杆件各段变形后,由于约束的限制,总长度保持不变,故变形协调条件为

$$\Delta l_{AC} + \Delta l_{CD} + \Delta l_{DB} = 0 \tag{b}$$

根据胡克定律,得到 $\Delta l_{AC} = -\dfrac{F_A l}{EA}$,$\Delta l_{CD} = \dfrac{(F - F_A)l}{EA}$,

$\Delta l_{DB} = -\dfrac{F_B l}{EA}$ 代入式(b) 得到变形的几何方程为

$$-\frac{F_A l}{EA} + \frac{(F - F_A)l}{EA} - \frac{F_B l}{EA} = 0$$

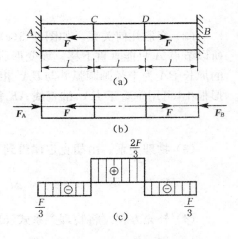

图9-2 例9-1图

整理后得 $\qquad 2F_A + F_B = F \qquad\qquad$ (c)

将式(a)代入式(c),可解得

$$F_A = F_B = \frac{F}{3}$$

作出杆的轴力图,如图9-2(c)所示。

【例9-2】 如图9-3(a)所示结构中,已知杆1、杆2和杆3的抗拉刚度均为 EA,角 $\alpha = 30°$,重物 $G = 38$ kN,试求各杆所受的拉力。

解:(1) 列平衡方程。在重力 G 作用下,三根杆均被拉长,故可设三杆均受拉力,节点 A 的受力图如图9-3(b)所示,列平衡方程

$$\sum_{i=1}^{n} F_{ir} = 0, \quad -F_{N1}\sin\alpha + F_{N2}\sin\alpha = 0$$

$$\sum_{i=1}^{n} F_{iy} = 0, F_{N1}\cos\alpha + F_{N2}\cos\alpha + F_{N3} - G = 0$$

整理得到

$$\begin{cases} F_{N1} = F_{N2} \\ \sqrt{3}F_{N1} + F_{N3} - G = 0 \end{cases} \tag{a}$$

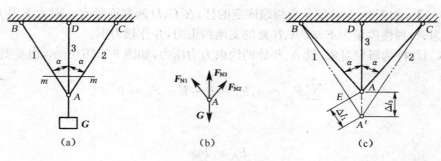

图 9-3　例 9-2 图

（2）变形几何关系。如图 9-3(c) 所示，由于结构左右对称，杆 1 与杆 2 的抗拉刚度相同，所以节点 A 只能垂直下移。设变形后各杆汇交于 A' 点，则 $AA' = \Delta l_3$。以 B 点为圆心，杆 1 的原长 BA 为半径画圆弧并与 BA' 相交，BA' 在圆弧以外的线段即为杆 1 的伸长 Δl_1，由于变形很小，可用垂直于 BA' 的直线 AE 代替上述弧线，且仍可以认为 $\angle BA'D = \alpha = 30°$。于是

$$\Delta l_1 = \Delta l_3 \cos\alpha \tag{b}$$

（3）物理关系。由胡克定律得到

$$\Delta l_1 = \frac{F_{N1}l_1}{EA}, \Delta l_3 = \frac{F_{N3}l_3}{EA} \tag{c}$$

（4）补充方程。将物理关系式(c)代入几何方程(b)，得到解该超静定问题的补充方程

$$\frac{F_{N1}l_1}{EA} = \frac{F_{N3}l_3}{EA}\cos\alpha$$

将 $l_3 = l_1\cos\alpha$ 代入上式，整理得到 $F_{N1} = F_{N3}\cos^2\alpha$，即

$$F_{N1} = 0.75F_{N3} \tag{d}$$

（5）求解各杆轴力。联立求解补充方程(d)和平衡方程(a)，可得

$$F_{N3} = \frac{G}{\sqrt{3} \times 0.75 + 1} = 16.5 \text{ kN}$$

$$F_{N1} = F_{N2} = 12.4 \text{ kN}$$

【例 9-3】　如图 9-4 所示结构，杆 1、2 的弹性模量均为 E，横截面面积均为 A，梁 BD 为刚体，荷载 $F = 50$ kN，许用拉应力 $[\sigma_t] = 160$ MPa，许用压应力 $[\sigma_c] = 120$ MPa。试确定各杆的横截面面积。

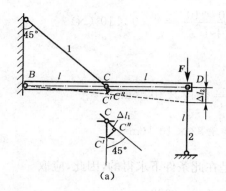
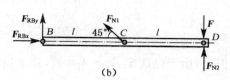

图 9-4

解：（1）静力学方面

以刚体 BD 作为研究对象，分析其受力情况（图 9-4(b)），平衡方程为

$$\sum M_B = 0, \quad F_{N1}\sin45° \cdot l + F_{N2} \cdot 2l - F \cdot 2l = 0$$

即

$$F_{N1} + 2\sqrt{2}F_{N2} - 2\sqrt{2}F = 0 \qquad\qquad (a)$$

本例中，因只需求轴力 F_{N1} 与 F_{N2}，而另外两个平衡方程（$\sum F_x = 0$，$\sum F_y = 0$）将包括未知反力 F_{Bx} 与 F_{By}，故可不必列出。

一个平衡方程中有两个未知力，故为一次超静定问题。

（2）建立补充方程

由变形图可以看出

$$\Delta l_2 = 2\,\overline{CC'} = 2\sqrt{2}\Delta l_1$$

即变形协调条件为

$$\Delta l_2 = 2\sqrt{2}\Delta l_1 \qquad\qquad (b)$$

根据胡克定律得

$$\Delta l_1 = \frac{F_{N1}l_1}{EA} = \frac{\sqrt{2}F_{N1}l}{EA}$$

$$\Delta l_2 = \frac{F_{N2}l_2}{EA} = \frac{F_{N2}l}{EA}$$

将上述关系代入式(b)，得补充方程为

$$F_{N2} = 4F_{N1} \qquad\qquad (c)$$

（3）截面设计

联立求解式(a)和式(c)，得

$$F_{N2} = 4F_{N1} = \frac{8\sqrt{2}F}{8\sqrt{2}+1} = \frac{8\sqrt{2}\times 50\times 10^3}{8\sqrt{2}+1} = 4.59\times 10^4 (\text{N})$$

由此得杆 1 与杆 2 所需横截面面积分别为

$$A_1 \geqslant \frac{F_{N1}}{[\sigma_t]} = \frac{4.59\times 10^4}{4\times 160\times 10^6} = 7.17\times 10^{-5}(\text{m}^2)$$

$$A_2 \geqslant \frac{F_{N2}}{[\sigma_c]} = \frac{4.59\times 10^4}{120\times 10^6} = 3.83\times 10^{-4}(\text{m}^2)$$

但是,由于已选定 $A_1 = A_2 = A$,且上述轴力正是在此条件下求得的,因此,应取

$$A_1 = A_2 = A = 3.83\times 10^{-4}\text{m}^2 = 383\ \text{mm}^2$$

否则,各杆轴力及应力将随之改变。

综合上述各例题,需注意以下两点:

(1) 在画受力图与变形图时,应使受力图中的拉力或压力分别与变形图中的伸长或缩短一一对应。

(2) 与静定结构相比,在超静定杆系结构中,各杆的内力分配不仅与荷载和结构的形状有关,而且与各杆之间的相对刚度比有关。一般来说,杆的刚度越大,分配到的内力越大。

9.2.2 温度应力和装配应力

1. 温度应力

工程实际中,结构物或其部分杆件往往会遇到温度变化(如工作条件中的温度改变或季节的更替),而温度变化必将引起构件的热胀或冷缩。若杆件原长为 l,材料的线胀系数为 α_l,当温度改变 ΔT 时,杆件长度的改变量为

$$\Delta L_T = \alpha_l \cdot \Delta T \cdot l \qquad (9-1)$$

对于静定结构,由于结构各部分可以自由变形,当温度均匀变化时,并不会引起构件的内力。如图 9-5(a)所示一端固定、一端自由的等截面直杆,若不计杆的自重,当温度升高时,杆件将自由膨胀,杆内没有应力。但对于超静定结构,由于多余约束的存在,杆件由于温度变化所引起的变形将受到限制,从而在杆中将产生内力,这种内力称为**温度内力**。与之相应的应力则称为**温度应力**。如图 9-5(b)所示两端固定杆件,由于温度变化引起的杆件的伸缩受到两端约束的限制,杆内即会引起温度内力,进而产生温度应力。由于支反力不能只用静力平衡方程求得,所以这仍是超静定问题。因此计算温度应力的关键同样是要根据问题的变形协调条件列出变形协调方程。与前面不同的是,杆件的变形包括两部分,即由温度变化所引起的变形,以及与温度内力相应的弹性变形。

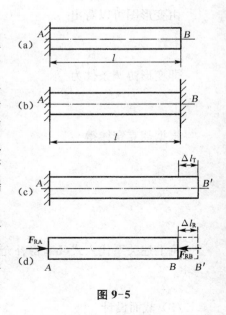

图 9-5

【例 9-4】 如图 9-5(b)所示等直杆 AB 的两端分别与刚性支承连接,设两支承间的距离

（即杆长）为 l，杆的横截面面积为 A，材料的弹性模量为 E，线胀系数为 α_1，试求温度升高 ΔT 时，杆内的温度应力。

解：设刚性支承对杆的支反力为 F_{RA} 和 F_{RB}，则静力平衡方程为

$$F_{RA} = F_{RB}$$

一个方程，两个未知力，故为一次超静定问题。

由于杆两端的支承是刚性的，故与这一约束情况相适应的变形协调条件是杆的总长度不变，即

$$\Delta l = 0$$

设想将杆的右端支座解除，则杆将自由膨胀 Δl_T，见图 9-5(c)，但由于支反力 F_{RB} 的作用，又将杆右端压回到原来的位置，即把杆压短了 Δl_R，如图 9-5(d)所示，则变形协调方程为

$$\Delta l = \Delta l_T - \Delta l_R = 0$$

式中 Δl_T，和 Δl_R 均 取绝对值。

由胡克定律和热膨胀规律得到物理方程为

$$\Delta l_T = \alpha_1 \cdot \Delta T \cdot l$$

$$\Delta l_R = \frac{F_{RB}l}{EA}$$

由此求得

$$F_{RA} = F_{RB} = \alpha_1 \cdot EA \cdot \Delta T$$

于是，杆内各横截面上的温度内力

$$F_N = F_{RA} = \alpha_1 \cdot EA \cdot \Delta T$$

温度应力为

$$\sigma = \frac{F_N}{A} = \alpha_1 \cdot E \cdot \Delta T$$

由于假设杆的支反力为压力，所以温度应力为压应力。

若杆的材料为碳钢，$\alpha_1 = 12.5 \times 10^{-6}/℃$，$E = 200\,GPa$ 当温度升高 $\Delta T = 1℃$时，杆内的温度应力为

$$\sigma = 12.5 \times 10^{-6} \times 200 \times 10^3 \times 1 = 2.5(MPa)$$

计算表明，当温度升高时，所产生的温度应力就非常可观。因此对于超静定结构，温度应力是一个不容忽视的因素。工程中，常采用一些措施来减少和预防温度应力的产生。如火车钢轨对接时，两段钢轨间要预先留有适当的空隙；钢桥桁架一端采用活动铰链支座；以及蒸汽管道中利用伸缩节（图 9-6）。如果忽视了温度变化的影响，将会导致破坏或妨碍结构物的正常工作。

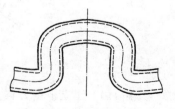

图 9-6

2. 装配应力

加工制造杆件时,其尺寸不可避免地存在微小误差。在静定问题中,这种微小的加工误差只会使结构的几何形状发生微小的变化,而不会在杆中引起附加的内力。但在超静定问题中,由于有了多余约束,必将产生附加的内力,这种由尺寸的微小误差造成杆件在装配时产生的附加内力称为装配内力,而与之相应的应力则称为装配应力。如图9-7(a)所示静定结构中若杆1比原设计长度 l 短 $\delta(\delta \ll L)$,装配后结构形状如虚线所示,在无荷载作用时,杆1和杆2均无应力产生。但对图9-7(b)所示超静定结构,若杆3比原设计长度 l 短 $\delta(\delta \ll l)$,则必须把杆3拉长,同时将杆1、2压短,才能使三杆装配在一起(如图中虚线所示)。这样,虽未受到外荷载作用,但各杆中已有装配应力存在。

由于装配应力是杆在外荷载作用之前已经具有的应力,因此称其为初应力。工程上,装配应力的存在常常是不利的,但有时有意识地利用装配应力以提高结构的承载能力,如在机械制造中的紧配合和土木结构中的预应力钢筋混凝土等。计算装配应力的关键仍然是根据变形协调条件列出变形协调方程。

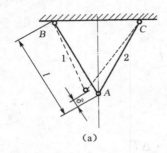
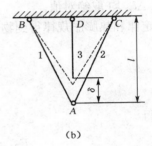

图 9-7

【例9-5】 如图9-8(a)所示桁架,杆3的实际长度比设计长度 l 稍短,制造误差为 δ,试分析装配后各杆的轴力。已知杆1与杆2截面的抗拉(压)刚度均为 E_1A_1,杆3截面的抗拉(压)刚度均为 E_3A_3。

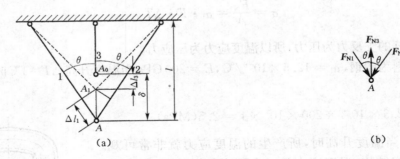
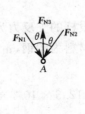

图 9-8

解:(1) 建立平衡方程

装配后,各杆位于图示虚线位置。杆3伸长,即受拉力;杆1与杆2缩短,即受压力。

节点 A 的受力如图9-8(b)所示,轴力 F_{N1}、F_{N2} 与 F_{N3} 组成一平衡力系,其平衡方程为

$$\sum F_x = 0, \quad F_{N1}\sin\theta - F_{N2}\sin\theta = 0 \tag{a}$$

$$\sum F_y = 0, \quad F_{N3} - F_{N1}\cos\theta - F_{N2}\cos\theta = 0 \tag{b}$$

由式(a)可知

$$F_{N1} = F_{N2}$$

将上式代入式(b),得

$$F_{N3} - 2F_{N1}\cos\theta = 0 \tag{c}$$

(2)建立补充方程

从变形图中可以看出,变形协调方程为

$$\Delta l_3 + \frac{\Delta l_1}{\cos\theta} = \delta$$

利用胡克定律,得补充方程为

$$\frac{F_{N3}l}{E_3 A_3} + \frac{F_{N1}l}{E_1 A_1 \cos^2\theta} = \delta$$

(3)轴力计算

联立求解平衡方程(c)与补充方程(d),各杆轴力分别为

$$F_{N1} = F_{N2} = \frac{\delta}{l}\frac{E_1 A_1 \cos^2\theta}{1 + \dfrac{2E_1 A_1}{E_3 A_3}\cos^3\theta}$$

$$F_{N3} = \frac{\delta}{l}\frac{2E_1 A_1 \cos^3\theta}{1 + \dfrac{2E_1 A_1}{E_3 A_3}\cos^3\theta}$$

从所得结果可以看出,制造不准确所引起的各杆轴力与误差 δ 成正比,并与抗拉(压)刚度有关。

上述温度应力和装配应力的求解都是建立在胡克定律的基础上,因此,只有当材料在线弹性范围内工作时,所得结果才是正确的。

9.3 扭转超静定问题

【例 9-6】 如图 9-9(a)所示圆截面轴 AB,两端固定。在横截面 C 处承受矩为 M 的扭力偶作用,试求轴两端的支反力偶矩。设扭转刚度 GI_p 为常数。

解:(1)问题分析

设 A 与 B 端的支反力偶矩分别为 M_A 与 M_B(图 9-9(b)),则轴的平衡方程为

$$\sum M_x = 0, M_A + M_B - M = 0 \tag{a}$$

在上述方程中,包括两个未知力偶矩,故为一度静

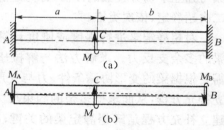

图 9-9

不定,需要建立一个补充方程才能求解。

（2）建立补充方程

根据轴两端的约束条件可知,横截面 A 与 B 间的相对转角即扭转角 φ_{AB} 为零,所以,轴的变形协调条件为

$$\varphi_{AB} = \varphi_{AC} + \varphi_{CB} = 0 \tag{b}$$

式中,φ_{AC} 与 φ_{CB} 分别代表 AC 与 CB 段的扭转角。

AC 与 CB 段的扭矩分别为

$$T_1 = -M_A$$
$$T_2 = M_B$$

得相应扭转角分别为

$$\varphi_{AC} = \frac{T_1 a}{GI_p} = -\frac{M_A a}{GI_p}$$
$$\varphi_{CB} = \frac{T_2 b}{GI_p} = \frac{M_B b}{GI_p}$$

将上述关系式代入式(b),即得变形补充方程为

$$-M_A a + M_B b = 0 \tag{c}$$

（3）计算支反力偶矩

联立求解平衡(a)与补充方程(c),于是得

$$M_A = \frac{Mb}{a+b}$$
$$M_B = \frac{Ma}{a+b}$$

9.4　简单超静定梁

前面讨论的梁都是静定梁,这种梁的支座反力只需静力平衡方程即可求得。有时为了提高梁的刚度和强度,需要增加梁的约束(支座),例如,在简支梁中点加个支座(图9-10),由于增加了支座,相应地增加了约束反力的数目,从而使未知约束反力数目超过独立的静力平衡方程数目。因此,只用平衡方程就无法解出全部约束反力,这种梁称为**超静定梁**。梁的未知反力数与独立平衡方程数的差值,称为超静定次数。其差值为一,称为一次超静定;差值为二,称为二次超静定,依次类推。

对超静定梁进行强度或刚度计算时,首先必须求出梁的多余支反力。求解方法与解拉压超静定问题类似,需要根据梁的变形协调条件、力与变形间的物理关系,建立补充方程,从而求得多余的约束反力。在求解过程中,建立补充方程是解超静定梁的关键,本节采用变形比较法建立补充方程。

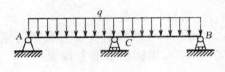

图 9-10

如图 9-11(a)所示等截面梁,承受均布荷载 q 作用。梁的左端固定,有 3 个未知反力(包括轴向反力),梁的右端为可动铰支座,有一个未知反力,共计 4 个未知反力。但平衡方程只有 3 个,所以为一次超静定问题。解题时首先解除多余约束,如选支座 B 为多余约束,将它去掉后,使超静定梁变为静定梁。这种静定梁称为**原超静定梁的静定基本系统**,如图 9-11(b)所示。在静定基上,除了承受原有荷载 q 外,还必须加上多余支反力 F_{By} 以代替去掉的多余约束,如图 9-11(c)所示,该图应与原超静定梁相当,称为**相当系统**。

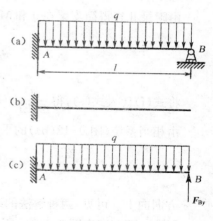

图 9-11

将相当系统与原超静定梁的变形进行比较,两者的变形应该是相同的。亦即相当系统在多余约束处的变形应该与原梁相同。因此,在图 9-11(c)中,B 端面的挠度应为零。若 B 端面在 q 作用下的挠度为 ω_{Bq},在 F_{By} 作用下的挠度为 ω_{BF},则必须满足:

$$\omega_B = \omega_{Bq} + \omega_{BF} = 0 \tag{a}$$

式(a)即为变形协调条件。

然后找出力与变形之间的物理关系。由附录Ⅱ查得 q 和 F_{By} 单独作用下,B 端面的挠度分别为

$$\omega_{Bq} = \frac{ql^4}{8EI}(\downarrow) \tag{b}$$

$$\omega_{BF} = -\frac{F_{By}l^3}{3EI} \quad (\uparrow) \tag{c}$$

将(b)、(c)两式代入式(a),得

$$\frac{ql^4}{8EI} - \frac{F_{By}l^3}{3EI} = 0 \tag{d}$$

式(d)即为补充方程,由此解得多余支反力 $F_{By} = \frac{3ql}{8}$。

多余支反力 F_{By} 确定之后,梁的强度和刚度计算方法与静定梁相同。上述求解简单超静定梁的方法,称为变形比较法。

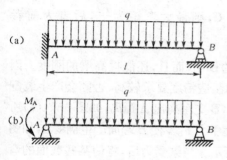

图 9-12

解超静定梁时,选取哪个约束为多余约束,可以根据解题的方便而定。若选取的多余约束不同,相应的静定基及其变形协调条件也随之而异。例如,上述超静定梁,也可以选取 A 端面的转动约束作为多余约束,则静定基为一简支梁,多余约束反力为 A 端面的反力偶矩 M_A,如图 9-12(b)所示。这时的变形协调条件应为 A 端面的转角为零,即

$$\theta_A = \theta_{Aq} + \theta_{AM} = 0 \tag{e}$$

由附录Ⅱ查得简支梁在 q 和 M_A 单独作用下，A 截面的转角分别为

$$\theta_{Aq} = \frac{ql^3}{24EI}, \theta_{AM} = -\frac{M_A l}{3EI} \tag{f}$$

将式(f)代入式(e)，得 $\frac{ql^3}{24EI} - \frac{M_A l}{3EI} = 0$。故 $M_A = \frac{ql^2}{8}$。

由相当系统(图 9-12(b))的平衡方程，不难求得 A、B 两支座的反力分别为

$$F_{Ay} = \frac{5ql}{8}, F_{By} = \frac{3ql}{8}$$

方向向上。可见，两种解法的结果相同。

【例 9-7】 试作图 9-13(a)所示三支点梁的弯矩图。

解：三支点梁为一次超静定问题，选择 C 点的支座为多余约束，F_{Cy} 为多余约束反力，相当系统如图 9-13(b)所示。这样，变形协调条件应为 C 点的挠度等于零，即

$$\omega_C = \omega_{CF} + \omega_{CF_{Cy}} = 0 \tag{a}$$

由附录Ⅱ查得，在两个 F 力作用下，C 点的挠度为

$$\omega_{CF} = 2 \times \frac{F \times \frac{l}{4}}{48EI} \left[3l^2 - 4 \times \left(\frac{l}{4} \right)^2 \right] = \frac{11Fl^3}{384EI} (\downarrow) \tag{b}$$

在 F_{Cy} 作用 C 点的挠度为

$$\omega_{CF_{Cy}} = -\frac{F_{Cy} l^3}{48EI} (\uparrow) \tag{c}$$

将(b)、(c)两式代入式(a)，得 $\frac{11Fl^3}{384EI} - \frac{F_{Cy} l^3}{48EI} = 0$。则 $F_{Cy} = \frac{11}{8}F$，方向向上。由于梁和荷载对 C 截面是对称的，所以 A、B 两支座的反力相等，即

$$F_{Ay} = F_{By} = \frac{1}{2}(2F - F_{Cy}) = \frac{5}{16}F$$

方向如图 9-13(b)所示。求出支反力后，如静定梁一样，作出弯矩图，如图 9-13(c)所示。绝对值最大的弯矩值为 $\frac{3Fl}{32}$。如果没有中间支座 C，则最大弯矩为 $\frac{Fl}{4}$，后者为前者的2.7倍。

可见，增加梁的支座能减小梁的弯矩，起到提高强度的作用，而且，还能提高梁的刚度。因此，工程中常采用超静定梁。但是，超静定梁对装配技术和制造精度要求较高，否则会产生装配应力。例如，上述三支点梁，如果 3 个支座不在同一直线上，B 支座高出 Δ 距离，如图 9-14(a)所示。这样的梁装配后，相当于外伸梁 AC 在 B 端面作用一集中力 F_{By}，使 B 端面产生挠度 Δ，如图 9-14(b)所示。梁内由于装配而产生的弯矩如图 9-14(c)所示。当梁受力后，将使某些截面的弯矩比正常情况下的弯矩更大，这是应该尽量避免的。

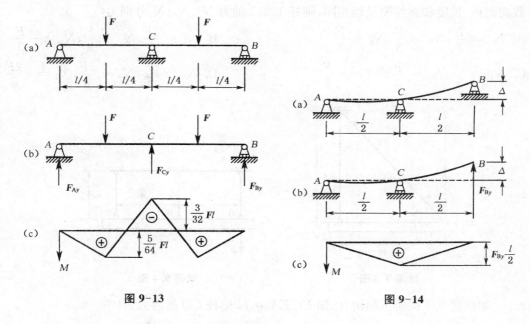

图 9-13

图 9-14

模拟试题

9.1 如试题 9.1 图所示结构中，AB 为刚性梁，拉杆 1、2、3 的长度相等，抗拉强度 $EA_1 = EA_2 < EA_3$，则主杆轴力的关系为（　　）。

A. $N_1 = N_2 < N_3$ 　　　　　　　　　　B. $N_1 = N_2 = N_3$

C. $N_1 = N_2 > N_3$ 　　　　　　　　　　D. 以上均不对

9.2 如试题 9.2 图所示结构中，AB 为刚性梁，Δl_1，Δl_2 分别代表杆 1、杆 2 的变形量，则杆 1 和杆 2 的变形协调条件是（　　）。

A. $\Delta l_1 \sin\alpha = 2\Delta l_2 \sin\beta$ 　　　　　　B. $\Delta l_1 \sin\beta = 2\Delta l_2 \sin\alpha$

C. $\Delta l_1 \cos\alpha = 2\Delta l_2 \cos\beta$ 　　　　　　D. $\Delta l_1 \cos\beta = 2\Delta l_2 \cos\alpha$

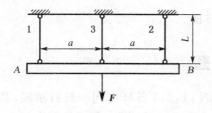

试题 9.1 图

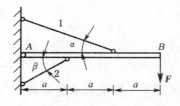

试题 9.2 图

9.3 如试题 9.3 图所示结构，如 N_1、N_2、N_3 分别代表杆 1、2、3 的轴力，Δl_1、Δl_2、Δl_3 分别代表杆 1、2、3 的变形量，ΔA_x、ΔA_y 表示点 A 的水平位移和竖直位移，则（　　）。

A. $\Delta l_2 = 0, \Delta A_x = \Delta l_1, \Delta A_y = 0$ 　　　　　B. $\Delta A_x = 0, \Delta A_y = \Delta l_1$

C. $\Delta l_2 = 0, \Delta A_x = \dfrac{Fl}{2EA}$ 　　　　　　　D. $\Delta A_x \neq 0, \Delta A_y = \dfrac{\sqrt{2}Fl}{EA}$

9.4 如试题 9.4 图所示平行杆系 1、2、3 悬吊刚性梁 AB，再梁上作用着荷载 F，杆 1、2、3

的横截面面积、长度和弹性模量均相同,则杆 1、2、3 轴力 N_1、N_2、N_3 分别为( )。

A. $N_1 = \dfrac{F}{3}, N_2 = \dfrac{F}{3}, N_3 = \dfrac{F}{3}$

B. $N_1 = \dfrac{5F}{6}, N_2 = \dfrac{F}{3}, N_3 = -\dfrac{F}{3}$

C. $N_1 = \dfrac{5F}{6}, N_2 = \dfrac{F}{3}, N_3 = -\dfrac{F}{6}$

D. $N_1 = \dfrac{5F}{6}, N_2 = \dfrac{2F}{3}, N_3 = -\dfrac{2F}{3}$

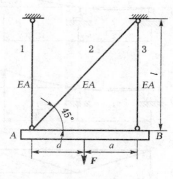

试题 9.3 图

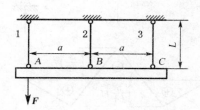

试题 9.4 图

9.5 如试题 9.5 图所示结构,已知 EI、EA、q、l,则杆 CD 的内力为( )。

A. $\dfrac{5ql^3}{8l^2 + 384I/A}$

B. $\dfrac{5ql^3}{8l^2 - 384I/A}$

C. $\dfrac{5ql^3}{8l^2 + 192I/A}$

D. $\dfrac{5ql^3}{8l^2 - 192I/A}$

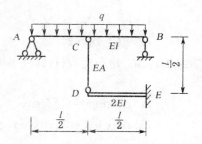

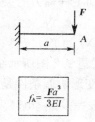

$$f_A = \dfrac{Fa^3}{3EI}$$

试题 9.5 图

习 题

9.1 如习题 9.1 图支架承受荷载 $F = 10$ kN,1,2,3 各杆由同一材料制成,其横截面面积分别为 $A_1 = 100$ mm², $A_2 = 150$ mm² 和 $A_3 = 200$ mm²。试求各杆的轴力。

9.2 一刚性板由四根支柱支撑,四根支柱的长度和截面都相同,如习题 9.2 图所示。如果荷载 F 作用在 A 点,试求这四根支柱各受力多少。

9.3 刚性杆 AB 的左端铰支,两根长度相等、横截面面积相同的钢杆 CD 和 EF 使该刚性杆处于水平位置,如习题 9.3 所示。如已知 $F = 50$ kN,两根钢杆的横截面面积 $A = 1000$ mm²,试求两杆的轴力和应力。

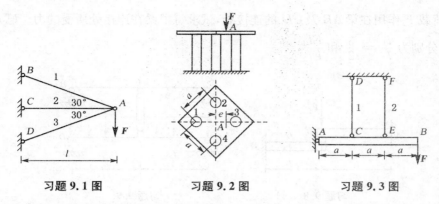

习题 9.1 图　　　习题 9.2 图　　　习题 9.3 图

9.4　如习题 9.4 图所示阶梯状杆，其上端固定，下端与支座距离 $\delta = 1\,\text{mm}$。已知上、下两段杆的横截面面积分别为 $600\,\text{mm}^2$ 和 $300\,\text{mm}^2$，材料的弹性模量 $E = 210\,\text{GPa}$。试作图示荷载作用下杆的轴力图。

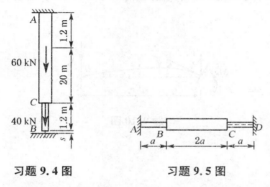

习题 9.4 图　　　习题 9.5 图

9.5　两端固定的阶梯状杆如习题 9.5 图所示。已知 AC 段和 BD 段的横截面面积为 A，CD 段的横截面面积为 $2A$；杆材料的弹性模量为 $E = 210\,\text{GPa}$，线膨胀系数 $\alpha_1 = 12 \times 10^{-6}\,℃^{-1}$。试求当温度升高 $30℃$ 时，该杆各部分产生的应力。

9.6　如习题 9.6 图所示为一两端固定的阶梯状圆轴，在截面突变处承受外力偶矩 M_e。若 $d_1 = 2d_2$，试求固定端的支反力偶矩 M_A 和 M_B，并作扭矩图。

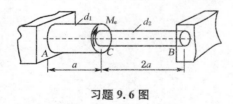

习题 9.6 图

9.7　试求如习题 9.7 图所示各超静定梁的支反力。

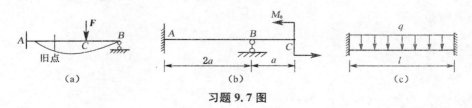

（a）　　　　　（b）　　　　　（c）

习题 9.7 图

9.8 荷载 F 作用在梁 AB 及 CD 的连接处,试求每根梁在连接处所受的力。已知其跨长比和刚度比分别为 $\dfrac{l_1}{l_2} = \dfrac{3}{2}$ 和 $\dfrac{EI_1}{EI_2} = \dfrac{4}{5}$。

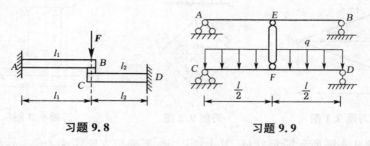

习题 9.8　　　　　　　习题 9.9

9.9 如习题 9.9 图所示结构中梁 AB 和梁 CD 的尺寸及材料均相同,已知 EI 为常量。试绘出梁 CD 的剪力图和弯矩图。

9.10 梁 AB 的两端均为固定端,当其左端转动了一个微小角度 θ 时,试确定梁的约束反力 M_A , F_A , M_B 和 F_B。

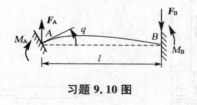

习题 9.10 图

10 组合变形

本章学习导引

一、一级注册结构工程师《考试大纲》规定要求

斜弯曲、偏心压缩(或拉伸)、拉-弯或压-弯组合、扭-弯组合。

二、重点掌握和理解内容

1. 了解非对称截面梁发生平面弯曲的条件;
2. 掌握斜弯、拉(压)弯、弯扭组合变形的强度计算。

10.1 非对称截面梁的平面弯曲

在前面提到,梁发生平面弯曲的条件是:梁的横截面具有对称轴,全梁具有纵向对称面,所有外荷载作用在此对称面内。对于这样的梁,由横截面上正应力的静力合成条件 $M_y = 0$,导出的截面惯性积 $I_{yz} = 0$,是自然满足的。其实,满足条件 $I_{yz} = 0$ 的,并不仅限于对称截面。对于非对称截面,只要 y、z 轴为截面的形心主轴,$I_{yz} = 0$ 的条件同样可以满足。截面的形心主轴与梁的轴线所组成的平面,称为**形心主惯性平面**。因此,对于非对称截面梁,只要荷载作用在形心主惯性平面内,梁仍然发生平面弯曲(图 10-1)。弯曲正应力公式仍然可以应用。

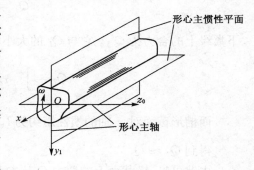

图 10-1

应该指出,当非对称截面梁发生横力弯曲时,横截面上切向内力系的合力并不一定通过形心。现以槽钢为例加以说明。

如图 10-2(a)所示的槽形截面属于薄壁截面,因此,同样可以应用切应力公式来确定弯曲剪应力。在上翼缘上,距右端为 ξ 的部分截面面积对 z 轴的静矩 S_z^* 为:$S_z^* = \dfrac{th\xi}{2}$,则 ξ 处的剪应力 τ_1 为

$$\tau_1 = \frac{QS_z^*}{I_z t} = \frac{Qh\xi}{2I_z}$$

同理,可以求出下翼缘的剪应力。

在腹板上,与中性轴相距 y 的外侧部分面积(图 10-2(a))对 z 轴的静矩为

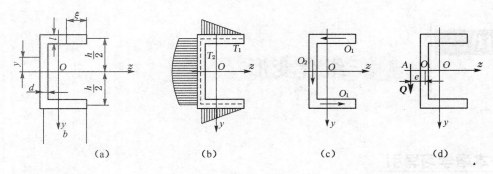

图 10-2

$$S_z^* = \frac{bth}{2} + \frac{d}{2}\left(\frac{h^2}{4} - y^2\right),$$

则 y 处的剪应力 τ_2 为

$$\tau_2 = \frac{QS_z^*}{I_z d} = \frac{Q}{I_z d}\left[\frac{bth}{2} + \frac{d}{2}\left(\frac{h^2}{4} - y^2\right)\right]$$

腹板与上、下翼缘的剪应力方向及其分布规律,如图 10-2(b) 所示。若上翼缘上切向内力系的合力为 Q_1,则

$$Q_1 = \int_0^b t\tau_1 \mathrm{d}\xi = \frac{Qb^2 ht}{4I_z}$$

下翼缘上的合力为 Q_1',它与 Q_1 的大小相等,方向相反,腹板上切向内力系的合力 Q_2 为

$$Q_2 = \int_{-\frac{h}{2}}^{\frac{h}{2}} \tau_2 d\,d\mathrm{y} = \frac{Q}{I_z}\left(\frac{bth^2}{2} + \frac{dh^3}{12}\right)$$

而槽形截面对 z 轴的惯性矩约为 $I_z \approx \dfrac{bth^2}{2} + \dfrac{dh^3}{12}$

得到 $Q_2 \approx Q$

由此可见,横截面上的剪力 Q 基本上由腹板承担。

上、下翼缘与腹板上的合力 Q_1、Q_1' 和 Q_2,如图 10-2(c) 所示。由大小相等、方向相反的 Q_1 和 Q_1' 组成一力偶矩,与 Q_2 合成后,最终得到一合力 Q,其数值等于 Q_2,方向平行于 Q_2,作用线到腹板中线的距离为 e,如图 10-2(d) 所示。由力矩定理得

$$Q_1 h = Qe$$

$$e = \frac{Q_1 h}{Q} = \frac{b^2 h^2 t}{4I_z} \tag{10-1}$$

由上式可见,截面上切向内力系的合力 Q(即截面上的剪力)不通过截面形心,而作用在距腹板中线为 e 的纵向平面内。

在图 10-2(d) 中,剪力 Q 的作用线与截面对称轴 z 的交点 A,称为**弯曲中心**(或称**剪切中心**)。槽钢弯曲中心的位置,由公式(10-1)确定。公式表明,弯曲中心的位置与材料性质和荷载大小无关,是反映截面几何性质的一个参数。

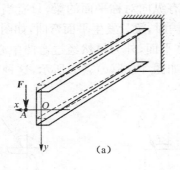 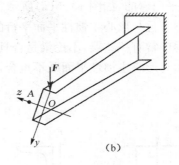

图 10-3

当外力通过弯曲中心,且平行于形心主惯性平面时,外力与横截面上的剪力在同一纵向平面内,杆件发生平面弯曲,如图 10-3(a)所示。反之,如果外力不通过弯曲中心,则将外力向弯曲中心简化,得到一个过弯曲中心的外力和一个扭矩,使杆件产生弯曲变形的同时,还伴随着扭转变形,如图 10-3(b)所示。

开口薄壁杆件的抗扭刚度很小,如果外力不通过弯曲中心,将会引起较大的扭转变形和剪应力。为了避免这种情况,必须使外力的作用线通过弯曲中心。几种常见的非对称开口薄壁截面的弯曲中心 A 的位置,示于图 10-4 中。

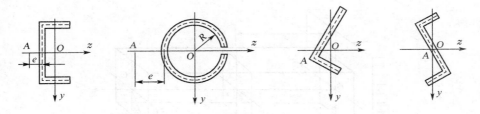

图 10-4

对于不对称的实体截面和闭口薄壁截面,弯曲中心同样不一定与截面形心重合。当外力通过截面形心,而不通过弯曲中心时,也会引起扭转变形。只是因为实体杆件和闭口薄壁杆件的抗扭刚度较大,可以忽略扭转的影响。为了便于比较,现将各类截面的梁发生平面弯曲的条件,归纳于表 10-1 中。

表 10-1　平面弯曲的条件

截面形式	荷载条件	附注
对称截面	荷载作用在纵向对称面内	
非对称实心截面或闭口薄壁截面	荷载作用在形心主惯性平面内	忽略扭转变形的影响
非对称开口薄壁截面	荷载通过弯曲中心,且平行于形心主惯性平面	消除了扭转变形

10.2　斜弯曲

在前面研究的弯曲问题中,对于具有纵向对称平面的梁,当外力作用在纵向对称平面内时,梁发生平面弯曲,如图 10-5(a)所示。对于不具有纵向对称平面的梁,只有当外力作用在通过弯曲中心且与形心主惯性平面平行的弯心平面内时,梁只发生平面弯曲,如图 10-5(b)所示。但工程中常有一些梁,不论梁是否具有纵向对称平面,外力虽然经过弯曲中心(或形心),但其作用面与形心主惯性平面既不重合,也不平行,如图 10-5(c)、(d)所示,这种弯曲称为**斜弯曲**。

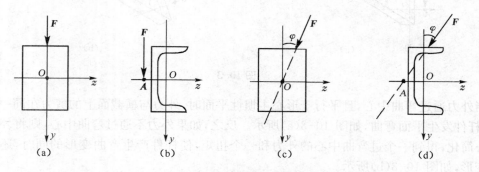

图 10-5 平面弯曲与斜弯曲

现以如图 10-6 所示矩形截面悬臂梁为例。研究具有两个相互垂直的对称面的梁在斜弯曲情况下的应力和强度计算。

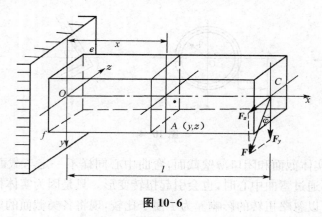

图 10-6

设 F 力作用在梁自由端截面的形心,并与竖向形心主轴夹 φ 角。现将 F 力沿两形心主轴分解,得

$$F_y = F\cos\varphi$$
$$F_z = F\sin\varphi$$

在 F_y 单独作用下,梁在竖直平面内发生平面弯曲,z 轴为中性轴;而在 F_z 单独作用下,梁在水平平面内发生平面弯曲,y 轴为中性轴。可见,斜弯曲是两个互相垂直方向的平面弯曲的组合。

F_y 和 F_z 各自单独作用时,距固定端为 x 的横截面上绕 x 轴和 y 轴的弯矩分别为

$$M_z = F_y(l-x) = F\cos\varphi(l-x) = M\cos\varphi$$
$$M_y = F_z(l-x) = F\sin\varphi(l-x) = M\sin\varphi$$

可见,弯矩 M_y 和 M_z 也可以从分解向量 M(总弯矩)来求得。

若材料在线弹性范围内工作,则对于其中的每一个平面弯曲均可用弯曲应力公式计算其正应力。为了分析横截面上的正应力及其分布规律,现考查 x 截面的第一象限内 $A(y,z)$ 处的正应力。F_y 和 F_z 分别引起正应力为

$$\sigma' = \frac{M_z y}{I_z} = \frac{M\cos\varphi}{I_z}y, \sigma'' = \frac{M_y z}{I_y} = \frac{M\sin\varphi}{I_y}z$$

关于 σ' 和 σ'' 的正负号,由杆的变形情况确定比较方便。在这一问题中,由于 F_z 的作用,横截面上竖向形心主轴 y 轴以右的各点处产生拉应力,以左的各点处产生压应力;由于 F_y 的作用,横截面上水平形心主轴 z 轴以上的各点处产生拉应力,以下的各点处产生压应力。所以 A 点处由 F_y 和 F_z 引起的正应力分别为压应力和拉应力。由叠加法,得 A 点处的正应力为

$$\sigma = \sigma' + \sigma'' = M\left(\frac{\cos\varphi}{I_z} + \frac{M\sin\varphi}{I_y}\right) \tag{10-2}$$

式(10-2)表明横截面上的正应力是坐标 y、z 的线性函数,x 截面上的正应力变化规律如图 10-7 所示。

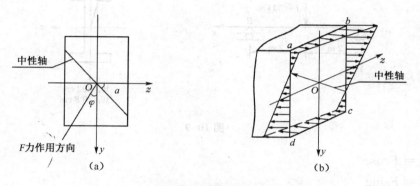

图 10-7 斜弯曲横截面上的应力分布

由图可见,在 x 截面上角点 b 处有最大拉应力,下角点 d 处有最大压应力,它们的绝对值相等。中性轴过形心,可见 b 和 d 点就是离中性轴最远的点。

对整个梁来说,横截面上的最大正应力应在危险截面的角点处,其值为

$$\sigma_{\max} = \frac{M_{y,\max}}{W_y} + \frac{M_{z,\max}}{W_z} = \frac{M_{\max}\sin\varphi}{W_y} + \frac{M_{\max}\cos\varphi}{W_z} = M_{\max}\left(\frac{\sin\varphi}{W_y} + \frac{\cos\varphi}{W_z}\right)$$

角点的切应力为零,处于单向应力状态。强度条件为

$$\sigma_{\max} \leqslant [\sigma] \tag{10-3}$$

现在用叠加法求梁在斜弯曲时的挠度。当 F_y 和 F_z 各自单独作用时,由附录Ⅱ查得自由端的挠度分别为

$$\omega_y = \frac{F_y l^3}{3EI_z}, \omega_z = \frac{F_z l^3}{3EI_y}$$

因 ω_y 和 ω_z 是正交的,所以当 F_y 和 F_z 共同作用时,自由端截面的总挠度为 $\omega = \sqrt{\omega_y^2 + \omega_z^2}$,若以

β 表示总挠度与 y 轴之间的夹角(图 10-8)则

$$\tan\beta = \frac{\omega_z}{\omega_y} = \frac{I_z}{I_y} \times \frac{F_z}{F_y} = \frac{I_z}{I_y}\tan\varphi \qquad (10\text{-}4)$$

式中,I_y 和 I_z 是横截面的形心主惯性矩。由于矩形截面的 $I_y \neq I_z$,所以 $\beta \neq \varphi$。这表明梁在斜弯曲时的挠曲平面与外力所在的纵向平面不重合。

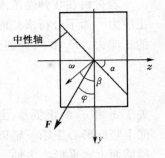

图 10-8

若梁的截面是正方形,由于 $I_y = I_z$,所以 $\beta = \varphi$,故不会发生斜弯曲。因此,对于圆形及正多边形截面梁,由于任何一对正交形心轴都是形心主轴,且截面对各形心轴的惯性矩均相等,这样,过形心的任意方向的横向力,都只会使梁发生平面弯曲。

【例题 10-1】 跨度为 L 的简支梁,由 32a 工字钢做成,其受力如图 10-9 所示,力 F 作用线通过截面形心且与 y 轴夹角 $\varphi = 15°$,$[\sigma] = 170\,\text{MPa}$,试按正应力校核此梁强度。

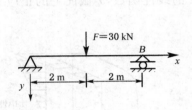

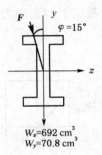

图 10-9

解:$F_y = F\cos\varphi$

$F_z = F\sin\varphi$

$M_z = \dfrac{F_y L}{4} \qquad M_y = \dfrac{F_z L}{4}$

$\sigma_{\max} = \dfrac{M_y}{W_y} + \dfrac{M_z}{W_z} = 152\,\text{MPa} < [\sigma]$

故此梁满足强度条件。

10.3 拉伸(压缩)与弯曲

当作用在杆件上的外力既有轴向拉(压)力,又有横向力时(如图 10-10),杆件会发生拉伸(压缩)与弯曲的组合变形。

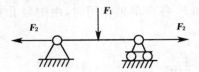

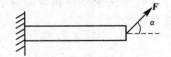

图 10-10

由力学知识可知,轴向变形时横截面上的内力为轴力 F_N,弯曲变形时横截面上的内力为 M(引起的切应力很小,一般可以忽略),两种内力是横截面上法向正应力的集合。所以,当横截面受力如图 10-11 时,轴力和弯矩所产生的应力分别为

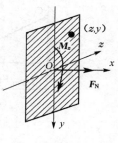

图 10-11

$$\sigma' = \frac{F_N}{A} \qquad \sigma'' = \frac{M_z \cdot y}{I_z}$$

横截面上任意一点 (z, y) 处的正应力计算公式为

$$\sigma = \sigma' + \sigma'' = \frac{F_N}{A} + \frac{M_z \cdot y}{I_z} \qquad (10\text{-}5)$$

下面以简支梁(图 10-12)拉弯组合变形来说明横截面上的最大应力。

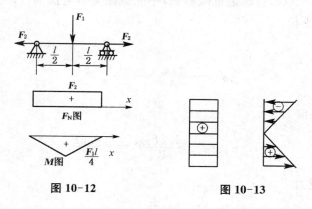

图 10-12   图 10-13

图 10-12 梁的轴力 $F_N = F_2$,最大弯矩 $M_{max} = \dfrac{F_1 l}{4}$,所以跨中截面是杆的危险截面。截面上的轴力与弯矩产生的应力分布如图 10-13 所示。

拉伸正应力:
$$\sigma' = \frac{F_2}{A}$$

最大弯曲应力:
$$\sigma''_{max} = \pm \frac{M_{max}}{W_z} = \pm \frac{F_1 l}{4 W_z}$$

杆危险截面上下边缘各点处上的压、拉应力为

$$\sigma_{t,max} = \sigma' \pm \sigma''_{max} = \frac{F_2}{A} \pm \frac{M_{max}}{W_z} = \frac{F_2}{A} \pm \frac{F_1 l}{4 W_z} \qquad (10\text{-}6)$$

【例题 10-2】 悬臂吊车如图 10-14 所示,横梁用 20a 工字钢制成。其抗弯刚度 $W_z = 237 \text{ cm}^3$,横截面面积 $A = 35.5 \text{ cm}^2$,总荷载 $F = 34 \text{ kN}$,横梁材料的许用应力为 $[\sigma] = 125 \text{ MPa}$。校核横梁 AB 的强度。

解:(1) 分析 AB 的受力情况 (图 10-14(b))

$$\sum M_A = 0 \quad F_{NAB} \sin 30° \times 2.4 - 1.2 F = 0$$

$$F_{NAB} = F$$

$$\sum F_x = 0 \quad F_{RAx} = 0.866 F$$

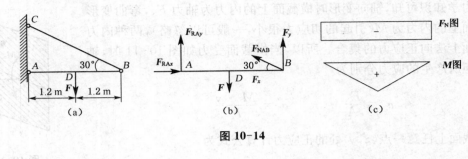

图 10-14

$$\sum F_y = 0 \quad F_{RAy} = 0.5F$$

AB 杆为平面弯曲与轴向压缩组合变形

内力分析(图 10-14(c)),确定危险截面,中间截面为危险截面。最大正应力发生在该截面的上下边缘,上压下拉。

(2)压缩正应力

$$\sigma' = -\frac{F_{RAx}}{A} = -\frac{0.866F}{A}$$

(3)最大弯曲正应力

$$\sigma''_{max} = \pm \frac{1.2F_{RAy}}{W_z} = \pm \frac{0.6F}{W_z}$$

(4)危险点的应力

$$\sigma_{c,max} = \left| \frac{0.866F}{A} + \frac{0.6F}{W_z} \right| = 94.37 \text{ MPa} < [\sigma]$$

当直杆受到与杆的轴线平行但不通过截面形心的拉力或压力作用时,即为**偏心拉伸**或**偏心压缩**。

矩形截面偏心受力情况如图 10-15 所示。

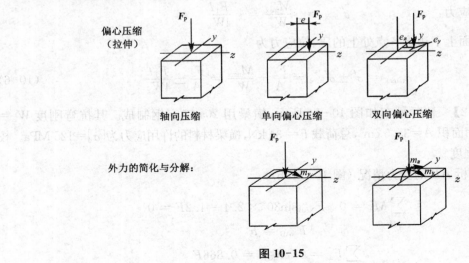

图 10-15

【例题 10-3】   如图 10-16 所示简支梁,求其最大正应力。

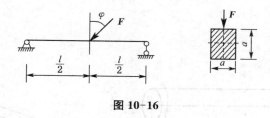

图 10-16

解:梁发生平面弯曲与轴向压缩组合变形,则:

$$\sigma_{c,max} = \frac{F\sin\varphi}{a^2} + \frac{\frac{1}{4} \cdot F\cos\varphi \cdot l}{\frac{1}{6}a^2} = \frac{F\sin\varphi}{a^2} + \frac{3Fl\cos\varphi}{2a^2}$$

10.4   扭转与弯曲

机械设备中的转轴,多数情况下既承受弯矩又承受扭矩,因此弯曲变形和扭转变形同时存在,即产生弯曲与扭转的组合变形。现以如图 10-17(a)所示的圆轴为例,说明弯曲与扭转组合变形的强度计算。

(1) 外力分析。设有一圆轴,如图 10-17(a)所示,圆轴的左端固定,自由端受力 F 和力偶矩 M_e 的作用。力 F 的作用线与圆轴的轴线垂直,使圆轴产生弯曲变形;力偶矩 M_e 使圆轴产生扭转变形,所以圆轴 AB 将产生弯曲与扭转的组合变形。

(2) 内力分析。画出圆轴的内力图,如图 10-17(b)、(c)所示。由扭矩图可以看出,圆轴各横截面上的扭矩值都相等。从弯矩图中可以看出,固定端 A 截面上的弯矩值最大,所以横截面 A 为危险截面,其上的扭矩值和弯矩值分别为

$$T = M_e, \qquad M = Fl$$

(3) 应力分析。在危险截面 A 上必然存在弯曲正应力和扭转切应力,其分布情况如图 10-17(d)所示,C、D 两点为危险点。且有

$$\tau = \frac{T}{W_p}, \qquad \sigma = \frac{M}{W_z}$$

(4) 强度条件。发生扭转与弯曲组合变形的圆轴一般由塑性材料制成。由于其危险点同时存在弯曲正应力和扭转切应力,而且变形性质不同,因此,应先计算出其危险点的当量应力,然后再进行强度校核。当量应力(根据强度理论)为

$$\sigma_r = \sqrt{\sigma^2 + 4\tau^2} \qquad\qquad (10-7)$$

式中:σ_r——危险点的当量应力;

σ——弯曲正应力;

τ——扭转切应力。

对于圆截面杆,有 $W_p = 2W_z$,则式(10-7)可写为

$$\sigma_r = \frac{\sqrt{M^2 + T^2}}{W_z} \tag{10-8}$$

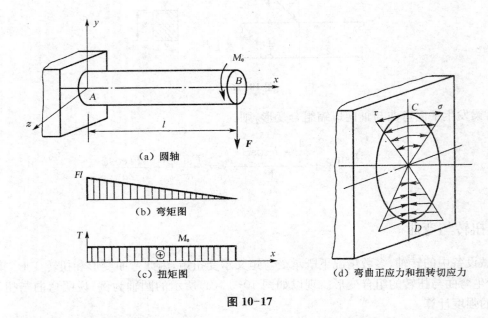

（a）圆轴

（b）弯矩图

（c）扭矩图

（d）弯曲正应力和扭转切应力

图 10-17

要使受扭转与弯曲组合变形的杆件具有足够的强度，就应使杆件危险截面上危险点的当量应力不超过材料的许用应力，即

$$\sigma_r = \frac{\sqrt{M^2 + T^2}}{W_z} \leqslant [\sigma] \tag{10-9}$$

即为扭转与弯曲组合变形的强度条件。

【例 10-4】 如图 10-18（a）所示，电动机带动皮带轮转动。已知电动机的功率 $P = 12\ kW$，转速 $n = 940\ r/min$，带轮直径 $D = 300\ mm$，重量 $G = 600\ N$，皮带紧边拉力与松边拉力之比 $F_T/F_t = 2$，AB 轴的直径 $d = 40\ mm$，材料为 45 号钢，许用应力 $[\sigma] = 120\ MPa$。试校核 AB 轴的强度。

解：（1）外力分析。根据题意，画出轴的计算简图，如图 10-18（b）所示。轮中点所受的力 F 为轮重与皮带拉力之和，即

$$F = G + F_t + F_T = 600\ N + 3F_t$$

力 F 与 A、B 处的轴承支反力使轴产生弯曲。轴的中点还受皮带拉力向轴平移后而产生的附加力偶的作用，其力偶矩与电动机输入的转矩 M 使轴产生扭转变形。AB 轴的变形为弯曲和扭转的组合变形，根据平衡条件，可得 $\sum M_y(F) = 0$，即

$$F_T \times \frac{D}{2} - F_t \times \frac{D}{2} - M = 0$$

将 $D = 300\ mm$，$M = 9\ 550 \times \frac{P}{n} = 121.9\ N \cdot m$，$F_T/F_t = 2$ 代入上式，解得

$$F_t = 0.81 \times 10^3 \, \text{N}, \quad F_T = 1.62 \times 10^3 \, \text{N}$$

所以

$$F = G + F_t + F_T = 600 \, \text{N} + 3F_t = 3\,030 \, \text{N}$$

（2）内力分析。画 AB 轴的弯矩图和扭矩图，如图 10-18(c)所示。截面 C 右侧为危险截面，最大弯矩为

$$M_{\max} = \frac{Fl}{4} = \frac{3\,030 \, \text{N} \times 0.8 \, \text{m}}{4} = 606 \, \text{N} \cdot \text{m}$$

AB 轴右半段各截面上的扭矩均为

$$T = 121.9 \, \text{N} \cdot \text{m}$$

（3）校核 AB 轴的强度。由于材料为 45 号钢，是塑性材料。由式(10-9)得

$$\sigma_r = \frac{\sqrt{M_{\max}^2 + T^2}}{W_z} = \frac{\sqrt{(606 \times 10^3 \, \text{N} \cdot \text{mm})^2 + (121.9 \times 10^3 \, \text{N} \cdot \text{mm})^2}}{\pi \times (40 \, \text{mm})^3 / 32}$$
$$= 98.4 \, \text{MPa} < [\sigma]$$

故 AB 轴的强度满足要求。

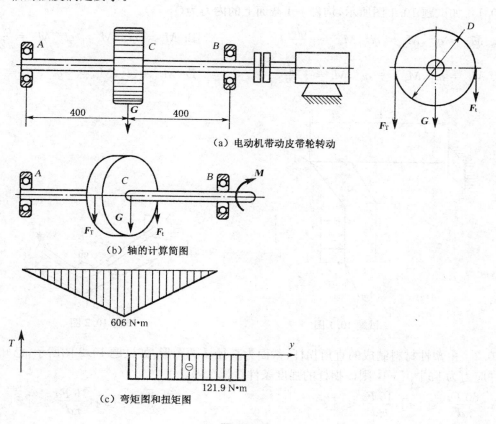

（a）电动机带动皮带轮转动

（b）轴的计算简图

606 N·m

121.9 N·m

（c）弯矩图和扭矩图

图 10-18

【例 10-5】 如图 10-19 所示梁同时受到扭矩 T、弯曲力偶 M 和轴力 N 作用,写出其强度条件,其中 $W = \dfrac{\pi d^3}{32}$。

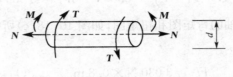

图 10-19

解:$\sigma_{r3} = \sqrt{\sigma^2 + 4\tau^2}$, $\sigma = \dfrac{N}{A} + \dfrac{M}{W}$

$\tau = \dfrac{T}{W_t} = \dfrac{T}{2W}$

所以 $\sigma_{r3} = \sqrt{\left(\dfrac{N}{A} + \dfrac{M}{W}\right)^2 + 4\left(\dfrac{T}{2W}\right)^2} \leqslant [\sigma]$

模拟试题

10.1 如试题 10.1 图所示,构件 I-I 截面上的内力为(   )。

A. $M_x = ql^2, M_y = ql^2, M_z = -\dfrac{ql^2}{2}$ B. $M_x = ql^2, M_y = ql^2, M_z = \dfrac{ql^2}{2}$

C. $M_x = ql^2, M_y = -ql^2, M_z = -\dfrac{ql^2}{2}$ D. $M_x = ql^2, M_y = -ql^2, M_z = \dfrac{ql^2}{2}$

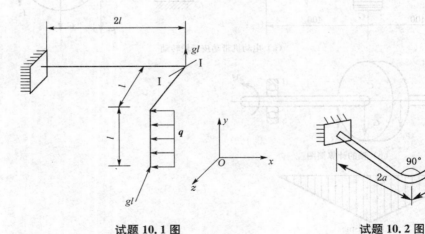

试题 10.1 图   试题 10.2 图

10.2 由塑性材料制成的直角拐杆,截面为直径 d 的图形,如试题 10.2 图所示,已知材料的容许应力为 $[\sigma]$、$[\tau]$,则该拐杆的强度条件是(   )。

A. $\dfrac{60\,Fa}{\pi d^3} \leqslant [\sigma], \dfrac{16\,Fa}{\pi d^3} \leqslant [\tau]$ B. $\dfrac{32\,Fa}{\pi d^3} \leqslant [\sigma], \dfrac{16\,Fa}{\pi d^3} \leqslant [\tau]$

C. $\sqrt{\left(\dfrac{32\,Fa}{\pi d^3}\right)^2 + 4\left(\dfrac{16\,Fa}{\pi d^3}\right)^2} \leqslant [\sigma]$ D. $\sqrt{\left(\dfrac{64\,Fa}{\pi d^3}\right)^2 + 4\left(\dfrac{16\,Fa}{\pi d^3}\right)^2} \leqslant [\sigma]$

10.3　如试题 10.3 图所示木杆受拉力 F 作用,横截面为 a 的正方形,拉力 F 与轴线重合,现在杆的某一段内开口,宽为 $\dfrac{a}{2}$,长为 a,则 I-I 截面上的最大拉应力是未削弱前的拉应力的( )倍。

A. 2　　　　　　　　　B. 4　　　　　　　　　C. 8　　　　　　　　　D. 10

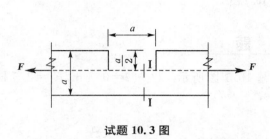

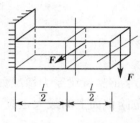

试题 10.3 图　　　　　　　　　　　　　　试题 10.4 图

10.4　如试题 10.4 图所示悬臂梁,其横截面为正方形,其最大正应力为( )。

A. $\dfrac{6Fl}{a^3}$　　　　　B. $\dfrac{6\sqrt{2}Fl}{a^3}$　　　　　C. $\dfrac{9Fl}{a^3}$　　　　　D. $\dfrac{9\sqrt{2}Fl}{a^3}$

10.5　如试题 10.5 图所示简支梁,其最大正应力为( )。

A. $\dfrac{Fl}{2a^2}(\cos\varphi+\sin\varphi)$

B. $\dfrac{Fl}{3a^2}(\cos\varphi+\sin\varphi)$

C. $\dfrac{3Fl}{2a^2}(\cos\varphi+\sin\varphi)$

D. $\dfrac{2Fl}{3a^2}(\cos\varphi+\sin\varphi)$

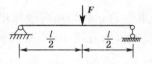

试题 10.5 图

10.6　如试题 10.6 图所示悬臂梁受力 F 作用,其最大正应力不能用公式 $\sigma_{\max}=\dfrac{M_y}{W_y}+\dfrac{M_z}{W_z}$ 计算的是( )。

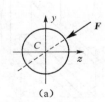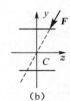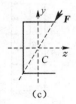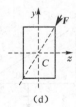

(a)　　　　　　　　(b)　　　　　　　　(c)　　　　　　　　(d)

试题 10.6 图

A. 图(a)　　　　　　B. 图(b)　　　　　　C. 图(c)　　　　　　D. 图(d)

10.7　如试题 10.7 图所示,矩形截面拉杆两端受线性荷载作用,最大线荷载为 $q(\text{N/m})$,中间开一深为 a 的缺口,则该杆的最大拉应力为( )。

A. $\dfrac{q}{a}$　　　　　　B. $\dfrac{q}{2a}$　　　　　　C. $\dfrac{3q}{4a}$　　　　　　D. $\dfrac{5q}{8a}$

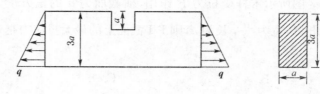

试题 10.7 图

习 题

10.1 14 号工字钢悬臂梁受力情况如习题 10.1 图所示。已知 $l=0.8$ m，$F_1=2.5$ kN，$F_2=1.0$ kN，试求危险截面上的最大正应力。

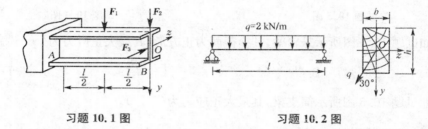

习题 10.1 图　　　　　　　　　习题 10.2 图

10.2 受集度为 q 的均布荷载作用的矩形截面简支梁，其荷载作用面与梁的纵向对称面间的夹角为 $\alpha=30°$，如习题 10.2 图所示。已知该梁材料的弹性模量 $E=10$ GPa；梁的尺寸为 $l=4$ m，$h=160$ mm，$b=120$ mm；许用应力 $[\sigma]=12$ MPa；许可挠度 $[\omega]=\dfrac{l}{150}$。试校核梁的强度和刚度。

10.3 如习题 10.3 图所示一悬臂滑车架，杆 AB 为 18 号工字钢，其长度为 $l=2.6$ m。试求当荷载 $F=25$ kN 作用在 AB 的中点 D 处时，杆内的最大正应力。设工字钢的自重可略去不计。

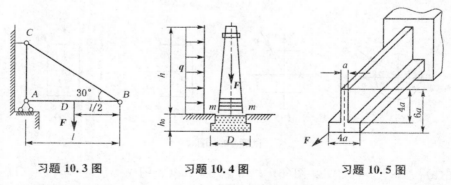

习题 10.3 图　　　　习题 10.4 图　　　　习题 10.5 图

10.4 砖砌烟囱高 $h=30$ m，底截面 $m-m$ 的外径 $d_1=3$ m，内径 $d_2=2$ m，自重 $G_1=2\,000$ kN，受 $q=1$ kN/m 的风力作用。试求：

（1）烟囱底截面上的最大压应力；

（2）若烟囱的基础埋深 $h_0=4$ m，基础及填土自重按 $G_2=1\,000$ kN 计算，土壤的许用压应力$[\sigma]=0.3$ MPa，圆形基础的直径 D 应为多大？

注：计算风力时，可略去烟囱直径的变化，把它看作是等截面的。

10.5　试求如习题 10.5 图所示杆内的最大正应力。力 F 与杆的轴线平行。

10.6　有一座高为 1.2 m、厚为 0.3 m 的混凝土墙，浇筑于牢固的基础上，用作挡水用的小坝。试求：

（1）当水位达到墙顶时墙底处的最大拉应力和最大压应力（设混凝土的密度为 2.45×10^3 kg/m³）；

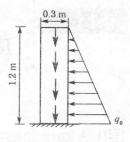

习题 10.6 图

（2）如果要求混凝土中没有拉应力，试问最大许可水深 h 为多大？

10.7　受拉构件形状如习题 10.7 图所示，已知截面尺寸为 $h\times b=40$ mm×5 mm，承受轴向拉力 $F=12$ kN。现拉杆开有切口，如不计应力集中影响，当材料的 $[\sigma]=100$ MPa 时，试确定切口的最大许可深度，并绘出切口截面的应力变化图。

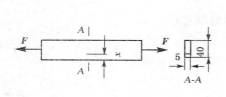
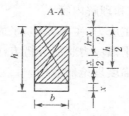

习题 10.7 图

11 应力状态和强度理论

本章学习导引

一、一级注册结构工程师《考试大纲》规定要求

平面应力状态分析的数值解法和图解法、一点应力状态的主应力和最大剪应力、广义胡克定律、四个常用的强度理论。

二、重点掌握和理解内容

1. 了解主应力、主单元体、平面应力状态的概念；
2. 掌握平面应力状态分析方法；
3. 理解强度理论的应用。

11.1 概述

11.1.1 一点处的应力状态

前几章中,讨论杆件拉伸(压缩)、弯曲和扭转的横截面上应力计算和分布时指出,直杆轴向拉伸或压缩时,在杆件的同一截面上各点处的应力虽然相同,但是应力随所取截面方位的不同而不同;直梁弯曲时,在杆件的同一横截面上,应力是逐点变化的;圆轴扭转也是如此。可见,在受力构件的同一截面上,各点处的应力一般是不同的,而通过受力构件内的同一点处,不同方位截面上的应力一般也是不同的。在前面各章中,分别研究了杆件在基本变形时横截面上的应力分布规律及其计算,并根据相应的试验结果,建立了正应力和切应力的强度条件,这样就使横截面上的强度得到了保证,即杆件不会沿横截面发生破坏。例如铸铁杆件的拉伸、低碳钢圆轴的扭转都是沿横截面发生破坏,根据横截面上的应力来建立强度条件是合理的。但是,对横截面的强度进行计算只是强度校核的一部分,而不是全部内容。这是因为,在工程实际中,构件的破坏并不一定都是沿着横截面发生的,如铸铁试件受压时,沿与轴线大致成45°的斜截面破坏(图11-1(a));铸铁圆轴扭转时,沿45°螺旋面破坏(图11-1(b))。又如,钢筋混凝土梁受横向力作用后,除跨中底部产生竖向裂缝外,在支座附近还出现斜向裂缝(图11-1(c))。所以,为了使受力构件不沿任何截面发生破坏,必须进一步研究受力构件内的所有点所有截面上的应力情况,以便建立更普遍的强度条件,使构件的强度得到全面保证。

通过受力构件内某一点处不同方位截面上应力的集合(也即通过一点所有不同方位截面上应力的全部情况),称为**一点处的应力状态**。研究应力状态的目的,就是要了解构件受力后在哪一点沿哪个方位截面上的应力最大,为进一步建立强度条件提供依据。

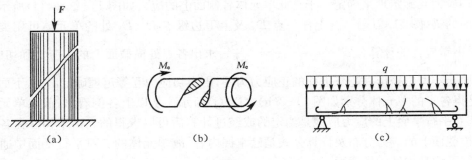

图 11-1

11.1.2 应力状态的研究方法

为了研究一点处的应力状态,通常是从受力构件中围绕该点用三对平行平面截取出一个边长无穷小的正六面体——单元体(图 11-2)。这一无穷小的单元体就代表这个点。由于单元体的边长为无穷小量,故可以认为:单元体各个面上的应力均匀分布,且作用在单元体中相互平行平面上的应力大小、性质完全相同。下面举例说明如何从受力构件的指定点截取单元体,以及如何表示此单元体各面上的应力情况。

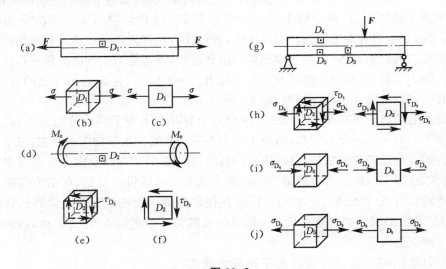

图 11-2

如图 11-2(a)所示的是轴向拉伸的杆件,D_1 点为拉杆内的一点,围绕该点以一对横截面和两对互相垂直的纵截面截取代表它的单元体(图 11-2(b))。由于拉杆横截面上只有正应力 $\sigma = \dfrac{F_N}{A} = \dfrac{F}{A}$,而所有纵截面上无任何应力,故此单元体各面上的应力如图 11-2(b)所示,其平面图表示为图 11-2(c)。D_2 点为受扭圆轴表面上的一点(图 11-2(d)),围绕该点分别以一对横截面、一对径向纵截面和一对周向纵截面截取代表它的单元体(图 11-2(e))。单元体的左、右两侧面是相应横截面的一部分,其上只有垂直于半径并按线性规律变化的切应力,且 $\tau_{D2} = \tau_{\max} = \dfrac{T}{W_t} = \dfrac{M_e}{W_t}$;前、后两个周向纵截面上没有任何应力;单元体上、下两个面上的切应力由切应力互等定理来确定。于是此单元体各侧面上的应力如图 11-2(e)、(f) 所示。对于横力弯曲的梁 (图 11-2(g)),其上任一点 D_3 及上下边缘点 D_4、D_5 处的单元体可用类似的方法取出,由梁应力的计算公式 $\sigma = \dfrac{My}{I_z}$,$\tau = \dfrac{F_s S_z^*}{b I_z}$ 求出各点处横截面上的正应力和切应力,因为纵截面上不考虑挤压,故上、下面的正应力为零,再由切应力互等定理确定出上、下面的切应力,于是得各点的单元体分别如图 11-2(h)、(i)、(j) 所示。从以上各例看出,截取单元体的原则是:三对平行平面上的应力应该是给定的或经过计算后可以求得的。由于构件在各种基本变形时横截面上的应力分布及计算公式是已掌握内容,故单元体的三对平行平面中通常总有一对平行平面是构件的横截面。

由于单元体相互平行平面上的应力大小、性质完全相同,故单元体六个面上的应力实际上代表过该点处三个相互垂直平面上的应力。若单元体三对平面上的应力均为已知时,则通过该点的任一斜截面上的应力就可通过截面法求出来。于是,该点处的应力状态就完全确定了。

11.1.3 主平面、主应力和应力状态的分类

一般情况下,表示一点处应力状态的单元体在其各个面上同时存在有正应力和切应力。但在上面讨论过的图 11-2 中,代表 D_1、D_4、D_5 三点的单元体,其各个面上的切应力都等于零;D_2 和 D_3 两单元体的前、后两个面上切应力也等于零。这种切应力等于零的平面称为**主平面**,主平面上的正应力称为**主应力**。可以证明,通过受力构件内任一点总可以找到由三对相互垂直的主平面构成的单元体,称为**主单元体**。由此可知,通过受力构件内的任一点皆可找到三个相互垂直的主平面,因而每一点都有三个主应力。一般以 σ_1、σ_2、σ_3 表示一点的三个主应力,其大小按它们代数值的大小顺序排列,即 $\sigma_1 \geqslant \sigma_2 \geqslant \sigma_3$。

一点处的应力状态可按照该点处三个主应力中有几个不等于零而分为三类:只有一个主应力不等于零的称为**单向应力状态**;两个主应力不等于零的称为**二向应力状态**;三个主应力都不等于零的则称为**三向应力状态**。拉(压)杆内任一点 (图 11-2(c)) 及横力弯曲时梁横截面内的上、下边缘点 (图 11-2(i)、(j)) 都属于单向应力状态。以后将会看到,在横力弯曲的梁内除上述各点外的所有点 (例如图 11-2(h)),以及在扭转圆轴内除轴线上各点以外的其他所有点 (例如图 11-2(f)) 都属于二向应力状态。钢轨的头部与车轮接触点 (图 11-3(a)) 处的应力状态则属于三向应力状态。

单向应力状态和二向应力状态为**平面应力状态**,三向应力状态属**空间应力状态**。单向应力状态也称**简单应力状态**,而二向应力状态和三向应力状态又称为**复杂应力状态**。应该指出,从受力构件内一点处取出的单元体往往并非主单元体,而是在其表面上既有正应力又有切应力的一般情况,要判定它属于哪一类应力状态,就必须求出其主应力后再下结论。

本章主要研究一点处的二向应力状态,对三向应力状态只作简单介绍。

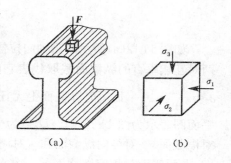

图 11-3

11.2　平面状态分析的解析法

11.2.1　斜截面上的应力

图 11-4(a)是从受力构件内某点处取出的单元体,已知法线与 x 轴平行的面(x 面)上的正应力和切应力分别为 σ_x、τ_{xy};法线与 y 轴平行的面(y 面)上的正应力和切应力分别为 σ_y、τ_{yx},法线与 z 轴平行的面(z 面)上没有应力。该单元体用平面图表示为图 11-4(b)。切应力 τ_{xy}(或 τ_{yx})有两个角标,第一个角标 x(或 y)表示切应力作用平面的法线方向;第二个角标 y(或 x)则表示切应力的方向与 y 轴(或 x 轴)平行。关于应力的符号规定为:正应力仍以拉应力为正而压应力为负;切应力则以对单元体内任意点的矩为顺时针转向时,规定为正,反之为负。按照上述符号规定,在图 11-4(a)中,σ_x、σ_y 和 τ_{xy} 皆为正,而 τ_{yx} 为负。

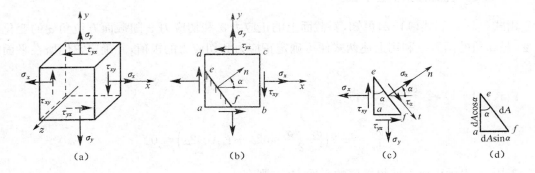

图 11-4

现欲求垂直于 xy 平面(与 z 轴平行)的任意斜截面 ef 上的应力(图 11-4(b)),该截面的外法线 n 与 x 轴的夹角为 α。规定:α 角从 x 轴逆时针转向外法线 n 时为正,反之为负。用截面法沿截面 ef 把单元体截分为两部分,并取 eaf 为研究对象(图 11-4(c))。斜截面 ef 上的应力由正应力 σ_α 和切应力 τ_α 表示。设 ef 的面积为 dA,则 ae 和 af 的面积分别为 $dA\cos\alpha$ 和 $dA\sin\alpha$(图 11-4(d))。将作用于 eaf 上的力分别投影于 ef 面的外法线 n 和切线 τ 的方向上,可分别写出其平衡方程

$$\sigma_\alpha dA + (\tau_{xy} dA\cos\alpha)\sin\alpha - (\sigma_x dA\cos\alpha)\cos\alpha + (\tau_{yx} dA\sin\alpha)\cos\alpha - (\sigma_y dA\sin\alpha)\sin\alpha = 0$$

$$\tau_\alpha dA - (\tau_{xy} dA\cos\alpha)\cos\alpha - (\sigma_x dA\cos\alpha)\sin\alpha + (\sigma_y dA\sin\alpha)\cos\alpha + (\tau_{yx} dA\sin\alpha)\sin\alpha = 0$$

根据切应力互等定理,τ_{yx} 和 τ_{xy} 数值相等,以 τ_{xy} 代换 τ_{yx},并简化上述两个方程,得

$$\sigma_\alpha = \frac{\sigma_x + \sigma_y}{2} + \frac{\sigma_x - \sigma_y}{2}\cos2\alpha - \tau_{xy}\sin2\alpha \tag{11-1}$$

$$\tau_\alpha = \frac{\sigma_x - \sigma_y}{2}\sin2\alpha + \tau_{xy}\cos2\alpha \tag{11-2}$$

式(11-1)和式(11-2)即为平面应力状态下求单元体任意斜截面上应力的计算式。

如用 $\beta = \alpha + 90°$ 代入到式(11-1)和式(11-2)中,就能得到与 α 平面垂直的 β 截面(图 11-5)上的应力计算式:

$$\sigma_{\beta} = \frac{\sigma_x + \sigma_y}{2} - \frac{\sigma_x - \sigma_y}{2}\cos 2\alpha + \tau_{xy}\sin 2\alpha \qquad (11\text{-}3)$$

$$\tau_{\beta} = -\frac{\sigma_x - \sigma_y}{2}\sin 2\alpha - \tau_{xy}\cos 2\alpha \qquad (11\text{-}4)$$

如将 σ_{α} 和 σ_{β} 相加,则有

$$\sigma_{\alpha} + \sigma_{\beta} = \sigma_x + \sigma_y = 常数 \qquad (11\text{-}5)$$

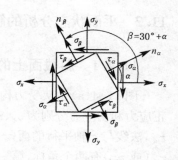

图 11-5

说明单元体两个相互垂直平面上的正应力之和为一常数。

比较式(11-2)和式(11-4)可知,$\tau_{\alpha} = -\tau_{\beta}$。即在单元体相互垂直的两个面上,切应力数值相等,符号相反。这里又一次证明了切应力互等定理。

11.2.2 主应力与主平面

由式(11-1)和式(11-2)可知,斜截面上的正应力 σ_{α} 和切应力 τ_{α} 随截面方位角 α 的变化而改变,是 α 角的函数。利用上述两式便可确定正应力和切应力的极值,并确定它们所在平面的方位。

由式(11-1),令 $\dfrac{\mathrm{d}\sigma_{\alpha}}{\mathrm{d}\alpha} = 0$,得

$$\frac{\mathrm{d}\sigma_{\alpha}}{\mathrm{d}\alpha} = -2\left(\frac{\sigma_x - \sigma_y}{2}\sin 2\alpha + \tau_{xy}\cos 2\alpha\right) = 0$$

若用 α_0 表示正应力取得极值的平面方位,则有

$$\frac{\sigma_x - \sigma_y}{2}\sin 2\alpha_0 + \tau_{xy}\cos 2\alpha_0 = 0 \qquad (11\text{-}6)$$

由此可得

$$\tan 2\alpha_0 = -\frac{2\tau_{xy}}{\sigma_x - \sigma_y} \qquad (11\text{-}7)$$

由式(11-7)可以得到两个解:α_0 和 $\alpha_0 + 90°$,在它们所确定的两个相互垂直的平面上,正应力取得极值,其中一个是最大正应力 $\sigma_{\max}$ 所在平面,另一个是最小正应力 $\sigma_{\min}$ 所在平面。比较式(11-2)和式(11-6),可见,满足式(11-6)的 α_0 角恰好使 τ_{α_0} 等于零。也就是说,在切应力等于零的平面上,正应力取得极值。所以,极值正应力就是主应力,由式(11-7)确定出的就是主平面的方位角。从式(11-7)求出 $\sin 2\alpha_0$ 和 $\cos 2\alpha_0$,代入式(11-1),求得最大和最小正应力分别为

$$\left.\begin{array}{r}\sigma_{\max} \\ \sigma_{\min}\end{array}\right\} = \frac{\sigma_x + \sigma_y}{2} \pm \sqrt{\left(\frac{\sigma_x - \sigma_y}{2}\right)^2 + \tau_{xy}^2} \qquad (11\text{-}8)$$

这两个主应力分别与 α_0 和 $\alpha_0 + 90°$ 所确定的主平面相对应。至于两个主平面中哪个面上作用 $\sigma_{\max}$,哪个面上作用 $\sigma_{\min}$,这种对应关系可由下述规则来确定:由 α_0 和 $\alpha_0 + 90°$ 确定了两个主平面之后,τ_{xy} 所指向的那一侧即为 $\sigma_{\max}$ 的位置。图 11-6(a)就是按此规则画出的。

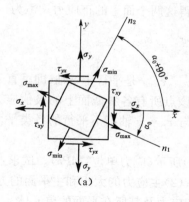 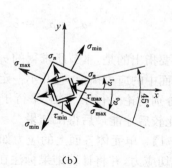

图 11-6

11.2.3 极值切应力及其方位

由式(11-2),令 $\dfrac{\mathrm{d}\tau_\alpha}{\mathrm{d}\alpha}=0$,得

$$\frac{\mathrm{d}\tau_\alpha}{\mathrm{d}\alpha} = (\sigma_x - \sigma_y)\cos2\alpha - 2\tau_{xy}\sin2\alpha = 0$$

由此可得到切应力的极值所在平面的方位 α_1,即

$$\tan2\alpha_1 = \frac{\sigma_x - \sigma_y}{2\tau_{xy}} \tag{11-9}$$

由式(11-9)求得两个解 α_1 和 $\alpha_1+90°$,从而可以确定两个相互垂直的平面,其上分别作用着最大切应力和最小切应力。由式(11-9)求出 $\sin2\alpha_1$ 和 $\cos2\alpha_1$,代入式(11-2),求得切应力的最大值和最小值分别是

$$\left.\begin{array}{l}\tau_{max}\\\tau_{min}\end{array}\right\} = \pm\sqrt{\left(\frac{\sigma_x - \sigma_y}{2}\right)^2 + \tau_{xy}^2} \tag{11-10}$$

比较式(11-8)与式(11-10),可以看出

$$\left.\begin{array}{l}\tau_{max}\\\tau_{min}\end{array}\right\} = \pm\frac{1}{2}(\sigma_{max} - \sigma_{min}) \tag{11-11}$$

比较式(11-7)与式(11-9)可得

$$\tan2\alpha_0 = -\frac{1}{\tan2\alpha_1}$$

所以有

$$2\alpha_1 = 2\alpha_0 + \frac{\pi}{2}, \alpha_1 = \alpha_0 + \frac{\pi}{4} \tag{11-12}$$

式(11-12)说明,极值切应力所在平面与主平面的夹角为 45°(图 11-6(b))。

极值切应力所在平面上的正应力一般情况下都不等于零,通常用 σ_n 表示(图 11-6(b))。

若将 α_1 和 $\alpha_1 + 90°$ 分别代入式（11-1），经整理后，即得这两个面上的正应力均恒为

$$\sigma_n = \sigma_{\alpha_1} = \sigma_{\alpha_1 + 90°} = \frac{\sigma_x + \sigma_y}{2} = \frac{\sigma_{\max} + \sigma_{\min}}{2} \tag{11-13}$$

最后需要指出的是，本节所求得的 $\sigma_{\max}$、$\sigma_{\min}$ 和 $\tau_{\max}$、$\tau_{\min}$，是平行于 z 轴（即垂直于 xy 面）的那类平行平面中的应力极值，它并不一定就是通过该点所有各斜截面上的极值应力。如欲求之，还必须分别讨论平行于 x 轴、平行于 y 轴以及与 x、y、z 轴都不平行的各类平面中的应力情况，通过比较后才能最后得出结果。

【例 11-1】 单元体各面上的应力如图 11-7(a)所示（应力单位：MPa）。试求：(1)ab 面上的正应力和切应力，并将计算结果标注在单元体上；(2)主应力的大小和主平面的方位，并画出主单元体；(3)该点在垂直于纸面的平面上的极值切应力及其所在平面的单元体。

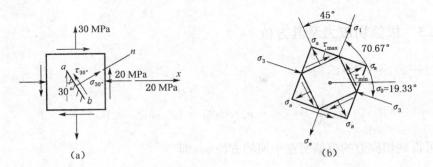

图 11-7

解：(1) 求 ab 面上的正应力和切应力

将 $\sigma_x = -20$ MPa，$\sigma_y = 30$ MPa，$\tau_{xy} = -20$ MPa，$\alpha = 30°$ 代入式(11-1)和式(11-2)可得

$$\sigma_{30°} = \frac{-20+30}{2} + \frac{-20-30}{2}\cos 60° - (-20)\sin 60° = 9.82\text{(MPa)}$$

$$\tau_{30°} = \frac{-20-30}{2}\sin 60° + (-20)\cos 60° = -31.65\text{(MPa)}$$

所得的 $\sigma_{30°}$、$\tau_{30°}$ 均表示于图 11-7(a)中。

(2) 求主应力和主平面

将 σ_x、σ_y 和 τ_{xy} 代入式(11-8)得两个主应力分别为

$$\left.\begin{array}{c}\sigma_{\max}\\\sigma_{\min}\end{array}\right\} = \frac{-20+30}{2} \pm \sqrt{\left(\frac{-20-30}{2}\right)^2 + (-20)^2} = \begin{cases}37\\-27\end{cases}\text{(MPa)}$$

另一个主应力为零。将这些结果按其代数值排列，即得三个主应力分别为

$$\sigma_1 = 37 \text{ MPa}, \sigma_2 = 0, \sigma_3 = -27 \text{ MPa}$$

由式(11-7)得

$$\tan 2\alpha_0 = -\frac{2\tau_{xy}}{\sigma_x - \sigma_y} = -\frac{2 \times (-20)}{-20-30} = -0.8$$

$$2\alpha_0 = -38.66°, \alpha_0 = -19.33°$$

在单元体上由 x 轴顺时针转 19.33°确定了一个主平面后,与之垂直的平面则为另一个主平面。根据前述主应力与主平面的对应关系,可知 σ_3 应在 α_0 面上,而 σ_1 应在 $\alpha_0+90°=70.67°$ 所对应的面上。绘主单元体如图 11-7(b)所示。

(3) 求极值切应力及其作用面

由式(11-10)得

$$\left.\begin{array}{l}\tau_{\max}\\\tau_{\min}\end{array}\right\}=\pm\sqrt{\left(\frac{\sigma_x-\sigma_y}{2}\right)+\tau_{xy}^2}=\pm\sqrt{\left(\frac{-20-30}{2}\right)^2+(-20)^2}$$
$$=\pm32(\text{MPa})$$

表示极值切应力所在平面位置的 α_1 可由式(11-9)求得,也可直接由 σ_1 所在主平面逆时针旋转45°来确定 $\tau_{\max}$ 所在平面的位置,而 $\tau_{\min}$ 所在平面与之垂直。这些结果均表示在图 11-7(b)中。图中 $\sigma_n=\dfrac{\sigma_x+\sigma_y}{2}=\dfrac{-20+30}{2}=5(\text{MPa})$,故画为拉应力,不过一般不要求计算。

【例 11-2】 试讨论圆轴扭转时表面上一点处的应力状态,并分析低碳钢和铸铁圆试件受扭时的破坏现象。

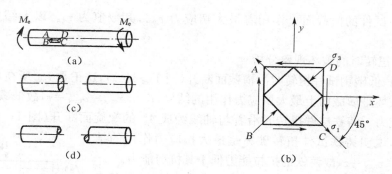

图 11-8

解:(1) 研究试件表面任一点处的应力状态

在试件表面任一点截取单元体 $ABCD$,如图 11-8(a)所示,单元体各面上的应力如图 11-8(b)所示。由于圆轴扭转时,在横截面的边缘点处切应力最大,其数值为 $\tau=\dfrac{T}{W_t}=\dfrac{M_e}{W_t}$ 故单元体各面上的应力为

$$\sigma_x=\sigma_y=0,\quad\tau_{xy}=\tau$$

此单元体处于纯剪切应力状态。把 σ_x、σ_y、σ_{xy} 代入式(11-4),得

$$\left.\begin{array}{l}\sigma_{\max}\\\sigma_{\min}\end{array}\right\}=\frac{\sigma_x+\sigma_y}{2}\pm\sqrt{\left(\frac{\sigma_x-\sigma_y}{2}\right)^2+\tau_{xy}^2}=\pm\tau$$

按照主应力的记号规则知

$$\sigma_1=\sigma_{\max}=\tau,\quad\sigma_2=0,\quad\sigma_3=\sigma_{\min}=-\tau$$

故纯剪切应力状态是二向应力状态,其两个主应力的绝对值相等,都等于切应力 τ,但一为拉

应力,一为压应力。

由式(11-7)得

$$\tan 2\alpha_0 = -\frac{2\tau_{xy}}{\sigma_x - \sigma_y} = -\infty$$

所以

$$2\alpha_0 = -90° \text{ 或} -270°$$

$$\alpha_0 = -45° \text{ 或} -135°$$

上述结果表明,从 x 轴顺时针转 45°所确定的主平面上的主应力为 $\sigma_{\max}$,而由 $\alpha_0 = -135°$ 所确定的主平面上的主应力为 $\sigma_{\min}$。

由式(11-10)和式(11-9)可分别求得极值切应力及其作用面的位置如下:

$$\left.\begin{array}{c}\tau_{\max} \\ \tau_{\min}\end{array}\right\} = \pm\tau$$

$$\alpha_1 = 0° \text{ 或} 90°$$

此结果表明在试件的横截面上作用着最大切应力 $\tau_{\max}$,其数值为 τ。以上结果均表示在图 11-8(b)中。

(2) 圆轴扭转时的破坏现象分析

试验表明,低碳钢试件扭转时沿横截面断开(图 11-8(c)),这正是 $\tau_{\max}$ 所在平面,说明低碳钢试件扭转破坏是横截面上最大切应力作用的结果,由于 $\tau_{\max} = \sigma_{\max} = \tau$,故低碳钢的抗剪能力低于其抗拉能力。铸铁试件扭转时沿着与轴线约成 45°的螺旋面断开(图 11-8(d)),这正是 $\sigma_{\max}$ 所在平面,说明铸铁试件扭转破坏是最大拉应力作用的结果,由于 $\sigma_{\max} = \tau_{\max} = \tau$,故铸铁的抗拉能力低于其抗剪能力。

【例 11-3】 如图 11-9(a)所示简支梁,试分析任一横截面 $m-m$ 上各点处的主应力,并进一步分析全梁的情况。

解:(1) 截面 $m-m$ 上各点处的主应力

在截面 $m-m$ 上各点处的弯曲正应力和弯曲切应力可分别由 $\sigma = \dfrac{My}{I_z}$ 和 $\tau = \dfrac{F_S S_z^*}{b I_z}$ 计算。在截面上、下边缘点 1、5 点处(图 11-9(b)),处于单向应力状态;中性轴上的 3 点处,处于纯剪切应力状态;而在其间的 2、4 点处,则同时承受弯曲正应力 σ 和弯曲切应力 τ。

根据式(11-7)与式(11-8)可知,梁内任一点处的主平面方位及主应力大小可由下式确定:

$$\tan 2\alpha_0 = \frac{2\tau}{\sigma}$$

$$\sigma_1 = \frac{1}{2}(\sigma + \sqrt{\sigma^2 + 4\tau^2}) > 0$$

$$\sigma_2 = 0$$

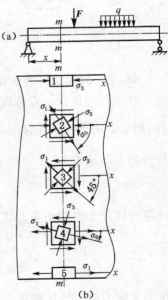

图 11-9

$$\sigma_3 = \frac{1}{2}(\sigma - \sqrt{\sigma^2 + 4\tau^2}) < 0$$

上式表明,在梁内任一点处的两个非零主应力中,其一必为拉应力,而另一个则必为压应力。

截面 $m-m$ 内各点的单元体及主单元体如图 11-9(b)所示。可见,1 点处的 σ_3 方向和 5 点处的 σ_1 方向都与梁轴线平行,沿截面高度自下而上,各点的主应力 σ_1 方向由水平位置按顺时针逐渐变动到竖直位置,主应力 σ_3 的方向则由竖直位置也按顺时针渐变到水平位置。

（2）主应力迹线

求出梁截面上一点的主应力方向后,把其中一个主应力方向延长与相邻横截面交于一点,交点的主应力方向求出后再将其延长与下一个相邻横截面交于一点。依次类推,将得到一条折线,它的极限是一条曲线。这条曲线上任一点的切线方向即为该点的主应力方向,这种曲线称为梁的**主应力迹线**。经过梁内任一点有两条相互垂直的主应力迹线。

承受均布荷载作用的简支梁的主应力迹线如图 11-10(a)所示,图中,实线为主拉应力迹线,虚线为主压应力迹线。

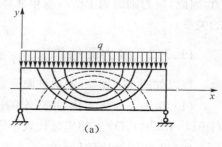

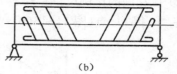

图 11-10

在钢筋混凝土梁中,主要承力钢筋均大致沿主拉应力迹线配置(图 11-10(b)),以使钢筋承担拉应力,从而提高混凝土梁的承载能力。

【例 11-4】 如图 11-11 所示单元体的应力状态,求最大切应力。

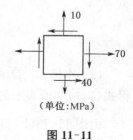

（单位:MPa）

图 11-11

解：$\left.\begin{array}{c}\sigma_{\max}\\\sigma_{\min}\end{array}\right\} = \frac{70+10}{2} \pm \sqrt{\left(\frac{70-10}{2}\right)^2 + 40^2} = \left\{\begin{array}{c}90\\-10\end{array}\right.$ MPa

$\sigma_1 = 90$ MPa　　$\sigma_2 = 0$ MPa　　$\sigma_3 = -10$ MPa

所以　　$\tau_{\max} = \frac{\sigma_1 - \sigma_3}{2} = 50$ MPa

11.3 平面状态分析的图解法

11.3.1 应力圆方程

由式(11-1)和式(11-2)可以看出,平面应力状态下一点处在任一斜截面上的应力 σ_α、τ_α 均以 2α 为参变量,说明在 σ_α 与 τ_α 之间必存在确定的函数关系。从上两式中消去参变量 2α 后,即得

$$\left(\sigma_\alpha - \frac{\sigma_x + \sigma_y}{2}\right)^2 + \tau_\alpha^2 = \left(\frac{\sigma_x - \sigma_y}{2}\right)^2 + \tau_{xy}^2 \qquad (11-14)$$

由于 σ_x、σ_y 与 τ_{xy} 皆为已知量,所以,当斜截面随方位角 α 变化时,其上的应力 σ_α、τ_α 在 σ-τ 直角

坐标系中的轨迹是一个圆,其圆心在 σ 轴上,坐标为 $\left(\dfrac{\sigma_x+\sigma_y}{2},0\right)$,半径为 $\sqrt{\left(\dfrac{\sigma_x-\sigma_y}{2}\right)^2+\tau_{xy}^2}$,如图 11-12 所示,此圆称为**应力圆**或**莫尔(O. Mohr)圆**。由上述可知,圆周上任一点的纵、横坐标,分别代表单元体相应截面上的切应力和正应力,因此,应力圆圆周上的点与单元体的斜截面有着一一对应的关系。

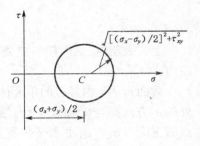

图 11-12

11.3.2　应力圆的作法

现以如图 11-13(a)所示平面应力状态为例,说明应力圆的作法(图中设 $\sigma_x > \sigma_y$)。

(1) 在 σ-τ 坐标系内,按选定的比例尺量取横坐标 $\overline{OB_1}=\sigma_x$,纵坐标 $\overline{B_1D_x}=\tau_{xy}$,得 D_x 点(图 11-13(b))。D_x 点的坐标代表单元体 x 面上的应力。

(2) 以相同的比例尺,在 σ-τ 坐标系中量取横坐标 $\overline{OB_2}=\sigma_y$,纵坐标 $\overline{B_2D_y}=\tau_{yx}$,(注意 $\tau_{yx}=\tau_{xy}$),得 D_y 点(图 11-13(b))。D_y 点的坐标代表单元体 y 面上的应力。

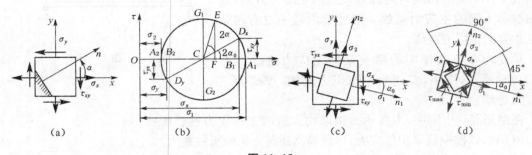

(a)　　　　　　　(b)　　　　　　　(c)　　　　　　　(d)

图 11-13

(3) 连接 D_x、D_y 两点的直线与 σ 轴交于 C 点。以 C 点为圆心,$\overline{CD_x}$ 或 $\overline{CD_y}$ 为半径作圆,即得式(11-14)所表示的应力圆。下面说明该作法的正确性。

由图 11-13(b)知,此圆的圆心 C 在 σ 轴上,且 $\overline{OC}=\dfrac{\overline{OB_1}+\overline{OB_2}}{2}=\dfrac{\sigma_x+\sigma_y}{2}$,所以此圆心的坐标为 $\left(\dfrac{\sigma_x+\sigma_y}{2},0\right)$,与式(11-14)所述应力圆的圆心坐标相符合;又由图 11-13(b)知,圆的半径为

$$\overline{CD_x}=\sqrt{\overline{CD_1}^2+\overline{B_1D_x}^2}=\sqrt{\left(\frac{\overline{OB_1}-\overline{OB_2}}{2}\right)^2+\overline{B_1D_x}^2}=\sqrt{\left(\frac{\sigma_x-\sigma_y}{2}\right)^2+\tau_{xy}^2}$$

这也与式(11-14)所述应力圆的半径相符合。所以按此法作出的圆就是**应力圆**。

11.3.3　应力圆的应用

1. 利用应力圆求二向应力状态下单元体斜截面上的应力

若要求单元体 α 面上的应力 σ_α、τ_α 时(图 11-13(a)),可从应力圆上的半径 $\overline{CD_x}$ 按方位角 α 的转向转动 2α 角,得到半径 CE,则圆周上 E 点的坐标就是要求的 σ_α、τ_α。现证明如下:

图 11-13(b)中,设 $\overline{CD_x}$ 与横轴的夹角为 $2\alpha_0$,则 E 的横坐标为

$$
\begin{aligned}
\overline{OF} &= \overline{OC} + \overline{CF} = \overline{OC} + \overline{CE}\cos(2\alpha_0 + 2\alpha) \\
&= \overline{OC} + \overline{CE}\cos2\alpha_0\cos2\alpha - \overline{CE}\sin2\alpha_0\sin2\alpha \\
&= \overline{OC} + (\overline{CD_x}\cos2\alpha_0)\cos2\alpha - (\overline{CD_x}\sin2\alpha_0)\sin2\alpha \\
&= \overline{OC} + \overline{CB_1}\cos2\alpha - \overline{B_1 D_x}\sin2\alpha \\
&= \frac{\sigma_x + \sigma_y}{2} + \frac{\sigma_x - \sigma_y}{2}\cos2\alpha - \tau_{xy}\sin2\alpha \\
&= \sigma_\alpha
\end{aligned}
$$

按类似方法可证明 E 点的纵坐标为

$$
\overline{EF} = \frac{\sigma_x - \sigma_y}{2}\sin2\alpha + \tau_{xy}\cos2\alpha = \tau_\alpha
$$

从以上作图及证明可以看出,应力圆上的点与单元体上的面之间有以下对应关系:

(1) 点面对应应力圆圆周上一点的横、纵坐标,必对应于单元体上某一截面的正应力和切应力。

(2) 转向一致,转角两倍应力圆圆周上任意两点 A_1、B_1 之间的圆弧所对的圆心角 2β 是单元体上两个相应截面 A 与 B 的外法线间所夹角度 β 的 2 倍,且两点间的走向与相应截面外法线间的转向相

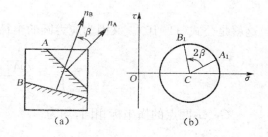

图 11-14

同,如图 11-14 所示。因此,与两相互垂直截面相对应的点,必位于应力圆上同一直径的两端。例如在图 11-13(b)中,与 x 截面对应的点 D_x 以及与 y 截面对应的点 D_y,即位于同一直径的两端。

2. 利用应力圆确定平面应力状态下的主应力大小和主平面方位

由图 11-13(b)可见,平面应力状态的应力圆与横轴有两个交点 A_1、A_2。此两点的纵坐标为零,而横坐标则分别为应力圆圆周上各点横坐标中的最大值和最小值。因此,这两点的横坐标即代表主平面上的主应力。按照主应力的顺序规定有

$$
\sigma_1 = \sigma_{\max} = \overline{OA_1} = \overline{OC} + \overline{CA_1} = \frac{\sigma_x + \sigma_y}{2} + \sqrt{\left(\frac{\sigma_x - \sigma_y}{2}\right)^2 + \tau_{xy}^2}
$$

$$
\sigma_2 = \sigma_{\min} = \overline{OA_2} = \overline{OC} - \overline{CA_2} = \frac{\sigma_x + \sigma_y}{2} - \sqrt{\left(\frac{\sigma_x - \sigma_y}{2}\right)^2 + \tau_{xy}^2}
$$

单元体的 z 面上没有任何应力,也是一个主平面,故 $\sigma_3 = 0$。

主平面的方位也可从应力圆上确定。在应力圆上,由 D_x 点(与单元体上的 x 面对应)到 A_1 点所对圆心角为顺时针的 $2\alpha_0$,在单元体上,从 x 轴也顺时针转 α_0,这就确定了 σ_1 所在主平面的法线方向 n_1(图 11-13(c))。在应力圆上,由 A_1 到 A_2 所对圆心角为 $180°$,则在单元体上,σ_1 和 σ_2 所在主平面的法线 n_1 和 n_2 之间的夹角为 $90°$,说明两个主平面是互相垂直的。在图 11-13(c)中画出了主单元体。

由图 11-13(b)可以看出

$$\tan 2\alpha_0 = -\frac{\overline{B_1 D_x}}{\overline{CB_1}} = -\frac{2\tau_{xy}}{\sigma_x - \sigma_y}$$

再次得到了式(11-7)。式中的负号是根据 α 角的正负规定,由 x 面到 σ_1 所在面为顺时针方向转动了 α_0,此角为负值,故应加负号。

3. 利用应力圆确定平面应力状态下的极值切应力及其所在平面的方位

在图 11-13(b)中,应力圆上 G_1 和 G_2 两点的纵坐标分别是最大值和最小值,分别代表最大切应力和最小切应力。因为 $\overline{CG_1}$ 和 $\overline{CG_2}$ 都是应力圆的半径,故有

$$\tau_{\max} = \overline{CG_1} = \overline{CD_x} = \sqrt{\left(\frac{\sigma_x - \sigma_y}{2}\right)^2 + \tau_{xy}^2}$$

$$\tau_{\min} = \overline{CG_2} = -\overline{CD_x} = -\sqrt{\left(\frac{\sigma_x - \sigma_y}{2}\right)^2 + \tau_{xy}^2}$$

这就是公式(11-10)。又因为应力圆的半径也等于 $\frac{\sigma_{\max} - \sigma_{\min}}{2}$,故又可写为

$$\left.\begin{array}{c}\tau_{\max}\\ \tau_{\min}\end{array}\right\} = \pm\frac{\overline{OA_1} - \overline{OA_2}}{2} = \pm\frac{\sigma_{\max} - \sigma_{\min}}{2}$$

G_1、G_2 两点的横坐标相同,均为

$$\sigma_n = \overline{OC} = \frac{\sigma_x + \sigma_y}{2}$$

显然,与 G_1、G_2 两点相对应的单元体上的两个面相互垂直,而且与主平面成 $45°$ 角(图 11-13(d))。在应力圆上,由 A_1 到 G_1 所对圆心角为逆时针的 $90°$,在单元体上,由 σ_1 所在主平面的法线到 $\tau_{\max}$ 所在平面的法线应为逆时针的 $45°$。

由以上分析可见,解析法的公式(11-1)~(11-11)都可通过应力圆得到,但是应力圆对单元体上各种应力特征的形象描述比解析法更为深刻,也便于记忆公式。在实际应用中,并不一定把应力圆视为纯粹的图解法,可以利用应力圆来理解有关一点处应力状态的一些特征,或从图上的几何关系来分析一点处的应力状态,它是进行应力状态分析的有力工具。

【例 11-5】 对于如图 11-15(a)所示的单元体,若要求垂直于纸面的平面内最大切应力 $\tau_{\max} < 85$ MPa,试求 τ_{xy} 的取值范围。(图中应力单位:MPa)

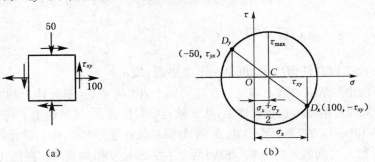

(a)　　　　　　　　(b)

图 11-15

解:因为 σ_y 为负值,故如图 11-15(a)所示的单元体对应的应力圆如图 11-15(b)所示。根据图中的几何关系,不难得到

$$\left(\sigma_x - \frac{\sigma_x + \sigma_y}{2}\right)^2 + \tau_{xy}^2 = \tau_{\max}^2$$

将 $\sigma_x = 100\,\text{MPa}$,$\sigma_y = -50\,\text{MPa}$,$\tau_{\max} < 85\,\text{MPa}$ 代入上式后,根据题意得到

$$\tau_{xy}^2 < \left[85^2 - \left(100 - \frac{100 - 50}{2}\right)^2\right]$$

由此解得

$$\tau_{xy} < 40\,\text{MPa}$$

【例 11-6】 过一点两个截面的应力如图 11-16(a)所示。已知 $\sigma_x = 52.3\,\text{MPa}$,$\tau_{xy} = -18.6\,\text{MPa}$,$\sigma_\alpha = 20\,\text{MPa}$,$\tau_\alpha = -10\,\text{MPa}$。试求:(1)该点的主应力和主平面;(2)两截面的夹角 α。

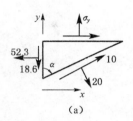 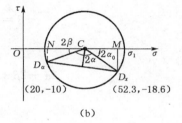

图 11-16

解:(1) 作应力圆,求圆心和半径

确定一个圆需要三个点,但应力圆的圆心在横轴上,所以已知单元体两个面上的应力一般即可画出应力圆。在 σ-τ 坐标平面内,按选定的比例尺由坐标($\sigma_x = 52.3\,\text{MPa}$,$\tau_{xy} = -18.6\,\text{MPa}$) 和 ($\sigma_\alpha = 20$,$\tau_\alpha = -10\,\text{MPa}$) 分别确定 D_x 和 D_α 点。D_x 与 D_α 连线的中垂线,交 σ 轴于 C 点。以 C 点为圆心,$\overline{CD_x}$(或 $\overline{CD_\alpha}$)为半径画应力圆如图 11-16(b) 所示。由图中几何关系

$$R_2 = (\overline{OC} - 20)^2 + 10^2 = (52.3 - \overline{OC})^2 + 18.6^2$$

解得圆心坐标

$$\overline{OC} = 40\,\text{MPa}$$

半径

$$R = \sqrt{(52.3 - \overline{OC})^2 + 18.6^2}$$
$$= \sqrt{(52.3 - 40)^2 + 18.6^2}$$
$$= 22.3\,(\text{MPa})$$

(2) 求主应力和主平面
由图 11-16(b)中的三角关系得

$$\tan 2\alpha_0 = \frac{\overline{MD_x}}{\overline{CM}} = \frac{18.6}{52.3 - 40} = 1.512$$

解得

$$\alpha_0 = 28.3°$$

由图 11-16(b)可得主应力为

$$\sigma_1 = \overline{OC} + R = 40 + 22.3 = 62.3 \text{(MPa)}$$

$$\sigma_2 = \overline{OC} - R = 40 - 22.3 = 17.7 \text{(MPa)}, \quad \sigma_3 = 0$$

(3) 求两截面的夹角

由图 11-16(b)中的三角关系得

$$\sin 2\beta = \frac{\overline{ND_\alpha}}{R} = \frac{10}{22.3} = 0.448\,4$$

解得

$$\beta = 13.3°$$

又因为

$$2\alpha + 2\beta + 2\alpha_0 = 180°$$

所以

$$\alpha = 48.4°$$

【例 11-7】 讨论几种二向应力状态的特例。

(1) 单向应力状态

以轴向拉伸(图 11-17(a))为例,从受拉直杆中任一点 A 处截取单元体如图 11-17(b)所示。单向应力状态可以看作是二向应力状态的特殊情况。$\sigma_x = \sigma, \sigma_y = 0, \tau_{xy} = 0$,由式(11-1)和式(11-2)得任意斜截面上的应力

$$\sigma_\alpha = \frac{\sigma}{2}(1 + \cos 2\alpha) = \sigma \cos^2 \alpha$$

$$\tau_\alpha = \frac{\sigma}{2} \sin 2\alpha$$

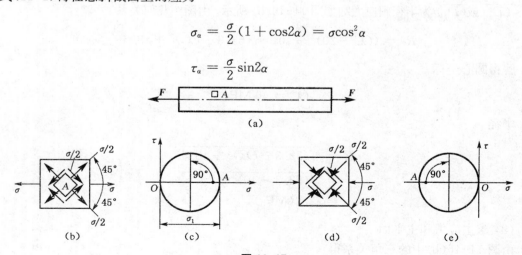

图 11-17

若用应力圆求解，在 σ-τ 坐标平面内，取 $\overline{OA}=\sigma_x=\sigma$，以 $\overline{OA}$ 为直径作圆，得应力圆如图 11-17(c)所示。

无论从解析式，还是从应力圆都可得到

$$\sigma_1=\sigma,\quad \sigma_2=0,\quad \sigma_3=0$$

而 $\tau_{max}=\dfrac{\sigma}{2}$，$\tau_{min}=-\dfrac{\sigma}{2}$，分别发生在与横截面夹角为 $+45°$、$-45°$ 的斜截面上，此两截面上的正应力相同，即 $\sigma_{\pm45°}=\dfrac{\sigma}{2}$。

对于单向压缩应力状态(图 11-17(d))可进行类似分析，其应力圆如图 11-17(e)所示。

由上可见，对于单向应力状态，应力圆总与 τ 轴相切。单向拉伸时，应力圆在 τ 轴右侧与 τ 轴相切；单向压缩时，应力圆在 τ 轴左侧并与 τ 轴相切。

(2) 纯剪切应力状态

圆轴受扭时(图 11-18(a))，轴内各点均处于纯剪切应力状态。从表面上任一点 A 取出的单元体如图 11-18(b)所示，其对应的应力圆如图 11-18(c)所示。由 D_x 点顺时针转 $90°$ 到 A_1 点，所以单元体上由 x 轴顺时针转 $45°$ 得 σ_1 所在主平面的法线方向。于是得三个主应力为

$$\sigma_1=\tau,\quad \sigma_2=0,\quad \sigma_3=-\tau$$

主平面方位 $\alpha_0=-45°$，主单元体如图 11-18(b)所示。

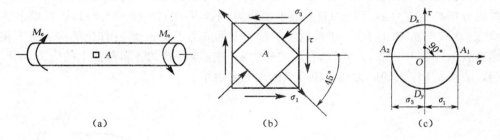

(a)　　　　　　　(b)　　　　　　　(c)

图 11-18

(3) 一种常见的二向应力状态

在横力弯曲及后面要讨论的弯扭组合变形中，经常会遇到如图 11-19(a)所示的应力状态，其 $\sigma_x=\sigma$，$\tau_{xy}=\tau$，$\sigma_y=0$，相应的应力圆如图 11-19(b)所示。单元体前、后面上没有任何应力，故有一个主应力等于零。另外两个主应力为

$$\left.\begin{array}{r}\sigma_{max}\\[4pt]\sigma_{min}\end{array}\right\}=\frac{\sigma}{2}\pm\sqrt{\left(\frac{\sigma}{2}\right)^2+\tau^2}$$

上式中，由于 $\sqrt{\left(\dfrac{\sigma}{2}\right)^2+\tau^2}$ 总是大于 $\dfrac{\sigma}{2}$，故 $\sigma_{min}<0$，于是三个主应力为

$$\sigma_1=\frac{\sigma}{2}+\sqrt{\left(\frac{\sigma}{2}\right)^2+\tau^2},\quad \sigma_2=0,\quad \sigma_3=\frac{\sigma}{2}-\sqrt{\left(\frac{\sigma}{2}\right)^2+\tau^2}$$

主平面方位由下式确定：

$$\tan 2\alpha_0 = -\frac{2\tau}{\sigma}$$

由此可确定主平面位置,绘出主单元体如图 11-19(a)所示。

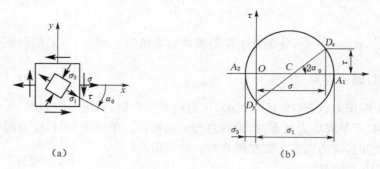

图 11-19

11.4 三向应力状态下应力分析简介

11.4.1 三向应力圆

从受力构件内某点处取出一个主单元体,其主应力 σ_1、σ_2、σ_3 均为已知(图 11-20(a))。

首先分析与主应力 σ_3 平行的斜截面上的应力。不难看出(图 11-20(b)),该截面上的应力与 σ_3 无关,而仅与 σ_1 和 σ_2 有关。于是这类斜截面上的应力可由 σ_1 和 σ_2 作出的应力圆上相应点的坐标来表示(图 11-20(c))。同理,在与主应力 σ_2(或 σ_1)平行的各斜截面上的应力,则可由 σ_1 和 σ_3(或 σ_2 和 σ_3)作出的应力圆上相应点的坐标来表示。

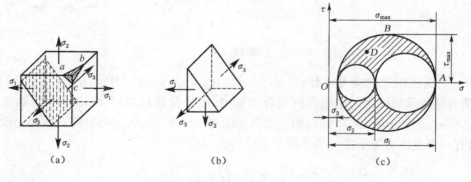

图 11-20

进一步的研究表明,表示与三个主应力都不平行的任意斜截面(图 11-20(a)中的 abc 面)上的应力 σ 和 τ 的 D 点,必位于上述三个应力圆所围成的阴影范围以内(图 11-20(c))。

由此可见,在 σ-τ 坐标平面内,对应于受力构件内一点所有截面上的应力情况的点,或位于应力圆圆周上,或位于三个应力圆所围成的阴影范围内。也就是说,一点处的应力状态可以用三个应力圆表示,称为**三向应力圆**。

11.4.2 最大应力

由以上分析可知,在图 11-20(a)所示的应力状态下,一点处所有截面上的最大正应力和最大切应力所在截面必然与最大应力圆上的点对应,也即 σ_{max}、τ_{max} 都发生在与 σ_2 平行的这组截面内。该点处的最大正应力为

$$\sigma_{max} = \sigma_1 \tag{11-15}$$

而最大切应力为

$$\tau_{max} = \frac{\sigma_1 - \sigma_3}{2} \tag{11-16}$$

最大切应力所在截面与 σ_2 平行,与 σ_1 和 σ_3 所在的主平面各成 45°角。

【例 11-8】 受力构件中某点的单元体如图 11-21(a)所示,试求该点的主应力及最大切应力(应力单位为 MPa)。

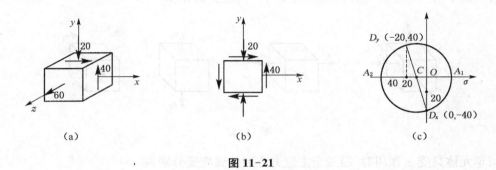

(a)   (b)   (c)

图 11-21

解:该单元体有一个已知的主应力 $\sigma_z = 60$ MPa,这是已知一个主平面和主应力的三向应力状态问题。处理这种问题时,可先求平行于已知主应力方向的那组截面中的主应力,也即相当于求如图 11-21(b)所示二向应力状态的主应力。画出相应的应力圆(图 11-21(c)),从应力圆上量得两个主应力分别为 31 MPa 和 -51 MPa。根据主应力的排序规则,得三个主应力为

$$\sigma_1 = 60 \text{ MPa}, \quad \sigma_2 = 31 \text{ MPa} \quad \sigma_3 = -51 \text{ MPa}$$

最大切应力为

$$\tau_{max} = \frac{\sigma_1 - \sigma_3}{2} = \frac{60 - (-51)}{2} = 55.5 \text{(MPa)}$$

11.5 应力与应变间的关系

在讨论单向拉伸或单向压缩时,根据试验结果,曾得到线弹性范围内应力与应变的关系为

$$\sigma = E\varepsilon, \text{ 或 } \quad \varepsilon = \frac{\sigma}{E} \tag{11-17a}$$

这就是胡克定律。此外,轴向的变形还将引起横向尺寸的变化,横向应变 ε' 可表示为

$$\varepsilon' = -\mu \frac{\sigma}{E} \tag{11-17b}$$

在纯剪切的情况下,试验结果表明,当切应力不超过剪切比例极限时,切应力和切应变之间的关系服从剪切胡克定律。即

$$\tau = G\gamma, \quad 或 \quad \gamma = \frac{\tau}{G} \tag{11-17c}$$

下面进一步研究复杂应力状态下的应力和应变的关系——广义胡克定律。

11.5.1 广义胡克定律

从受力构件中取出的主单元体如图 11-22 所示,其三对主平面上的主应力分别为 σ_1、σ_2、σ_3。在线弹性、小变性条件下,可以将这个三向应力状态看成是由三个单向应力状态叠加而成。只要分别求出这三个单向应力状态沿主应力方向的线应变,然后叠加起来,就可以得到三向应力状态下沿三个主应力方向的线应变——主应变 ε_1、ε_2、ε_3。

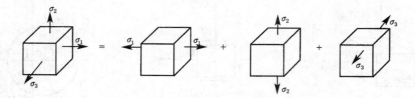

图 11-22

当单元体只受 σ_1 作用时,沿三个主应力方向的线应变分别为

$$\varepsilon'_1 = \frac{\sigma_1}{E}, \quad \varepsilon'_2 = -\mu \frac{\sigma_1}{E}, \quad \varepsilon'_3 = -\mu \frac{\sigma_1}{E}$$

同理,当单元体分别只受 σ_2 和 σ_3 作用时,沿三个主应力方向的线廊变分别为

$$\varepsilon''_1 = -\mu \frac{\sigma_2}{E}, \quad \varepsilon''_2 = \frac{\sigma_2}{E}, \quad \varepsilon''_3 = -\mu \frac{\sigma_2}{E}$$

$$\varepsilon'''_1 = -\mu \frac{\sigma_3}{E}, \quad \varepsilon'''_2 = -\mu \frac{\sigma_3}{E}, \quad \varepsilon'''_3 = \frac{\sigma_3}{E}$$

三个主应力共同作用时,沿三个方向的主应变可运用叠加原理求得,即

$$\begin{cases} \varepsilon_1 = \dfrac{1}{E}[\sigma_1 - \mu(\sigma_2 + \sigma_3)] \\[2mm] \varepsilon_2 = \dfrac{1}{E}[\sigma_2 - \mu(\sigma_3 + \sigma_1)] \\[2mm] \varepsilon_3 = \dfrac{1}{E}[\sigma_3 - \mu(\sigma_1 + \sigma_2)] \end{cases} \tag{11-18}$$

式(11-18)称为**广义胡克定律**。式中的主应力 σ_1、σ_2、σ_3 取代数值,求得的主应变也为代数值。结果为正,表示伸长,为拉应变;反之表示缩短,为压应变。

与主应力情况类似,各主应变之间的关系为 $\varepsilon_1 \geqslant \varepsilon_2 \geqslant \varepsilon_3$,表明单元体沿所有方向的线应

变中,最大值为沿 σ_1 方向的线应变 ε_1,即

$$\varepsilon_{\max} = \varepsilon_1$$

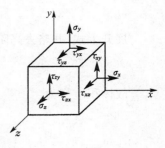

图 11-23

当单元体各面上既有正应力,又有切应力作用(见图 11-23)时,可以看作是三组单向应力和三组纯剪切的组合,单元体将同时产生线应变和切应变。由弹性理论可以证明:对于各向同性材料,当变形很小且在线弹性范围时,线应变只与正应力有关,与切应力无关;切应变只与切应力有关,而与正应力无关。于是,分别研究这两类关系,并利用(11-17a,b,c)三式,得到广义胡克定律的一般表达式为

$$\begin{cases} \varepsilon_x = \dfrac{1}{E}[\sigma_x - \mu(\sigma_y + \sigma_z)] \\[2mm] \varepsilon_y = \dfrac{1}{E}[\sigma_y - \mu(\sigma_z + \sigma_x)] \\[2mm] \varepsilon_z = \dfrac{1}{E}[\sigma_z - \mu(\sigma_x + \sigma_y)] \\[2mm] \gamma_{xy} = \dfrac{\tau_{xy}}{G},\ \gamma_{yz} = \dfrac{\tau_{yz}}{G},\ \gamma_{zx} = \dfrac{\tau_{zx}}{G} \end{cases} \tag{11-19}$$

在平面应力状态下,设 $\sigma_z = 0, \tau_{yz} = 0, \tau_{zx} = 0$,则式(11-19)变为

$$\begin{cases} \varepsilon_x = \dfrac{1}{E}(\sigma_x - \mu\sigma_y) \\[2mm] \varepsilon_y = \dfrac{1}{E}(\sigma_y - \mu\sigma_x) \\[2mm] \varepsilon_z = -\dfrac{\mu}{E}(\sigma_x + \sigma_y) \\[2mm] \gamma_{xy} = \dfrac{\tau_{xy}}{G} \end{cases} \tag{11-20}$$

11.5.2　体积应变

构件受力变形后,其体积通常会发生变化。单位体积的变化称为**体积应变**。设图 11-24 中单元体各棱边的长度分别为 $\mathrm{d}x$、$\mathrm{d}y$ 和 $\mathrm{d}z$。变形前单元体的体积为

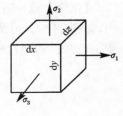

图 11-24

$$V_0 = \mathrm{d}x\mathrm{d}y\mathrm{d}z$$

变形后各棱边分别变为

$$\mathrm{d}x + \varepsilon_1\mathrm{d}x = (1 + \varepsilon_1)\mathrm{d}x$$
$$\mathrm{d}y + \varepsilon_2\mathrm{d}y = (1 + \varepsilon_2)\mathrm{d}y$$
$$\mathrm{d}z + \varepsilon_3\mathrm{d}z = (1 + \varepsilon_3)\mathrm{d}z$$

于是变形后的体积为

$$V_1 = \mathrm{d}x\mathrm{d}y\mathrm{d}z(1-\varepsilon_1)(1+\varepsilon_2)(1+\varepsilon_3)$$

展开上式,并略去高阶微量,得

$$V_1 = \mathrm{d}x\mathrm{d}y\mathrm{d}z(1+\varepsilon_1+\varepsilon_2+\varepsilon_3)$$

故体积应变为

$$\theta = \frac{V_1 - V_0}{V_0} = \varepsilon_1 + \varepsilon_2 + \varepsilon_3 \tag{11-21}$$

将式(11-18)代入上式,化简后可得

$$\theta = \frac{1-2\mu}{E}(\sigma_1 + \sigma_2 + \sigma_3) \tag{11-22}$$

引入记号

$$K = \frac{E}{3(1-2\mu)}, \quad \sigma_\mathrm{m} = \frac{1}{3}(\sigma_1 + \sigma_2 + \sigma_3)$$

则式(11-22)变为

$$\theta = \frac{3(1-2\mu)}{E}\frac{\sigma_1+\sigma_2+\sigma_3}{3} = \frac{\sigma_\mathrm{m}}{K} \tag{11-23}$$

式中,K 称为体积弹性模量;σ_m 是三个主应力的平均值,称为**平均应力**。由式(11-23)可以看出,单元体的体积应变 θ 只与三个主应力之和有关,而与三个主应力之间的比例无关。

对于平面纯剪切应力状态,$\sigma_1 = \tau,\sigma_2 = 0,\sigma_3 = -\tau$,主应力之和为零,故体积应变 θ 等于零,没有体积改变,即在小变形条件下,切应力不引起各向同性材料的体积改变。因此,在图 11-23 所示的一般空间应力状态下,体积应变只与三个线应变 ε_x、ε_y、ε_z 有关。于是,可类似推出

$$\theta = \frac{1-2\mu}{E}(\sigma_x + \sigma_y + \sigma_z) \tag{11-24}$$

即,在任意形式的应力状态下,各向同性材料内一点处的体积应变与切应力无关,与通过该点的任意三个相互垂直平面上的正应力之和成正比。

【例 11-9】 边长为 $a=10\ \mathrm{mm}$ 的钢质立方体无间隙地放入宽、深均为 10 mm 的槽形刚体内,如图 11-25(a)所示。若立方体顶面承受压力 $F=15\ \mathrm{kN}$,试求钢质立方体的主应力和主应变。已知钢的弹性模量 $E=200\ \mathrm{GPa}$,泊松比 $\mu=0.3$。

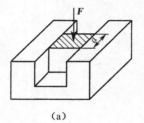
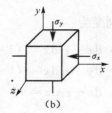

图 11-25

解:钢质立方体在压力 F 作用下, y 面上受到的压应力为

$$\sigma_y = -\frac{F}{A} = -\frac{F}{a^2} = -\frac{15 \times 10^3}{10 \times 10 \times 10^{-6}} = -150 \times 10^6 (\text{Pa}) = -150 (\text{MPa})$$

因为钢质立方体在 z 方向无任何约束,所以沿 z 方向可以自由伸长,故 $\sigma_z = 0$。另外,沿 x 方向变形受阻,同时引起侧向压应力 σ_x(图 11-25(b))。因此有变形条件:

$$\varepsilon_x = \frac{1}{E}[\sigma_x - \mu(\sigma_y + \sigma_z)] = 0$$

所以

$$\sigma_x = \mu\sigma_y = 0.3 \times (-150) = -45 (\text{MPa})$$

故钢质立方体的三个主应力为

$$\sigma_1 = 0, \quad \sigma_2 = -45\text{ MPa}, \quad \sigma_3 = -150\text{ MPa}$$

沿主应力方向的主应变为

$$\varepsilon_1 = \varepsilon_z = \frac{1}{E}[\sigma_1 - \mu(\sigma_2 + \sigma_3)]$$
$$= \frac{1}{200 \times 10^9} \times [0 - 0.3 \times (-45 \times 10^6 - 150 \times 10^6)]$$
$$= 292.5 \times 10^{-6}$$

$$\varepsilon_2 = \varepsilon_x = \frac{1}{E}[\sigma_2 - \mu(\sigma_3 + \sigma_1)] = 0$$

$$\varepsilon_3 = \varepsilon_y = \frac{1}{E}[\sigma_3 - \mu(\sigma_1 + \sigma_2)]$$
$$= \frac{1}{200 \times 10^9} \times [(-150 \times 10^6) - 0.3 \times (0 - 45 \times 10^6)]$$
$$= -682.5 \times 10^{-6}$$

【例 11-10】　试证明各向同性材料的三个弹性常数之间有下列关系:

$$G = \frac{E}{2(1+\mu)}$$

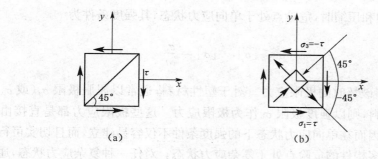

图 11-26

解:取如图 11-26(a)所示纯剪切应力状态单元体。在切应力 τ 作用下,其应变为

$$\varepsilon_x = \varepsilon_y = 0, \quad \gamma_{xy} = \frac{\tau}{G}$$

单元体在 45°方向的线应变为

$$\varepsilon_{45°} = -\frac{\gamma_{xy}}{2} = -\frac{\tau}{2G} \tag{a}$$

根据应力状态分析知,在 −45°和 45°方向分别产生主应力 $\sigma_1 = \tau$ 和 $\sigma_3 = -\tau$,而 $\sigma_2 = 0$。所以由广义胡克定律可知

$$\varepsilon_{45°} = \varepsilon_3 = \frac{1}{E}(\sigma_3 - \mu\sigma_1) = -\frac{(1+\mu)}{E}\tau \tag{b}$$

比较式(a)与式(b),得

$$G = \frac{E}{2(1+\mu)}$$

【例 11-11】 一直径为 d 的钢质受扭圆轴,如图 11-27 所示。现由应变仪测得圆轴表面上与母线成 45°方向的线应变为 ε,并已知钢轴的 E、μ。求圆轴所承受的力偶矩 T。

解:圆轴表面上任一点的应力状态为纯剪应力状态,则

$$\sigma_1 = \tau, \quad \sigma_2 = 0, \quad \sigma_3 = -\tau,$$

$$\tau = \frac{T}{W_t} = \frac{16T}{\pi d^3}$$

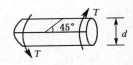

图 11-27

由广义胡克定律:$\varepsilon = \frac{1}{E}[\sigma_1 - \mu(\sigma_2 + \sigma_3)] = \frac{1+\mu}{E} \cdot \tau = \frac{1+\mu}{E} \cdot \frac{16T}{\pi d^3}$

$$T = \frac{\varepsilon \pi d^3 E}{16(1+\mu)}$$

11.6 四种常用的强度理论

11.6.1 强度理论的概念

构件在轴向拉伸和压缩时,危险点处于单向应力状态,其强度条件为

$$\sigma \leqslant [\sigma], \quad [\sigma] = \frac{\sigma_u}{n}$$

式中的 σ_u 为材料破坏时的极限应力。对于塑性材料,通常以屈服极限 σ_s(或 $\sigma_{0.2}$)作为极限应力;对于脆性材料,则以强度极限 σ_b 作为极限应力。这些极限应力都是直接由轴向拉伸(压缩)试验测定的,因而在单向应力状态下的强度条件不仅容易建立,而且切实可行。

然而,工程中许多构件的危险点处于复杂应力状态。对任一种复杂应力状态,通过试验固然可以测出材料在主应力 σ_1、σ_2、σ_3 保持某种比值时的极限应力,但复杂应力状态中应力的组合方式及每种方式中三个主应力之间的比值有无穷多种,如果像单向应力状态一样,靠试验来

确定极限应力,建立强度条件,就必须对各式各样的应力状态——进行试验,确定极限应力,然后建立强度条件,这显然是难以做到的。所以需要寻找新的途径,利用简单应力状态的试验结果来建立复杂应力状态下的强度条件。

通过长期的实践、观察和分析,人们发现,尽管材料的破坏现象各不相同,但材料破坏的基本形式却只有两种类型:一类是在没有明显的塑性变形情况下发生突然断裂,称为脆性断裂;另一类是材料产生显著的塑性变形而使构件丧失正常的承载能力,称为塑性屈服。许多试验表明,断裂常常是最大拉应力或最大拉应变所致。例如灰口铸铁试样拉伸时沿横截面断裂,扭转时沿与轴线约成45°倾角的螺旋面断裂,柱砖试样受压时沿纵截面断裂,即均与最大拉应力或最大拉应变有关。材料屈服时,出现显著的塑性变形。许多试验表明,屈服或出现显著的塑性变形常常是最大切应力所致。例如,低碳钢试样在拉伸屈服时,在其表面与轴线约成45°的方向出现滑移线,扭转屈服时沿纵、横方向出现滑移线,即均与最大切应力有关。

根据上述两类形式的破坏现象,人们在长期的生产实践中综合分析了材料的破坏现象和资料,进一步探讨了引起这些破坏的原因,经过分析、推理,对导致材料破坏的主要原因提出了各种不同的观点和假说,认为材料之所以按某种方式破坏,是危险点处的拉应力、拉应变、最大切应力或畸变能密度等因素中的某一因素引起的。按照这类假说,不论是简单应力状态还是复杂应力状态,引起破坏的因素是相同的,从而可以利用简单应力状态下的试验结果,建立复杂应力状态下危险点的强度条件。这类关于材料破坏的主要原因的观点和假说,称为**强度理论**。

强度理论是根据一定的试验资料提出的推测材料破坏原因的一些假说,它正确与否,适用于什么情况,必须由生产实践来检验。事实上,也正是在反复实践的基础上,强度理论才得以日趋完善和发展。

目前常用的强度理论都是针对均匀、连续、各向同性材料在常温、静载条件下工作时提出的。由于材料的多样性和应力状态的复杂性,一种强度理论经常是适合这类材料却不适合另一类材料,适合一般应力状态却不适合特殊应力状态,所以现有的强度理论还不能说已经圆满地解决了所有的强度问题。随着材料科学和工程技术的不断进步,强度理论的研究也在进一步地深入和发展。

这里只介绍工程中常用的四种强度理论。

11.6.2 常用的四种强度理论

材料的破坏形式主要有两种,即屈服和断裂。强度理论也相应地分为两大类:一类是解释材料脆性断裂破坏的,包括最大拉应力理论和最大拉应变理论;另一类是解释材料塑性屈服破坏的,包括最大切应力理论和畸变能密度理论。

1. 最大拉应力理论(第一强度理论)

这一理论认为,引起材料断裂破坏的主要因素是最大拉应力。即不论材料处于何种应力状态,只要最大拉应力 σ_1 达到材料单向拉伸时最大拉应力的极限值 σ_b,材料就发生脆性断裂破坏。于是,材料发生断裂破坏的条件是

$$\sigma_1 = \sigma_b$$

引入安全因数 n 以后,得第一强度理论的强度条件

$$\sigma_1 \leqslant [\sigma] \tag{11-25}$$

式中，$[\sigma] = \dfrac{\sigma_b}{n}$，为单向拉伸时材料的许用应力。

试验表明，该理论能较好地解释砖石、玻璃、铸铁等脆性材料的破坏现象。但它没有考虑另外两个主应力的影响，对不存在拉应力的情况则不能应用。

2. 最大伸长线应变理论（第二强度理论）

这一理论认为，引起材料断裂破坏的主要因素是最大拉应变。即不论材料处于何种应力状态，只要最大拉应变 ε_1 达到材料单向拉伸时最大拉应变的极限值 ε_u，材料就发生脆性断裂破坏。于是，材料发生断裂破坏的条件是

$$\varepsilon_1 = \varepsilon_u$$

在单向拉伸时，假设材料断裂时应力和应变仍服从胡克定律，则拉断时拉应变的极限值为 $\varepsilon_u = \dfrac{\sigma_b}{E}$。在复杂应力状态下，根据广义胡克定律 $\varepsilon_1 = \dfrac{1}{E}[\sigma_1 - \mu(\sigma_2 + \sigma_3)]$，所以上式改写为

$$\sigma_1 - \mu(\sigma_2 + \sigma_3) = \sigma_b$$

将　除以安全因数 n 得许用应力 $[\sigma]$，于是得第二强度理论的强度条件为

$$\sigma_1 - \mu(\sigma_2 + \sigma_3) \leqslant [\sigma] \tag{11-26}$$

该理论能较好地解释石料、混凝土等脆性材料受轴向压缩时沿纵向截面开裂的现象，铸铁受拉-压二向应力且压应力较大时，试验结果也与这一理论大致符合。从形式上看，它既考虑了 σ_1 又考虑到 σ_2 和 σ_3 对脆性断裂的影响，但由于其只与少数脆性材料在某些特殊受力形式下的试验结果相吻合，所以目前已较少采用。

3. 最大切应力理论（第三强度理论）

这一理论认为，引起材料屈服破坏的主要因素是最大切应力。即不论材料处于何种应力状态，只要最大切应力 τ_{max} 达到材料单向拉伸屈服时最大切应力的极限值 τ_u，材料就发生塑性屈服破坏。于是，材料发生屈服破坏的条件是

$$\tau_{max} = \tau_u$$

在单向拉伸时，当横截面上的正应力达到屈服极限 σ_s 时，45°斜截面上的最大切应力达到极限值 $\tau_u = \dfrac{\sigma_s}{2}$。而复杂应力状态下最大切应力为 $\tau_{max} = \dfrac{\sigma_1 - \sigma_3}{2}$。故上式改写为

$$\sigma_1 - \sigma_3 = \sigma_s$$

将 σ_s 除以安全因数 n，就得到第三强度理论的强度条件

$$\sigma_1 - \sigma_3 \leqslant [\sigma] \tag{11-27}$$

该理论比较圆满地解释了塑性材料的屈服现象，与许多塑性材料在大多数受力情况下发生屈服的试验结果相当符合，在工程中得到了广泛应用。但它没有考虑主应力 σ_2 的影响，而试验表明，σ_2 对材料的破坏确实存在一定影响。

4. 形状改变能密度理论（第四强度理论）

这一理论认为，引起材料屈服破坏的主要因素是形状改变能密度。即不论材料处于何种

应力状态,只要形状改变能密度 v_d 达到材料单向拉伸屈服时畸变能密度的极限值 v_{du},材料就发生塑性屈服破坏。于是,材料发生屈服破坏的条件是

$$v_d = v_{du}$$

在单向拉伸时,屈服应力为 σ_s,即 $\sigma_1 = \sigma_s,\sigma_2 = 0,\sigma_3 = 0$,畸变能密度的极限值为

$$v_{du} = \frac{1+\mu}{3E}\sigma_s^2$$

再利用式(7-27)可将上述屈服条件改写为

$$\sqrt{\frac{1}{2}\left[(\sigma_1 - \sigma_2)^2 + (\sigma_2 - \sigma_3)^2 + (\sigma_3 - \sigma_1)^2\right]} = \sigma_s$$

引入安全因数 n 以后,便得第四强度理论的强度条件

$$\sqrt{\frac{1}{2}\left[(\sigma_1 - \sigma_2)^2 + (\sigma_2 - \sigma_3)^2 + (\sigma_3 - \sigma_1)^2\right]} \leqslant [\sigma] \tag{11-28}$$

试验表明,对于塑性材料,第四强度理论比第三强度理论更符合试验结果。但由于第三强度理论的数学表达形式比较简单,因此,第三与第四强度理论在工程中均得到广泛应用。

由上述四个强度理论的强度条件可以看出,当根据强度理论建立构件的强度条件时,形式上都是将主应力的某一综合值与材料单向拉伸许用应力进行比较,即将复杂应力状态强度问题表示为单向应力状态强度问题。主应力的上述综合值称为**相当应力**,即在促使材料破坏或失效方面,与复杂应力状态应力等效的单向应力,用 σ_r 表示相当应力。于是上述四个强度理论的强度条件表达式可统一写成

$$\sigma_r \leqslant [\sigma] \tag{11-29}$$

四个强度理论的相当应力分别为

$$\begin{cases} \sigma_{r1} = \sigma_1 \\ \sigma_{r2} = \sigma_1 - \mu(\sigma_2 + \sigma_3) \\ \sigma_{r3} = \sigma_1 - \sigma_3 \\ \sigma_{r4} = \sqrt{\frac{1}{2}\left[(\sigma_1 - \sigma_2)^2 + (\sigma_2 - \sigma_3)^2 + (\sigma_3 - \sigma_1)^2\right]} \end{cases} \tag{11-30}$$

需要注意的是,相当应力 σ_r 只是按不同的强度理论得出的主应力综合值,并不是真正存在的应力。

以上介绍的四种强度理论,都是随着生产的发展和科学技术的进步在实践中总结出来的,因此它们都有各自的适用范围。一般情况下,脆性材料通常发生脆性断裂破坏,宜采用第一或第二强度理论;塑性材料通常发生塑性屈服破坏,宜采用第三或第四强度理论。

但是也应注意到,材料的破坏形式固然与材料的性质有关,但同时还与其工作条件(所处的应力状态形式、温度以及加载速度等)有关。例如,在三向压缩的情况下,铸铁等脆性材料也可能产生显著的塑性变形;而在三向近乎等拉的应力作用下,钢等塑性材料也只可能发生脆性断裂破坏。因此,把塑性材料和脆性材料理解为材料处于塑性状态或脆性状态更为确切。为

此,无论是塑性材料或脆性材料,在接近三向等拉的情况下,都将发生脆性断裂破坏,宜采用第一强度理论;在接近三向等压的情况下,都将发生塑性屈服破坏,宜采用第三或第四强度理论。

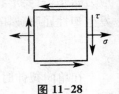

图 11-28

【例 11-12】 如图 11-28 所示单元体是一种工程中常见的单元体。试用第三和第四强度理论建立相应的强度条件。

解:最大和最小正应力分别为

$$\left.\begin{array}{c}\sigma_{\max}\\ \sigma_{\min}\end{array}\right\} = \frac{\sigma}{2} \pm \sqrt{\left(\frac{\sigma}{2}\right)^2 + \tau^2}$$

可见,三个主应力为

$$\sigma_1 = \frac{\sigma}{2} + \sqrt{\left(\frac{\sigma}{2}\right)^2 + \tau^2}, \quad \sigma_2 = 0, \quad \sigma_3 = \frac{\sigma}{2} - \sqrt{\left(\frac{\sigma}{2}\right)^2 + \tau^2}$$

根据第三强度理论

$$\sigma_{r3} = \sqrt{\sigma^2 + 4\tau^2} \leqslant [\sigma] \qquad (11-31)$$

根据第四强度理论

$$\sigma_{r4} = \sqrt{\sigma^2 + 3\tau^2} \leqslant [\sigma] \qquad (11-32)$$

在这种应力状态下,无论 σ 和 τ 数值如何,始终有 $\sigma_1 > 0, \sigma_3 < 0$,且相当应力的值不因 σ 和 τ 的符号改变而变化。

【例 11-13】 如图 11-29(a)所示钢梁为 20a 工字钢。已知其材料的许用应力 $[\sigma] = 150$ MPa,$[\tau] = 95$ MPa,试校核此梁的强度。

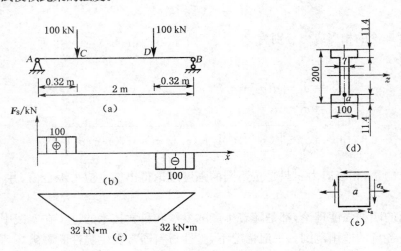

图 11-29

解:(1) 确定危险截面

绘梁的剪力图和弯矩图如图 11-29(b)、(c)所示。易知

$$|F_S|_{\max} = 100 \text{ kN}, \quad |M|_{\max} = 32 \text{ kN} \cdot \text{m}$$

所以，C、D 两截面为梁的危险截面。任选 C 截面进行校核。

（2）正应力强度校核

由型钢表查得 20a 工字钢的截面尺寸如图 11-29(d) 所示。$I_z = 2370 \text{ cm}^4$，$W_z = 237 \text{ cm}^3$，$\dfrac{I_z}{S_{z\max}^*} = 17.2 \text{ cm}$。

在梁 C 截面的上、下边缘点处有

$$\sigma_{\max} = \frac{|M|_{\max}}{W_z} = \frac{32 \times 10^3}{237 \times 10^{-6}} = 135 \times 10^6 (\text{Pa}) = 135(\text{MPa}) < [\sigma]$$

满足正应力强度条件。

（3）切应力强度校核

在梁 C 截面的中性轴上各点处有

$$\tau_{\max} = \frac{|F_S|_{\max} S_{z\max}^*}{b I_z} = \frac{|F_S|_{\max}}{b I_z / S_{z\max}^*} = \frac{100 \times 10^3}{7 \times 10^{-3} \times 17.2 \times 10^{-2}}$$
$$= 83.1 \times 10^6 (\text{Pa}) = 83.1(\text{MPa}) < [\tau]$$

满足切应力强度条件。

（4）校核翼缘和腹板交界点处的主应力

由于 C 截面翼缘和腹板交界点处的正应力和切应力都比较大，其主应力数值可能较大，应进行主应力校核。围绕 a 点取单元体如图 11-29(e) 所示。根据 20a 号工字钢截面简化后的尺寸（图 11-29(d)）和上面查得的 I_z，求得 C 截面上 a 点的正应力 σ_a 和切应力 τ_a 分别为

$$\sigma_a = \frac{|M|_{\max} y_a}{I_z} = \frac{32 \times 10^3 \times (100 - 11.4) \times 10^{-3}}{2\,370 \times 10^{-8}}$$
$$= 119.6 \times 10^6 (\text{Pa}) = 119.6(\text{MPa})$$

$$\tau_a = \frac{|F_S|_{\max} S_{z(a)}^*}{b I_z} = \frac{100 \times 10^3 \times \left[100 \times 11.4 \times \left(100 - \dfrac{11.4}{2}\right)\right] \times 10^{-9}}{7 \times 10^{-3} \times 2\,370 \times 10^{-8}}$$
$$= 64.8 \times 10^6 (\text{Pa}) = 64.8(\text{MPa})$$

由第四强度理论，将 σ_a、τ_a 之值代入式 (11-32) 得

$$\sigma_{r4} = \sqrt{\sigma_a^2 + 3\tau_a^2} = \sqrt{119.6^2 + 3 \times 64.8^2} = 164(\text{MPa}) > [\sigma]$$

并且 $\dfrac{\sigma_{r4} - [\sigma]}{[\sigma]} \times 100\% = 9.3\% > 5\%$，说明梁原有截面不能满足要求，需改用较大截面。

若改用 20b 工字钢，再按上述方法算得 a 点处的 $\sigma_{r4} = 141 \text{ MPa} < [\sigma]$，因此 20b 工字钢才能满足工作要求。

【例 11-14】 从结构构件中不同点取出的应力单元体如图 11-30 所示，构件材料 Q235 钢材，若以第三强度理论校核，求相当应力最大者。

解：对于图 11-30(a)：$\sigma_{r3} = \sigma_1 - \sigma_3 = 80 - 0 = 80$

图 11-30(b)：$\sigma_{r3} = 60 - (-10) = 70$

图 11-30(c)：$\sigma_{r3} = 80 - (-80) = 160$

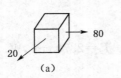   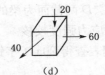

(a)   (b)   (c)   (d)

图 11-30

图 11-30(d)：$\sigma_{r3} = 60 - (-20) = 80$

所以若以第三强度理论校核，则相当应力最大者为图
11-30(c)所示单元体。

【例 11-15】 如图 11-31 所示圆杆受外荷载情况，按第三
强度理论，求危险点的相当应力。（已知 $W = \dfrac{\pi d^3}{32}$）

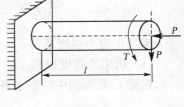

图 11-31

解：危险点为固端圆截面下边缘点，其应力为：

$$\sigma_x = -\left(\frac{P}{A} + \frac{Pl}{W}\right), \sigma_y = 0, \tau_{xy} = \frac{T}{W_t} = \frac{T}{2W}$$

$$\sigma_{r3} = \sqrt{\sigma_x^2 + 4\tau_{xy}^2} = \sqrt{\left(\frac{P}{A} + \frac{Pl}{W}\right)^2 + 4\left(\frac{T}{2W}\right)^2}$$

模拟试题

11.1 如试题 11.1 图所示构件上 a 点处，原始单元体的应力状态应为（   ）。

A.   B.   C.   D.

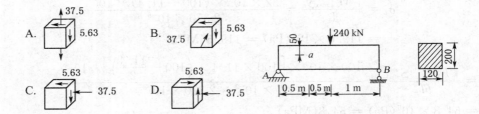

试题 11.1 图

11.2 如试题 11.2 图所示单元体主应力的大小及主平面位置是（   ）。

A. $\sigma_1 = 71.23$，$\sigma_2 = 0$，$\sigma_3 = -11.23$，$\alpha_0 = 52°06'$
B. $\sigma_1 = 71.23$，$\sigma_2 = 0$，$\sigma_3 = -11.23$，$\alpha_0 = -37°58'$
C. $\sigma_1 = 70.12$，$\sigma_2 = 0$，$\sigma_3 = -10.35$，$\alpha_0 = 52°06'$
D. $\sigma_1 = 70.12$，$\sigma_2 = 0$，$\sigma_3 = -10.35$，$\alpha_0 = -37°58'$

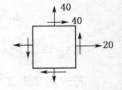

试题 11.2 图

11.3 若单元体的应力状态为 $\sigma_x = \sigma_y = \tau_{xy}$，$\sigma_z = \sigma_{yz} = \tau_{zx} = 0$，则该
单元体处于（   ）。

A. 单向应力状态   B. 二向应力状态
C. 三向应力状态   D. 无法确定

11.4 如试题 11.4 图所示四种应力状态，单位为 MPa，按第三强度理论，其相当应力最
大的是（   ）。

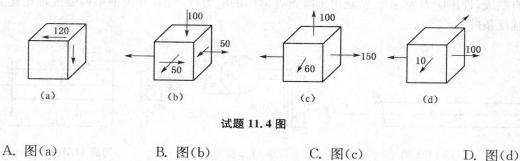

试题 11.4 图

A. 图(a)   B. 图(b)   C. 图(c)   D. 图(d)

11.5   对于平面应力状态,下列说法正确的是( )。

A. 主应力就是最大正应力   B. 主平面上无剪应力

C. 最大剪应力作用的平面上正应力为零   D. 主应力必不为零

11.6   如试题 11.6 图所示梁的各点中,纯剪应力状态的点是( )。

A. A B. B C. C D. D

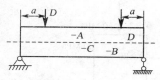

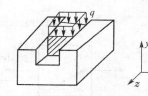

试题 11.6 图   试题 11.7 图   试题 11.8 图

11.7   如试题 11.7 图所示两种应力状态,且 $\sigma = \tau$,由第四强度理论比较其危险程度,则
( )。

A. 图(a)较危险   B. 图(b)较危险

C. 两者危险程度相同   D. 不能判断

11.8   如试题 11.8 图所示,一弹性块体放入刚性槽内,受均匀荷载 q,已知块体弹性模量为 E,
泊松比 μ,不计块体与刚性槽之间的摩擦力及忽略刚性槽的变形,则块体上的应力 σ_x 为( )。

A. $-q$ B. $(1+\mu)q$

C. $-\mu q$ D. $-(1+\mu)q$

11.9   关于应力圆的下列说法,只有( )是正确的。

A. 对于单向应力状态,只能作出一个应力圆;对于二向应力状态,在两个主应力相等时,
     只能作出一个应力圆,其他情形能作出三个应力圆;对于三向应力状态,三个主应力
     相等时,只能作出一点圆,两个主应力相等时,只能作出一个应力圆,其他情形,可作
     出三个应力圆

B. 单向应力状态只能作出一个应力圆,其他应力状态能作出三个应力圆

C. 二向应力状态与单向应力状态一样只能作出一个应力圆

D. 三向应力状态都能作出三个应力圆

习 题

11.1   如习题 11.1 图所示圆截面杆,直径为 d,承受轴向力 F 与扭矩 M 作用,杆用塑性

材料制成,许用应力为$[\sigma]$。试画出危险点处微体的应力状态图,并根据第四强度理论建立杆的强度条件。

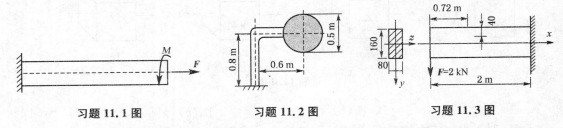

习题 11.1 图　　　　习题 11.2 图　　　　习题 11.3 图

11.2　铁道路标圆信号板,装在外径 $D=60$ mm 的空心圆柱上,所受的最大风载 $p=2$ kN/m²,$[\sigma]=60$ MPa。试按第三强度理论选定空心柱的厚度。

11.3　试用应力圆的几何关系求如习题 11.3 图所示悬臂梁距离自由端为 0.72 m 的截面上,在顶面以下 40 mm 的一点处的最大及最小主应力,并求最大主应力与 x 轴之间的夹角。

11.4　各单元体面上的应力如习题 11.4 图所示。试利用应力圆的几何关系求:

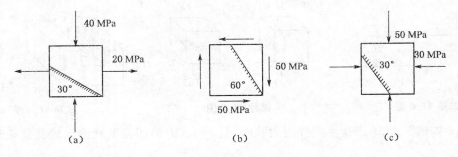

习题 11.4 图

(1) 指定截面上的应力;

(2) 主应力的数值;

(3) 在单元体上绘出主平面的位置及主应力的方向。

11.5　已知平面应力状态下某点处的两个截面上的应力如习题 11.5 图所示。试利用应力圆求该点处的主应力值和主平面方位,并求出两截面间的夹角 α 值。

11.6　$D=120$ mm,$d=80$ mm 的空心圆轴,两端承受一对扭转力偶矩 M_e,如习题 11.6 图所示。在轴的中部表面 A 点处,测得与其母线成 45° 方向的线应变为 $\varepsilon_{45°}=2.6\times10^{-4}$。已知材料的弹性常数 $E=200$ GPa,$\mu=0.3$,试求扭转力偶矩 M_e。

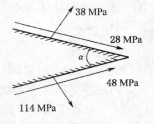

习题 11.5 图

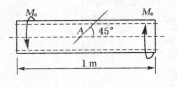

习题 11.6 图

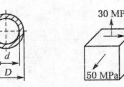

习题 11.7 图

11.7 已知如习题 11.7 图所示单元体材料的弹性常数 $E=200\,\text{GPa}$，$\mu=0.3$。试求该单元体的形状改变能密度。

11.8 如习题 11.8 图所示等截面刚架，承受荷载 F 与 F' 作用，且 $F'=2F$。试根据第三强度理论确定 F 的许用值 $[F]$。已知许用应力为 $[\sigma]$，截面为正方形，边长为 a，且 $a=l/10$。

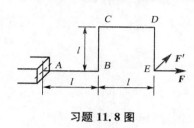

习题 11.8 图

压杆稳定

本章学习导引

一、一级注册结构工程师《考试大纲》规定要求

细长压杆的临界力公式、欧拉公式的适用范围、临界应力总图和经验公式、压杆的稳定校核。

二、重点掌握和理解内容

1. 了解压杆稳定的概念；
2. 掌握细长中心受压直杆临界力的计算；
3. 理解欧拉公式的适用范围；
4. 熟悉提高压杆稳定性的措施。

12.1 压杆稳定的概念

构件和结构的安全性大部分取决于构件的强度和刚度。如前几章所述,构件或因强度不够而发生屈服或剪断,或发生脆性断裂;或因刚度不够而发生过大的弹性变形而无法正常工作。但在工程中还存在另一种破坏形式,即构件丧失稳定性而失去承载能力。例如,取一根钢锯条,其横截面尺寸为 10 mm×1 mm,钢的许用应力 $[\sigma] = 300$ MPa,则按强度条件算得钢锯条所能承受的轴向压力应为

$$F = [\sigma] = 300 \times 10 \times 1 = 3(\text{kN})$$

但若将此钢锯条竖放在桌上,用手压其上端,则当压力不到 30 N 时,锯条就被明显压弯。显然,这个压力比 3 kN 小得多。当锯条出现横向大变形时,就无法再承担更大的压力。由此可见,细长压杆的承载能力并不取决于轴向压缩的抗压强度,而取决于压杆受压时能否保持直线形态的平衡。

为便于对压杆的承载能力进行理论研究,通常将压杆假设为由均质材料制成、轴线为直线且外加压力的作用线与压杆轴线重合的理想中心受压直杆力学模型。现利用这一模型说明压杆稳定性的概念。如图 12-1(a)所示中心受压直杆承受轴向压力 F 作用后,给杆施加一微小的横向干扰力 Q,使杆发生弯曲变形,然后撤去横向力。试验表明,当轴向压力不大时,撤去横向力后,杆的轴线将恢复其原来的直线平衡状态(图 12-1(b)),则压杆原来直线形态的平衡是稳定的;当轴向力增大到一定的

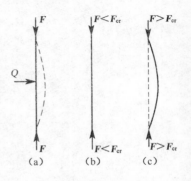

图 12-1

极限值时,撤去横向力后,杆的轴线将保持弯曲的平衡形态,而不再恢复其原有的直线平衡形态(图 12-1(c)),则压杆原来直线形态的平衡是不稳定的。中心受压直杆直线形态的平衡,由稳定平衡转化为不稳定平衡时所受轴向压力的极限值,称为**临界压力**或**临界荷载**,用 F_{cr} 表示。当轴向压力达到或超过压杆的临界荷载时,压杆将产生**失稳**或**屈曲**现象。由此可见,研究压杆稳定性问题的关键是确定其临界压力。若压杆的工作压力不超过临界压力,则压杆不致失稳。

压杆是工程中常见的构件,例如,桥梁、钻井井架等各种桁架结构中的受压杆件,建筑物和结构中的立柱,钻井时钻柱组合的下部结构,内燃机中的连杆、气门挺杆、液压油缸和活塞泵的活塞杆等。除细长压杆以外,其他弹性构件和结构也存在稳定性问题。例如,如图 12-2(a)所示狭长矩形截面梁,当作用在自由端的荷载 F 达到或超过一定数值时,梁将突然发生侧向弯曲与扭转;又如,图 12-2(b)所示承受径向外压的薄壁圆管,当外压 p 达到或超过一定数值时,圆环形截面将突然变为椭圆形,如深海潜艇可因这类事故而沉没;薄壁圆筒在轴向压力或扭矩作用下也会失稳,从而在表面形成波纹状皱折。

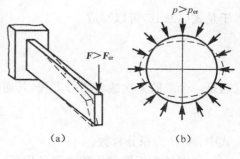

图 12-2

失稳现象由于其发生的突然性和破坏的彻底性(整体破坏),往往造成灾难性后果。本章主要以中心受压直杆力学模型为对象,来研究压杆平衡稳定性问题及压杆临界力 F_{cr} 的计算,找出构件和结构失稳的原因并采取防止失稳的措施。

12.2　细长压杆临界力的欧拉公式

12.2.1　两端铰支细长压杆的临界压力

设细长中心受压直杆的两端为球铰支座,当压力达到临界值时,压杆将由直线平衡形态转变为曲线平衡形态。因此,临界荷载 F_{cr} 可以这样定义:保持直线平衡的最大荷载;或保持弯曲平衡的最小荷载。

选取坐标系如图 12-3 所示,距原点为 x 的任意截面的挠度为 ω,弯矩 M 的绝对值为 $F\omega$。若取压力 F 的绝对值,则 ω 为正时,M 为负;ω 为负时,M 为正。即 M 与 ω 的符号相反,所以弯矩方程为

$$M(x) = -F\omega \tag{12-1a}$$

在微小变形情况下,当截面上的应力不超过比例极限时,挠曲线的近似微分方程为

$$\frac{d^2\omega}{dx^2} = \frac{M(x)}{EI} \tag{12-1b}$$

由于压杆两端是球铰,允许杆件在任意纵向平面内发生弯曲变形,因而杆件的微小弯曲变形一定发生在抗弯能力最小的纵向平面内。所以,上式中的 I 应是横截面最小的惯性矩。将式(12-1a)

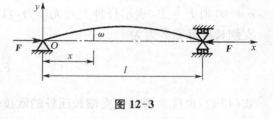

图 12-3

代入式(12-1b),得

$$\frac{\mathrm{d}^2 \omega}{\mathrm{d}x^2} = -\frac{F\omega}{EI} \tag{12-1c}$$

引用记号

$$k^2 = \frac{F}{EI} \tag{12-1d}$$

于是式(12-1c)可以写成

$$\frac{\mathrm{d}^2 \omega}{\mathrm{d}x^2} + k^2 \omega = 0 \tag{12-1e}$$

这是一个二阶齐次线性微分方程,其通解为

$$\omega = A\sin kx + B\cos kx \tag{12-1f}$$

式中:A、B 为积分常数。

两端铰支压杆的位移边界条件是:$x = 0$ 和 $x = l$ 时,$\omega = 0$。由此求得

$$B = 0, \qquad A\sin kl = 0 \tag{12-1g}$$

式 $A\sin kl = 0$ 有两组可能的解,A 等于零或者 $\sin kl$ 等于零。但因 B 已经等于零,如 A 再等于零,则由式(12-1f)知 $\omega = 0$,这表示杆件轴线任意点的挠度为零,即压杆的轴线仍为直线。这就与杆件失稳发生微小弯曲的前提相矛盾。因此其解应为

$$\sin kl = 0$$

而要满足此条件,则要求

$$kl = n\pi \qquad (n = 0, 1, 2, \cdots)$$

由此求得

$$k = \frac{n\pi}{l}$$

代入式(12-1d),求出

$$F = \frac{n^2 \pi^2 EI}{l^2}$$

因为 n 是 $0, 1, 2, \cdots$ 整数中任一个整数,故上式表明,使杆件保持为弯曲平衡的压力,理论上是多值的。在这些压力中,使杆件保持微小弯曲的最小压力,即压杆的临界压力 F_{cr}。如取 $n = 0$,则 $F = 0$,表示杆件上并无压力,自然不是我们所需要的。因此,取 $n = 1$,可得两端铰支细长压杆临界力为

$$F_{cr} = \frac{\pi^2 EI}{l^2} \tag{12-2}$$

式(12-2)也称为**两端铰支细长压杆的欧拉公式**。

在导出欧拉公式时,用变形后的位置计算弯矩,如式(12-1a)所示。这里不再使用原始尺

寸原理,是稳定问题在处理方法上与以往的不同之处。

现在讨论压杆的挠曲线方程,取 $n=1$ 时,$k=\pi/l$。再注意到 $B=0$,于是式(12-1f)化为

$$\omega = A\sin\frac{\pi x}{l}$$

可见,压杆过渡为曲线平衡后,挠曲线为半波正弦曲线。A 是杆件中点(即 $x=\dfrac{l}{2}$ 处)的挠度,它的数值无法确定,这是因为在推导过程中使用了挠曲线的近似微分方程。若以横坐标表示挠曲线中点的挠度 δ,纵坐标表示压力 F(图12-4),当 $F < F_{cr}$ 时,杆件的直线平衡是稳定的,δ 恒为零,F 与 δ 的关系是与纵坐标轴重合的直线 OA。当 $F=F_{cr}$ 时,直线平衡变为不稳定,过渡为曲线平衡,δ 不等于零但数值未定。F 与 δ 的关系为水平线 AB。若采用挠曲线的精确微分方程,挠曲线中点挠度 δ 与压力 F 之间的关系如图 12-4 中曲线 AC 所示。

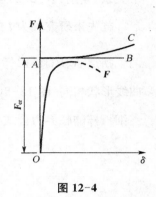

图 12-4

必须指出,以上所述压杆的稳定性以及压杆临界压力的计算都是就理想压杆这一力学模型而言的。实际压杆不可避免存在某些缺陷,如轴线存在初曲率、轴向力的作用线与压杆轴线并非完全重合,即使在试验室条件下尽可能消除以上缺陷(在工程中不可避免),压杆材料本身的不均匀性却无法消除。以上缺陷相当于压力有一个偏心距,压杆在受压力作用时除发生压缩变形外,还发生附加的弯曲变形,即压弯组合变形。实际压杆的压缩试验表明(如图 12-4 中曲线 OF 所示):当压力不大时,压杆即发生弯曲变形,并随压力增大而缓慢增大;当压力 F 接近临荷载 F_{cr} 时,挠度急剧增大,最终使压杆因过度弯曲而丧失承载能力,可以把折线 OAB 看作曲线 OF 的极限情况。

【例 12-1】　柴油机的挺杆是钢制空心圆管,外径和内径分别为 12 mm 和 10 mm,杆长 383 mm,两端铰支,材料为 Q275 钢,其弹性模量 $E=210\,\text{GPa}$,屈服极限 $\sigma_s=275\,\text{MPa}$。试计算挺杆的临界压力。

解:挺杆横截面的惯性矩为

$$I = \frac{\pi}{64}(D^4 - d^4) = \frac{\pi}{64}(0.012^4 - 0.01^4) = 0.0526\times10^{-8}\,(\text{m}^4)$$

由式(12-2)计算挺杆的临界压力为

$$F_{cr} = \frac{\pi^2 EI}{l^2} = \frac{\pi^2 \times 210\times10^9 \times 0.0526\times10^{-8}}{0.383^2} = 7\,400\,(\text{N})$$

由式(3-2)计算使挺杆压缩屈服的轴向压力为

$$F_N = \frac{\sigma_s \pi}{4}(D^2 - d^2) = \frac{275\times10^6 \times \pi}{4}\times(0.012^2 - 0.01^2) = 9\,498.5\,(\text{N})$$

上述计算说明,细长压杆的承压能力应按稳定性要求确定。

12.2.2　其他支座条件下细长压杆的临界压力

当杆端为其他约束情况时,细长压杆的临界压力公式可以仿照上节中的方法,根据在不同的杆端约束情况下压杆的挠曲线近似微分方程式和挠曲线的边界条件来推导。也可采用类比

方法,利用两端铰支细长压杆的临界力公式,得到其他杆端约束情况下细长压杆的临界力公式。从上节中推导临界力公式的过程可知,两端铰支细长压杆的临界压力和该压杆的挠曲线形状有联系。由此可以推知,两压杆的挠曲线形状若相同,则两者的临界力也应相同。根据这个关系,利用式(12-2)可以得到其他杆端约束情形下细长压杆的临界压力公式。

首先来研究长为 l 的两端固定的细长压杆。在此压杆的挠曲线中,距上、下两端各 $\dfrac{l}{4}$ 处有两个拐点 A、B(图 12-5(a))。在 A、B 两点间的一段曲线形状和两端铰支长为 $\dfrac{l}{2}$ 的压杆的挠曲线形状相同(图 12-5(b)),都是半波的正弦曲线。于是 AB 杆的临界压力就可以按两端铰支细长杆的临界力公式(12-2)来计算,但应将公式中的杆长用 AB 段的长度 $\dfrac{l}{2}$ 代入,即

$$F_{cr} = \frac{\pi^2 EI}{\left(\dfrac{l}{2}\right)^2}$$

由于 AB 段杆是两端固定压杆中的一部分,所以 AB 段杆的临界力就是所研究的两端固定压杆的临界力,因而上式也就是长度为 l 的两端固定细长压杆的临界力公式。

再研究长为 l 的一端固定、另一端自由的细长压杆。其挠曲线形状(图 12-6(a))和长为 $2l$ 的两端铰支压杆挠曲线(图 12-6(b))的上半段形状相同,都是 1/4 波的正弦曲线。所以,依据前面的推理,长为 l 的一端固定、另一端自由的细长压杆的临界压力和长为 $2l$ 的两端铰支细长压杆的临界力相同,可将杆长 $2l$ 代入式(12-2),其临界压力为

$$F_{cr} = \frac{\pi^2 EI}{(2l)^2}$$

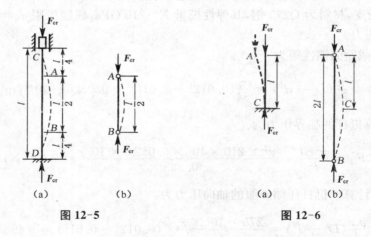

图 12-5   图 12-6

至于长为 l 的一端固定、另一端铰支细长压杆的临界压力公式可根据压杆的挠曲线近似微分方程式的解求得

$$F_{cr} = \frac{(4.49)^2 EI}{l^2} = \frac{\pi^2 EI}{(0.7l)^2}$$

上述结果可归纳为,细长压杆临界压力公式的统一形式:

$$F_{cr} = \frac{\pi^2 EI}{(\mu l)^2} \qquad (12-3)$$

式中：μl 为压杆的**相当长度**，即相当两端铰支压杆的长度或压杆挠曲线拐点间之距离；μ 为**长度因数**，反映不同杆端约束对临界压力的影响。

几种常见杆端约束情况下压杆的长度因数列于表 12-1 中。表中挠曲线上的 C、D 点为拐点。

表 12-1　几种杆端约束条件下压杆的长度因数

支端情况	两端铰支	一端固定、另端铰支	两端固定	一端固定、另端自由	两端固定但可沿横向相对移动
失稳时挠曲线形状	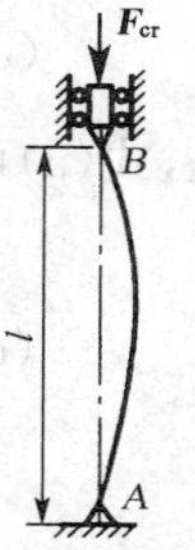	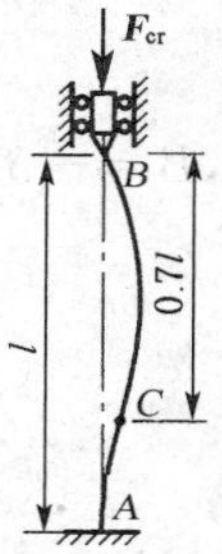	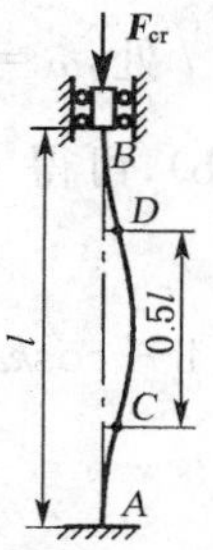	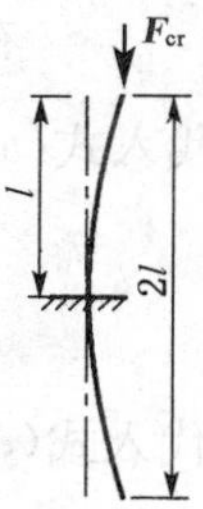	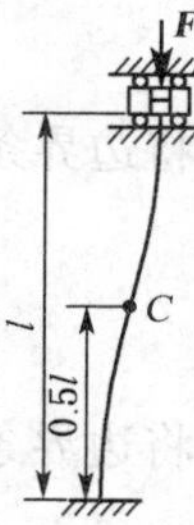
长度因数	$\mu = 1$	$\mu \approx 0.7$	$\mu = 0.5$	$\mu = 2$	$\mu = 1$

以上所讨论的压杆的长度因数 μ 是对理想的杆端约束情况而言的。从表 12-1 中可以看到，两端都有支座的压杆，其长度因数在 0.5～1.0 范围以内。实际情况下，端部固定的压杆其杆端很难做到完全固定，只要杆端面稍有发生转动的可能，这种杆端就不能看成理想的固定端，而是一种接近于铰支端的情况。例如，钢结构桁架中两端为焊接或铆接的压杆，因杆受力后杆端连接处仍可能产生微小的转动，故不能简化为固定，在计算中一般按铰支处理。另外，这样做还有一个明显的工程理由：按铰支计算的压杆临界压力比固支压杆低，使设计偏于安全。由于失稳破坏的灾难性后果，这种考虑是合理的。对于与坚实的基础完全固结在一起的柱脚，例如，浇筑于混凝土基础中的钢筋混凝土立柱的柱脚，可简化为固定端。实际压杆的杆端约束程度通常介于铰支和固定之间，压杆的长度因数可从设计手册和规范中查到，它们是运用判断和经验，在表所列出的那些结果之间进行内插得到的。

【例 12-2】　如图 12-7 所示下端固定、上端自由长度为 l 的等截面细长中心受压直杆，杆的抗弯刚度为 EI。试推导其临界力 F_{cr} 的欧拉公式，并求出杆的挠曲线方程。

解：根据杆端约束条件可知，杆在临界力 F_{cr} 作用下的挠曲线形状如图 12-7 所示。最大挠度 δ 发生在杆的自由端。由临界力所引起的杆任意 x 横截面上的弯矩为

$$M(x) = F_{cr}(\delta - \omega)$$

式中：ω 为该横截面杆的挠度。

挠曲线的近似微分方程为

$$EI\omega'' = M(x) = F_{cr}(\delta - \omega)$$

引用记号 $k^2 = \dfrac{F_{cr}}{EI}$，上式可简化为

$$\omega'' + k^2\omega = k^2\delta$$

该微分方程的通解为

$$\omega = A\sin kx + B\cos kx + \delta \qquad\qquad\text{(a)}$$

ω 的一阶导数为

$$\omega' = Ak\cos kx - Bk\sin kx \qquad\qquad\text{(b)}$$

上式中的待定常数 A、B、δ 可由挠曲线的边界条件来确定。它们是在

$$x = 0 \text{ 处}, \omega = 0, \omega' = 0 \qquad\qquad\text{(c)}$$
$$\text{在 } x = l \text{ 处}, \omega = \delta \qquad\qquad\text{(d)}$$

将边界条件(c)代入式(a)、式(b),可得 $A = 0, B = -\delta$。于是,式(a)可写为

$$\omega = \delta(1 - \cos kx) \qquad\qquad\text{(e)}$$

将边界条件(d)代入式(e),得

$$\delta = \delta(1 - \cos kl)$$

使上式成立的条件为

$$\cos kl = 0$$

从而得

$$kl = \frac{n\pi}{2} \ (n = 1, 3, 5, \cdots)$$

由最小解 $kl = \dfrac{\pi}{2}$,即得该压杆临界力 F_{cr} 的欧拉公式:

$$F_{cr} = \frac{\pi^2 EI}{4l^2} = \frac{\pi^2 EI}{(2l)^2} \qquad\qquad\text{(f)}$$

以 $k = \dfrac{\pi}{2l}$ 代入式(e),可得此压杆的挠曲线方程:

$$\omega = \delta\left(1 - \cos\frac{\pi x}{2l}\right)$$

式中:δ 为杆自由端的微小挠度,如前所述,在根据挠曲线的近似微分方程推导时,其值不定。

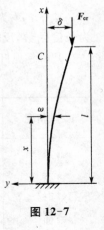

图 12-7

【例 12-3】 如图 12-8 所示各杆材料相同,均为圆截面压杆,若两杆的 $d_1/d_2 = 1/2$,求两杆的临界力之比 F_{cr1}/F_{cr2}。

解:$F_{cr} = \dfrac{\pi^2 EI}{(\mu l)^2}$,则:

$$\frac{F_{cr1}}{F_{cr2}} = \frac{I_1}{(\mu_1 l_1)^2} \cdot \frac{(\mu_2 l_2)^2}{I_2} = \left(\frac{d_1}{d_2}\right)^4 \cdot \left(\frac{2l}{2l}\right)^2 = \frac{1}{16}$$

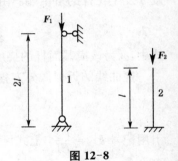

图 12-8

12.3 欧拉公式的适用范围及临界应力总图

将临界压力 F_{cr} 除以杆件的横截面面积 A 求得的应力,称为压杆的**临界应力**:

$$\sigma_{cr} = \frac{F_{cr}}{A} = \frac{\pi^2 EI}{A(\mu l)^2} \tag{12-4a}$$

将横截面的惯性矩 I 写成 $I = i^2 A$,这里 i 为惯性半径。于是式(12-3a)写成

$$\sigma_{cr} = \frac{\pi^2 E}{\left(\dfrac{\mu l}{i}\right)^2} \tag{12-4b}$$

引入记号

$$\lambda = \frac{\mu l}{i} \tag{12-5}$$

式中:λ 是一无量纲参数,称为压杆的**柔度**或**长细比**,反映了压杆长度、约束条件、截面形状和尺寸对压杆临界应力的影响。则压杆的临界应力可表示为

$$\sigma_{cr} = \frac{\pi^2 E}{\lambda^2} \tag{12-6}$$

式(12-6)是欧拉公式的另一表达形式,称为**临界应力的欧拉公式**。

因为欧拉公式是以挠曲线近似微分方程为依据推导出的,而这个微分方程又是以胡克定律为基础的,所以欧拉公式只有在临界应力 σ_{cr} 不超过材料的比例极限 σ_p 时才是正确的。令式(12-6)中的 σ_{cr} 小于或等于 σ_p,得

$$\frac{\pi^2 E}{\lambda^2} \leqslant \sigma_p \quad \text{或} \quad \lambda \geqslant \sqrt{\frac{\pi^2 E}{\sigma_p}}$$

若令

$$\lambda_p = \sqrt{\frac{\pi^2 E}{\sigma_p}} \tag{12-7}$$

则欧拉公式的适用范围为

$$\lambda \geqslant \lambda_p \tag{12-8}$$

不在这个范围之内的压杆不能使用欧拉公式。

式(12-7)表明,λ_p 与材料的力学性能有关,材料不同 λ_p 的数值也就不同。以 Q235 钢为例,$E = 200$ GPa,$\sigma_p = 200$ MPa,由式(12-7)求得 $\lambda_p = 100$。又如,对 $E = 70$ GPa,$\sigma_p = 175$ MPa 的铝合金,由式(12-5)求得 $\lambda_p = 62.8$。则对两种压杆,只有在 $\lambda_p \geqslant 100$ 和 $\lambda_p \geqslant 62.8$ 时,才可以使用欧拉公式。满足条件 $\lambda \geqslant \lambda_p$ 的压杆称为**大柔度压杆**或**细长压杆**。

若压杆的柔度小于 λ_p,由式(12-6)计算出的 σ_{cr} 大于材料的比例极限 σ_p,表明欧拉公式已不能使用。这类压杆是在应力超过比例极限后失稳的,属于非弹性稳定问题。对这类压杆,工程计算中一般使用经验公式。这些公式的依据是大量的试验资料。这里只介绍经常使用的直

线公式和抛物线公式。

直线公式把临界应力 σ_{cr} 与柔度 λ 表示为下列直线关系：

$$\sigma_{cr} = a - b\lambda \tag{12-9}$$

式中 a 和 b 是与材料有关的常数。表 12-2 列举了几种材料的 a 和 b 值。

表 12-2 直线公式的系数 a 和 b

材料	a/MPa	b/MPa
Q235 钢（$\sigma_b \geqslant 372$ MPa，$\sigma_s = 235$ MPa）	304	1.12
优质碳钢（$\sigma_b \geqslant 471$ MPa，$\sigma_s = 306$ MPa）	461	2.568
硅钢（$\sigma_b \geqslant 510$ MPa，$\sigma_s = 353$ MPa）	578	3.744
铬钼钢	980.7	5.296
铸铁	332.2	1.454
强铝	373	2.15
松木	28.7	0.19

柔度很小的短柱，如压缩试验用的金属短柱或水泥块，受压时并不会像大柔度杆那样出现弯曲变形，它的破坏是因为压应力达到屈服极限（塑性材料）或抗压强度（脆性材料）而引起的，不存在失稳问题，称为小柔度杆。所以，按式（12-9）算出的临界应力最高只能等于其极限应力（σ_s 或 σ_b），设相应的柔度为 λ_s，则

$$\lambda_s = \frac{a - \sigma_s}{b} \quad \text{或} \quad \lambda_s = \frac{a - \sigma_b}{b} \tag{12-10}$$

这是使用直线公式时柔度的最小值。

图 12-9 表示临界应力 σ_{cr} 随柔度 λ 变化的情况，称为**临界应力总图**。总结以上的讨论，对 $\lambda < \lambda_s$ 的小柔度压杆，应按强度问题计算，其"临界应力"就是屈服极限或强度极限，图 12-9 中表示为水平线 AB 段。柔度介于 λ_s 和 λ_p 之间的压杆称为中柔度杆，用经验式（12-9）计算临界应力，在图 12-9 中表示为斜直线 BC 段。对 $\lambda \geqslant \lambda_p$ 的大柔度压杆，用欧拉公式计算临界应力，图 12-9 中表示为曲线 CD 段。

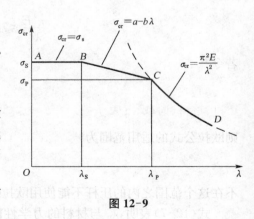

图 12-9

抛物线公式把临界应力 σ_{cr} 与柔度 λ 表示为下面的抛物线关系：

$$\sigma_{cr} = a_1 - b_1 \lambda^2 \tag{12-11}$$

式中：a_1 和 b_1 是与材料有关的常数。

【例 12-4】 如图 12-10 所示桁架由材质、截面形状尺寸均相同的细长杆组成，承受荷载 P，求 P 的临界值。

解：图中 AD 杆、AB 杆为零杆；BC、DC 杆受拉，AC 杆受压。

$$N_{AC} = \sqrt{2}P$$

$$N_{AC} = P_{cr} = \frac{\pi^2 EI}{(\sqrt{2}l)^2}$$

则 $\quad P = \frac{\pi^2 EI}{2l^2} \cdot \frac{1}{\sqrt{2}} = \frac{\sqrt{2}\pi^2 EI}{4l^2}$

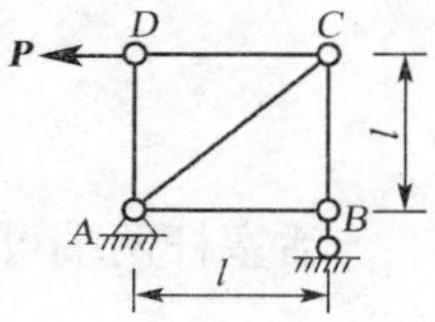

图 12-10

12.4 压杆稳定的计算及提高压杆稳定性的措施

12.4.1 压杆的稳定计算

1. 安全因数法

从临界应力总图可以看到,对于由稳定性控制其承载能力的细长压杆和中柔度压杆,其临界应力均随柔度增加而减小,对于由压缩强度控制其承载能力的粗短压杆,则不必考虑其柔度的影响。所以,进行压杆稳定性计算首先要确定压杆的柔度,然后再根据柔度的大小确定压杆的种类,选择正确的公式计算压杆临界应力,乘以横截面面积即可求得临界压力 F_{cr}。以稳定安全因数 n_{st} 除 F_{cr} 得许可压力 $[F]$。压杆的实际工作压力 F 不应超过 $[F]$,故压杆的稳定条件为

$$F \leqslant [F] = \frac{F_{cr}}{n_{st}} \tag{12-12}$$

以上稳定条件也可写成比较安全因数的形式,即要求压杆的工作安全因数不小于规定的稳定安全因数 n_{st}:

$$n = \frac{F_{cr}}{F} \geqslant n_{st} \tag{12-13}$$

式中:n 为工作安全因数。

规定的稳定安全因数 n_{st} 一般要高于强度安全因数,这有两方面的原因:一是真实压杆在几何、材料、荷载、约束条件等方面的初始缺陷都会严重影响压杆的稳定性,这些难以避免的缺陷对强度的影响就没有那么大;二是失稳的突发性和破坏的彻底性往往造成灾难性的后果,必须绝对防止。

应当指出,由于压杆的临界压力是由压杆的整体变形来决定的,当压杆局部有截面削弱时,例如,在压杆中有螺钉孔等情况,局部的截面削弱对压杆的整体变形影响很小,故在计算临界压力时,I 和 A 可按没削弱的横截面尺寸来计算。但对于局部有截面削弱的压杆,除了要进行稳定校核外,还应该对削弱截面进行强度校核,此时应按削弱了的横截面面积,即净面积来计算。

【例 12-5】 空气压缩机的活塞杆由 45 号钢制,$\sigma_s = 350$ MPa,$\sigma_p = 280$ MPa,$E = 210$ GPa。长度 $l = 703$ mm,直径 $d = 45$ mm。最大压力 $F_{max} = 41.6$ kN。规定安全因数 $n_{st} = 8$。试校核其稳定性。

解:由式(12-7)求得

$$\lambda_p = \sqrt{\frac{\pi^2 E}{\sigma_p}} = \sqrt{\frac{\pi^2 \times 210 \times 10^9}{280 \times 10^6}} = 86$$

活塞杆两端可简化为铰支座,$\mu = 1$。活塞杆截面为圆形,$i = \sqrt{\frac{I}{A}} = \frac{d}{4}$,故柔度为

$$\lambda = \frac{\mu l}{i} = \frac{1 \times 703 \times 10^{-3}}{\frac{45}{4} \times 10^{-3}} = 62.5$$

因为 $\lambda < \lambda_p$,故不能用欧拉公式计算临界压力。如使用直线公式,由表 12-2 查得优质碳钢的 $a = 461\,\text{MPa}$,$b = 2.568\,\text{MPa}$,由式(12-10)得

$$\lambda_s = \frac{a - \sigma_s}{b} = \frac{461 \times 10^6 - 350 \times 10^6}{2.568 \times 10^6} = 43.2$$

可见,活塞杆的 λ 介于 λ_s 和 λ_p 之间,是中等柔度压杆。由直线公式求得

$$\sigma_{cr} = a - b\lambda = 461 \times 10^6 - 2.568 \times 10^6 \times 62.5 = 301(\text{MPa})$$

$$F_{cr} = A\sigma_{cr} = \frac{\pi}{4} \times (45 \times 10^{-3})^2 \times 301 \times 10^6 = 478(\text{kN})$$

活塞杆的工作安全因数为

$$n = \frac{F_{cr}}{F_{max}} = \frac{478}{41.6} = 11.5 \geqslant n_{st}$$

所以满足稳定性要求。

【例 12-6】 某型平面磨床液压传动装置如图 12-11 所示。油缸活塞直径 $D = 65\,\text{mm}$,油压 $p = 1.2\,\text{MPa}$,活塞杆长度 $l = 250\,\text{mm}$,材料为 35 号钢,$\sigma_p = 220\,\text{MPa}$,$E = 210\,\text{GPa}$,$n_{st} = 6$。试确定活塞杆的直径。

解:活塞杆承受的轴向压力为

$$F = \frac{\pi}{4}D^2 p = \frac{\pi}{4} \times (65 \times 10^{-3})^2 \times 1.2 \times 10^6 = 3\,982(\text{N})$$

如在稳定条件式取等号,则活塞杆的临界压力为

$$F_{cr} = n_{st}F = 6 \times 3\,982 = 23\,892(\text{N})$$

现在需要确定活塞杆的直径 d,以使它具有上列数值的临界压力,但在直径确定之前不能求出活塞杆的柔度 λ,自然也不能判定究竟是用欧拉公式还是用经验公式计算。因此,在试算时先用欧拉公式确定活塞杆的直径,待确定直径后再检查是否满足使用欧拉公式的条件。

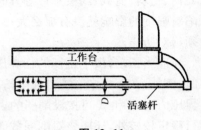

图 12-11

将活塞杆简化成两端铰支压杆,由欧拉公式得

$$F_{cr} = \frac{\pi^2 EI}{(\mu l)^2} = \frac{\pi^2 \times 210 \times 10^9 \times \frac{\pi}{64}d^4}{(1 \times 1.25)^2} = 23\,892(\text{N})$$

由此解出 $d = 0.024\ 6$ m，取 $d = 25$ mm。

用所确定的 d 计算活塞杆的柔度：

$$\lambda = \frac{\mu l}{i} = \frac{1 \times 1.25}{0.025/4} = 200$$

对活塞杆的材料 35 号钢，由式(12-7)得

$$\lambda_p = \sqrt{\frac{\pi^2 E}{\sigma_p}} = \sqrt{\frac{\pi^2 \times 210 \times 10^9}{220 \times 10^6}} = 97$$

因为 $\lambda > \lambda_p$，所以用欧拉公式进行的试算是正确的。活塞杆直径 d 可取 25 mm。

【例 12-7】 如图 12-12 所示结构中，AB 段为圆截面杆，直径 $d = 80$ mm，A 端固定，B 端为球铰连接，BC 段为正方形截面杆，边长 $a = 70$ mm，C 端亦为球铰连接，两杆材料相同，$E = 206 \times 10^3$ MPa，比例极限 $\sigma_p = 200$ MPa，$l = 3$ m，稳定安全系数 $n_{st} = 2.5$，求结构的容许荷载 $[P]$。

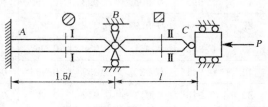

图 12-12

解：AB 段：$i = \dfrac{d}{4}$，$\lambda_{AB} = \dfrac{\mu l}{i} = \dfrac{0.7 \times 1.5 \times 3}{\frac{80}{4} \times 10^{-3}} = 157.5$

BC 段：$i = \dfrac{a}{\sqrt{12}}$，$\lambda_{BC} = \dfrac{\mu l}{i} = \dfrac{1 \times 3}{\frac{70}{\sqrt{12}} \times 10^{-3}} = 148.46$

$$\lambda_p = \pi \sqrt{\frac{E}{\sigma_p}} = \pi \sqrt{\frac{206 \times 10^3 \times 10^6}{200 \times 10^6}} = 100.8$$

故为细长压杆：$P_{cr1} = \dfrac{\pi^2 E}{\lambda^2} \cdot A_1 = \dfrac{\pi^2 \times 206 \times 10^9}{157.5^2} \times \dfrac{\pi}{4} \times 80^2 \times 10^{-6} = 411.3$ kN

$$P_{cr2} = \frac{\pi^2 E}{\lambda^2} \cdot A_2 = \frac{\pi^2 \times 206 \times 10^9}{148.46^2} \times 70^2 \times 10^{-6} = 451.5 \text{ kN}$$

故取较小者 P_{cr1} 计算，则 $[P] = \dfrac{P_{cr1}}{n_{st}} = 164.52$ kN

2. 稳定系数法

压杆的临界应力随柔度的增大而降低，因此设计压杆时所用的许用应力也应随柔度的增加而减小。在土木工程中，压杆设计的常用方法是将压杆的稳定许用应力 $[\sigma]_{st}$ 写为材料的强度许用应力 $[\sigma]$ 乘以一个随柔度而改变的系数 φ，即

$$[\sigma]_{st} = \frac{\sigma_{cr}}{n_{st}} = \frac{\sigma_{cr}}{n_{st}[\sigma]}[\sigma] = \varphi[\sigma] \tag{12-14}$$

式中：φ 为稳定系数或折减系数，数值小于 1。

由于 σ_{cr}、n_{st} 均与柔度有关，故 φ 为与材料有关的 λ 的函数，压杆的稳定条件可写为

$$\sigma \leqslant \varphi[\sigma] \tag{12-15}$$

　　在钢结构设计规范中,考虑影响压杆承载能力的各种因素,经计算把承载能力相近的压杆截面分为 a、b、c 三类,给出不同材料的 a、b、c 类截面在不同柔度下的 φ 值,以供压杆设计时使用。其中 a 类截面的稳定性最好,b 类次之,c 类最差,多数情况下压杆截面可取 b 类。表 12-3、表 12-4 列出了 3 号钢 a、b 类截面的部分稳定系数 φ 值。由表中可见,随柔度 λ 增大,φ 值减小。

表 12-3　3 号钢 a 类截面中心受压直杆的稳定系数 φ

λ	0	1.0	2.0	3.0	4.0	5.0	6.0	7.0	8.0	9.0
0	1.000	1.000	1.000	1.000	0.999	0.999	0.998	0.998	0.997	0.996
12	0.995	0.994	0.993	0.992	0.991	0.989	0.988	0.986	0.985	0.983
20	0.981	0.979	0.977	0.976	0.974	0.972	0.970	0.968	0.966	0.964
30	0.963	0.961	0.959	0.957	0.955	0.952	0.950	0.948	0.946	0.944
40	0.941	0.939	0.937	0.934	0.932	0.929	0.927	0.924	0.921	0.919
50	0.916	0.913	0.912	0.907	0.904	0.900	0.897	0.894	0.890	0.886
60	0.883	0.879	0.875	0.871	0.867	0.863	0.858	0.851	0.849	0.844
70	0.830	0.834	0.829	0.824	0.818	0.813	0.807	0.801	0.795	0.789
80	0.788	0.776	0.770	0.763	0.757	0.750	0.743	0.736	0.728	0.721
90	0.714	0.705	0.699	0.691	0.684	0.676	0.668	0.661	0.653	0.645
120	0.638	0.630	0.622	0.615	0.607	0.600	0.592	0.585	0.577	0.570
112	0.563	0.555	0.548	0.541	0.534	0.527	0.520	0.514	0.507	0.500
120	0.494	0.488	0.481	0.475	0.469	0.463	0.475	0.451	0.445	0.440
130	0.434	0.429	0.423	0.418	0.412	0.407	0.402	0.397	0.392	0.387
140	0.383	0.378	0.373	0.369	0.364	0.360	0.356	0.351	0.347	0.343
150	0.339	0.335	0.331	0.327	0.323	0.320	0.316	0.312	0.309	0.305

表 12-4　3 号钢 b 类截面中心受压直杆的稳定系数 φ

λ	0	1.0	2.0	3.0	4.0	5.0	6.0	7.0	8.0	9.0
0	1.000	1.000	1.000	0.999	0.999	0.998	0.997	0.996	0.995	0.994
12	0.992	0.991	0.989	0.987	0.985	0.983	0.981	0.978	0.976	0.973
20	0.970	0.967	0.963	0.960	0.957	0.953	0.950	0.746	0.943	0.939
30	0.936	0.932	0.929	0.925	0.922	0.918	0.914	0.912	0.906	0.903
40	0.899	0.985	0.891	0.887	0.882	0.878	0.874	0.870	0.865	0.861
50	0.856	0.852	0.847	0.842	0.838	0.833	0.828	0.823	0.818	0.813
60	0.807	0.802	0.797	0.732	0.726	0.720	0.714	0.707	0.701	0.694
70	0.751	0.745	0.739	0.732	0.726	0.720	0.714	0.707	0.701	0.694

续表

λ	0	1.0	2.0	3.0	4.0	5.0	6.0	7.0	8.0	9.0
80	0.688	0.681	0.675	0.668	0.661	0.655	0.648	0.641	0.635	0.628
90	0.621	0.614	0.608	0.601	0.594	0.588	0.581	0.575	0.568	0.561
120	0.555	0.549	0.542	0.536	0.529	0.523	0.517	0.511	0.505	0.499
112	0.493	0.487	0.481	0.475	0.470	0.464	0.458	0.453	0.447	0.442
120	0.437	0.432	0.426	0.421	0.416	0.411	0.406	0.402	0.397	0.392
130	0.387	0.383	0.378	0.374	0.370	0.365	0.361	0.357	0.353	0.349
140	0.345	0.341	0.337	0.333	0.329	0.326	0.32	0.318	0.315	0.311
150	0.308	0.304	0.301	0.298	0.265	0.291	0.288	0.285	0.282	0.279

【例 12-8】 工字形截面连杆材料为 3 号钢。在 xy 平面内失稳时,杆端约束情况接近于两端铰支,长度因数 $\mu_z = 1$；而在 xz 平面内失稳时,杆端约束情况接近于两端固定,$\mu_y = 0.6$,如图 12-13 所示。已知此连杆工作时最大压力 $F = 35$ kN,材料的强度许用应力 $[\sigma] = 260$ MPa,且符合钢结构设计规范中 a 类中心受压杆的要求。试校核其稳定性。

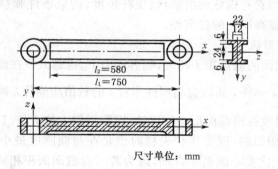

尺寸单位: mm

图 12-13

解:(1) 计算横截面的几何量。横截面的面积、形心主惯性矩、惯性半径分别为

$$A = 12 \times 24 + 2 \times 6 \times 22 = 552 (\text{mm}^2)$$

$$I_z = \frac{12 \times 24^3}{12} + 2 \times \left(\frac{22 \times 6^3}{12} + 22 \times 6 \times 15^2 \right) = 7.40 \times 10^4 (\text{mm}^4)$$

$$I_y = \frac{12 \times 24^3}{12} + 2 \times \frac{6 \times 22^3}{12} = 1.41 \times 10^4 (\text{mm}^3)$$

$$i = \sqrt{\frac{I_z}{I}} = \sqrt{\frac{7.40 \times 10^4}{552}} = 11.58 (\text{mm})$$

$$i_y = \sqrt{\frac{I_y}{I}} = \sqrt{\frac{1.41 \times 10^4}{552}} = 5.05 (\text{mm})$$

(2) 计算连杆的柔度。

$$\lambda_z = \frac{\mu_z l_1}{i_z} = \frac{1.0 \times 750}{11.58} = 64.8$$

$$\lambda_y = \frac{\mu_y l_2}{i_y} = \frac{0.6 \times 580}{5.05} = 68.9$$

（3）校核稳定性。因柔度越大，φ 值越小，故应按较大的柔度值 λ_y 来确定压杆的稳定系数 φ。由表 12-3，并用内插法求得

$$\varphi = 0.849 + \frac{9}{10} \times (0.844 - 0.849) = 0.845$$

将此 φ 值代入式（12-14），得此连杆的稳定许用应力：

$$[\sigma]_{st} = \varphi[\sigma] = 0.845 \times 206 = 174(\text{MPa})$$

将此连杆的工作应力与稳定许用应力比较：

$$\sigma = \frac{F_N}{A} = \frac{35 \times 10^3}{552 \times 10^{-6}} = 63.4(\text{MPa}) < [\sigma]$$

故连杆满足稳定性要求。

12.4.2 提高压杆稳定性的措施

影响压杆稳定性的因素有横截面的形状、压杆长度、约束条件和材料的性能等。所以，从这几方面讨论如何才能提高压杆的稳定性。

1. 选择合理的截面形状

从欧拉公式看出，截面的惯性矩 I 越大，临界压力 F_{cr} 也越大。在经验公式中，柔度 λ 越小则临界应力越高。因为 $\lambda = \frac{\mu l}{i}$，所以提高惯性半径 i 的数值应能使 λ 减小。可见，如不增加截面面积，尽可能地把材料放在离截面形心较远处，以取得较大的 I 和 i，就提高了临界压力。这与提高梁的弯曲刚度是相似的，因为压杆失稳时也是在弯曲刚度最小的平面发生弯曲变形。例如，空心的环形截面就比实心圆截面合理，因为若二者截面面积相同，环形截面的 I 和 i 都比实心圆截面的大得多。同理，由四根角钢组成的起重臂，其四根角钢应分散放置在截面的四角，而不是集中地放置在截面形心附近（图 12-14）。由型钢组成的桥梁桁架中的压杆或建筑物中的柱，也都是把型钢分开安放。当然，也不能为了取得较大的 I 和 i，就无限制地增加环形截面的直径并减小其壁厚，这将使其变成薄壁圆管，从而可能有局部失稳，发生局部折皱的危险。对由型钢组成的组合压杆，也要用足够强劲的缀条或缀板把分开放置的型钢连成一个整体（图 12-15），否则，各条型钢变成独立的受压杆件，反而降低了稳定性。

还应注意，如压杆在各纵向平面内的相当长度 μl 相同，应使截面对任一形心轴的 i 相等或接近相等，这样压杆在任一纵向平面内的 λ 都相等或接近相等，于是压杆在任一纵向平面内有相等或接近相等的稳定性。圆形、环形或如图 12-15 中的截面都能满足这一要求。相反，某些压杆在不同的纵向平面内 μl 并不相同。

例如，发动机的连杆在摆动平面内两端可简化为铰支座，$\mu_z = 1$，在与摆动平面垂直的平面内两端的约束情况接近于固定端，$\mu_y = 0.5$，这就要求连杆横截面对两个形心主惯性轴 z 和 y 有不同的 i_z 和 i_y，使得在两个主惯性平面内的柔度 $\lambda_z = \frac{\mu_z l_z}{i_z}$ 和 $\lambda_y = \frac{\mu_y l_y}{i_y}$ 接近相等。这样，连杆在两个主惯性平面仍然可以有接近相等的稳定性。

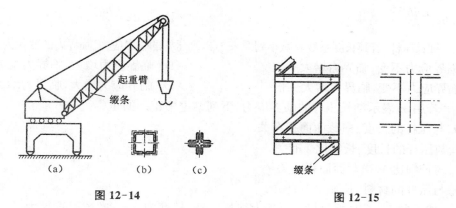

图 12-14　　　　　　　　　　图 12-15

2. 改变压杆的约束条件与合理选择杆长

从前述各节的讨论看,压杆的支座条件直接影响临界压力的大小。例如,一端固定另一端自由长为 l 的压杆 $\mu=2$, $F_{cr}=\dfrac{\pi^2EI}{(2l)^2}$。如将自由端改变为铰支座,使它成为一端固定另一端铰支的压杆, $\mu=0.7$, $F_{cr}=\dfrac{\pi^2EI}{(0.7l)^2}$。临界压力为原来的 8.16 倍,增长是非常大的。一般来说,增强对压杆的约束,使它更不容易出现弯曲变形,都可以提高压杆的稳定性。例如,电线杆、电视塔的绷紧钢缆就起着增大其稳定性的作用。另外,柔度与杆长成正比,对大柔度杆来说,杆长减半可使其临界荷载增大为原来的 4 倍。实际上,增加中间支承既可以减小压杆长度,也可增加压杆的约束。如无缝钢管厂在轧制钢管时,在顶杆中部增加抱辊装置。

3. 合理选择材料

细长压杆($\lambda\geqslant\lambda_p$)的临界压力由欧拉公式计算,它只与材料的弹性模量 E 有关,弹性模量较高,就具有较高的稳定性。但由于各种钢材的 E 大致相等,所以对于细长压杆,选用优质钢材或低碳钢差别不大。对中等柔度杆,经验公式表明临界应力与材料的强度有关。优质钢材的强度高,在一定程度上可以提高临界力的数值。至于柔度很小的短杆,本来就是强度问题,优质钢材的强度高,自然有明显的优势。

模拟试题

12.1　在压杆稳定性计算中,若用欧拉公式计算的压杆的临界压力为 F_{cr},而实际上压杆属于中长杆,则(　　)。

A. 实际的临界压力 $>F_{cr}$,是偏于安全的

B. 实际的临界压力 $>F_{cr}$,是偏于不安全的

C. 实际的临界压力 $<F_{cr}$,是偏于不安全的

D. 上述 A、B、C 均不对

12.2　如试题 12.2 图所示压杆,其横截面为矩形 $b\times h$,则该杆临界力 F_{cr} 为(　　)。

A. $1.68\dfrac{Ebh^3}{l^2}$

B. $0.82\dfrac{Ebh^3}{l^2}$

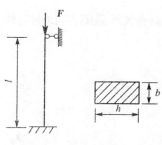

试题 12.2 图

C. $1.68\dfrac{Ehb^3}{l^2}$ \qquad\qquad\qquad D. $0.82\dfrac{Ehb^3}{l^2}$

12.3 细长压杆,若其长度系数 μ 减小到原来 1/2,则压杆的临界应力、临界力的变化为( )。

A. 临界应力不变,临界力增大一倍 \qquad B. 临界应力增大,临界力增大两倍

C. 临界应力不变,临界力增大三倍 \qquad D. 临界应力增大,临界力增大三倍

12.4 若用 σ_{cr} 表示细长压杆的临界应力,下列结论中正确的是( )。

A. σ_{cr} 与压杆的长度、横截面面积有关

B. σ_{cr} 与压杆的长度、长细比 λ 有关

C. σ_{cr} 与长细比 λ、横截面面积有关

D. σ_{cr} 与压杆的材料、长细比 λ 有关

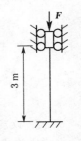

12.5 如试题 12.5 图所示某木压杆为细长压杆,长度为 3 m,横截面直径为 50 mm,木材容许应力 $[\sigma]=10$ MPa,其折减系数 φ 可内插,当 $\lambda=100$ 时,$\varphi=0.300$;当 $\lambda=140$ 时,$\varphi=0.156$,则该木杆的临界力为( )。

试题 **12.5** 图

A. 4.5 kN \qquad B. 4.8 kN \qquad C. 5.2 kN \qquad D. 5.6 kN

习 题

12.1 如习题 12.1 图所示各杆材料和截面均相同,试问杆能承受的压力哪根最大,哪根最小(图(f)所示杆在中间支承处不能转动)?

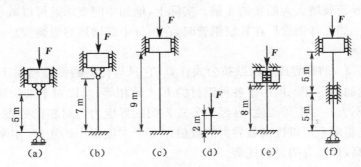

习题 **12.1** 图

12.2 如习题 12.2 图所示结构 $ABCD$ 由三根直径均为 d 的圆截面钢杆组成,在点 B 铰支,而在点 A 和点 C 固定,D 为铰接点,$\dfrac{l}{d}=10\pi$。若结构由于杆件在平面 $ABCD$ 内弹性失稳而丧失承载能力,试确定作用于结点 D 处的荷载 F 的临界值。

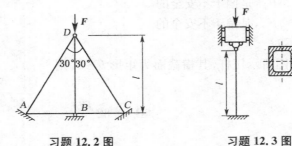

习题 **12.2** 图 \qquad\qquad 习题 **12.3** 图

12.3 下端固定、上端铰支、长 $l = 4$ m 的压杆，由两根 10 号槽钢焊接而成，如习题 12.3 图所示，并符合钢结构设计规范中实腹式 b 类截面中心受压杆的要求。已知杆的材料为 Q235 钢，强度许用应力 $[\sigma] = 170$ MPa，试求压杆的许可荷载。

12.4 如果杆分别由下列材料制成：

(1) 比例极限 $\sigma_p = 220$ MPa，弹性模量 $E = 190$ GPa 的钢；

(2) $\sigma_p = 490$ MPa，$E = 215$ GPa，含镍 3.5% 的镍钢；

(3) $\sigma_p = 20$ MPa，$E = 11$ GPa 的松木。

试求可用欧拉公式计算临界力的压杆的最小柔度。

12.5 两端铰支、强度等级为 TC13 的木柱，截面为 150 mm×150 mm 的正方形，长度 $l = 3.5$ m，强度许用应力 $[\sigma] = 10$ MPa。试求木柱的许可荷载。

12.6 如习题 12.6 图所示一简单托架，其撑杆 AB 为圆截面木杆，强度等级为 TC15。若架上受集度为 $q = 50$ kN/m 的均布荷载作用，AB 两端为柱形铰，材料的强度许用应力 $[\sigma] = 11$ MPa，试求撑杆所需的直径 d。

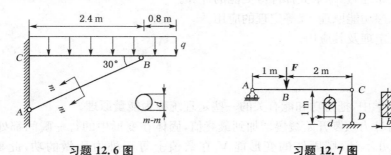

习题 12.6 图　　　　　　　　　习题 12.7 图

12.7 如习题 12.7 图所示结构中杆 AC 与 CD 均由 Q235 钢制成，C,D 两处均为球铰。已知 $d = 20$ mm，$b = 100$ mm，$h = 180$ mm；$E = 200$ GPa，$\sigma_s = 235$ MPa，$\sigma_b = 400$ MPa；强度安全因数 $n = 2.0$，稳定安全因数 $n_{st} = 3.0$。试确定该结构的许可荷载。

13 能量法简介

本章学习导引

一、一级注册结构工程师《考试大纲》规定要求
    应变能计算、卡氏定理。
二、重点掌握和理解内容
    1. 理解功能原理，熟练掌握杆件应变能的计算。
    2. 理解并掌握功能原理、互等定理的应用。
    3. 掌握卡氏定理及其应用。

13.1 概述

能量原理：力学中，把与功和能有关的一些定理统称为**能量原理**。

功能原理：若外力从零开始缓慢增加到最终值，固体在变形中的每一瞬间都处于平衡，动能和其他能量皆可不计，则固体的变形能 V_ε 在数值上等于外力所做的功，此称为**功能原理**。即

$$V_\varepsilon = W \tag{13-1}$$

13.2 杆件应变能的计算

1. 轴向拉伸或压缩（如图 13-1）
线弹性范围内：

$$V_\varepsilon = W = \frac{1}{2} F \Delta l$$

$$\Delta l = \frac{Fl}{EA} = \frac{F_N l}{EA}$$

$$V_\varepsilon = W = \frac{F_N^2 l}{2EA} \tag{13-2}$$

当轴力 F_N 为变量 $F_N(x)$ 时，则

$$\mathrm{d}V_\varepsilon = \frac{F_N^2(x)\mathrm{d}x}{2EA}$$

$$V_\varepsilon = \int \frac{F_N^2(x)\mathrm{d}x}{2EA} \tag{13-3}$$

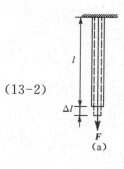
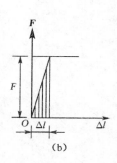

图 13-1

应变能密度

$$\nu_\varepsilon = \frac{1}{2}\sigma\varepsilon = \frac{\sigma^2}{2E} \tag{13-4}$$

2. 纯剪切

线弹性范围内，应变能密度

$$\nu_\varepsilon = \frac{1}{2}\tau\gamma = \frac{\tau^2}{2G} \tag{13-5}$$

3. 扭转（如图 13-2）

线弹性范围内

$$V_\varepsilon = W = \frac{1}{2}M_e\varphi$$

$$\varphi = \frac{M_e l}{GI_p} = \frac{Tl}{GI_p}$$

$$V_\varepsilon = W = \frac{M_e^2 l}{2GI_p} = \frac{T^2 l}{2GI_p} \tag{13-6}$$

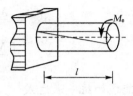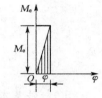

图 13-2

当扭矩 T 沿轴线变化为 $T(x)$ 时

$$V_\varepsilon = \int \frac{T^2(x)\,\mathrm{d}x}{2GI_p} \tag{13-7}$$

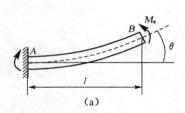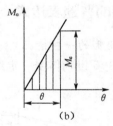

图 13-3

4. 弯曲（图 13-3）

（1）纯弯曲

$$V_\varepsilon = W = \frac{1}{2}M\theta$$

$$\theta = \frac{M_e l}{EI}$$

$$V_\varepsilon = W = \frac{M_e^2 l}{2EI} \tag{13-8}$$

（2）横力弯曲（图 13-4）

细长梁的情况下，剪切应变能与弯曲应变能相比很小，可以不计，仅计算弯曲应变能。取微段，然后积分。

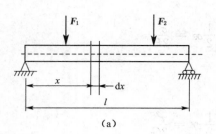
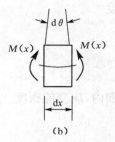

(a)　　　　　　　　　　　(b)

图 13-4

$$dV_\varepsilon = \frac{M^2(x)\,dx}{2EI}$$

$$V_\varepsilon = \int \frac{M^2(x)\,dx}{2EI} \tag{13-9}$$

5. 杆件基本变形应变能的统一表达式

$$V_\varepsilon = W = \frac{1}{2}F\delta \tag{13-10}$$

（1）F 为**广义力**,δ 为**广义位移**
（2）线弹性范围内 F 与 δ 成线性关系
　　　　$F = C\delta$,C 为刚度系数

13.3　应变能的普遍表达式

1. 弹性体变形的一般情况
（1）如图 13-5 设物体受一定约束,只产生变形位移,不引起刚性位移。

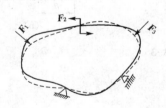
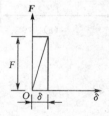

图 13-5

（2）设弹性体上外力,按相同比例,从零开始逐渐增加到最终值,相应的位移也按相同比例达到最终值。外力与位移之间成线性关系。物体的应变能为

$$V_\varepsilon = W = \frac{1}{2}F_1\delta_1 + \frac{1}{2}F_2\delta_2 + \frac{1}{2}F_3\delta_3 + \cdots \tag{13-11}$$

此式为**克拉贝依隆（Clapeyron）原理**。
① F、δ 分别为广义力和广义位移。
② 应变能为外力的二次齐次函数(亦为位移的二次齐次函数)。

2. 杆件组合变形的应变能

（1）微段 $\mathrm{d}x$ 内的应变能

$$\mathrm{d}V_\varepsilon = \frac{1}{2}F(x)\mathrm{d}(\Delta l) + \frac{1}{2}M(x)\mathrm{d}\theta + \frac{1}{2}T(x)\mathrm{d}\varphi = \frac{F^2(x)\mathrm{d}x}{2EA} + \frac{T^2(x)\mathrm{d}x}{2GI_\mathrm{p}} + \frac{M^2(x)\mathrm{d}x}{2EI}$$

$$(13-12)$$

（2）整个杆件的应变能

$$V_\varepsilon = \int \frac{F_\mathrm{N}^2(x)\mathrm{d}x}{2EA} + \int \frac{M^2(x)\mathrm{d}x}{2EI} + \int \frac{T^2(x)\mathrm{d}x}{2GI_\mathrm{p}}$$

$$(13-13)$$

对非圆截面杆，以 I_t 代替 I_p。

13.4　互等定理

对线弹性结构，利用应变能概念导出功的互等定理和位移互等定理。

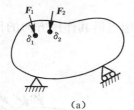
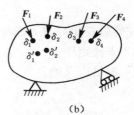

图 13-6

1. 如图 13-6 所示，在线弹性结构上，先加 F_1，F_2（同时按比例达到最终值），则沿力作用点作用线方向的位移 δ_1、δ_2 达到终值。然后加 F_3、F_4，则位移 δ_3、δ_4、δ_1'、δ_2'，则应变能为

$$V_{\varepsilon 1} = \frac{1}{2}F_1\delta_1 + \frac{1}{2}F_2\delta_2 + \frac{1}{2}F_3\delta_3 + \frac{1}{2}F_4\delta_4 + F_1\delta_1' + F_2\delta_2'$$

2. 在线弹性结构上先加 F_3、F_4，然后再加 F_1、F_2

$$V_{\varepsilon 2} = \frac{1}{2}F_3\delta_3 + \frac{1}{2}F_4\delta_4 + \frac{1}{2}F_1\delta_1 + \frac{1}{2}F_2\delta_2 + F_3\delta_3' + F_4\delta_4'$$

3. 由于应变能只决定于力和位移的最终值，与加力的次序无关，故

$$V_{\varepsilon 1} = V_{\varepsilon 2}$$
$$F_1\delta_1' + F_2\delta_2' = F_3\delta_3' + F_4\delta_4'$$

$$(13-14)$$

第一组力在第二组力引起的位移上所做之功等于第二组力在第一组力引起的位移上所做之功，这就是**功的互等定理**。

4. 若第一组力只有 F_1，第二组力只有 F_3 则

$$F_1\delta_1' = F_3\delta_3'$$

若 $F_1 = F_3$ 则

$$\delta_1' = \delta_3'$$

F_1 作用点沿 F_1 方向由 F_3 引起的位移，等于 F_3 作用点沿 F_3 方向由 F_1 引起的位移，这就是

位移互等定理。

5. 注意

(1) 结构只发生变形位移,不发生刚性位移。

(2) 力和位移都是广义的。

13.5 卡氏定理

求如图 13-7 所示悬臂梁 B 点的竖直位移,EI＝常数

查附录 Ⅱ 得 $\omega_B = \dfrac{Fl^3}{3EI}(\downarrow)$

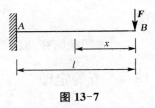

① $V_\varepsilon = \displaystyle\int \frac{M^2(x)\mathrm{d}x}{2EI} = \int_0^l \frac{(-Fx)^2\mathrm{d}x}{2EI} = \frac{F^2 l^3}{6EI}$

② $\dfrac{\mathrm{d}V_\varepsilon}{\mathrm{d}F} = \dfrac{Fl^3}{3EI}(\downarrow)$

图 13-7

即：
$$\omega_B = \frac{\mathrm{d}V_\varepsilon}{\mathrm{d}F} \tag{13-15}$$

结论:(1)杆件应变能对力 F 求导数,就求得力 F 作用点沿其作用方向的位移,此为一个普遍的规律,称为**卡氏定理**。

(2)力和位移都是广义的。

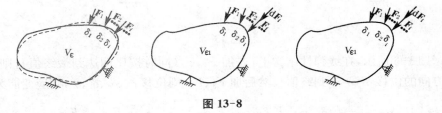

图 13-8

1. 卡氏定理证明

(1) 如图 13-8 所示,设

① 线弹性结构在支座约束下,无任何刚性位移。

② $F_1,F_2,\cdots,F_n$ 为作用于弹性结构上外力的最终值,而 $\delta_1,\delta_2,\cdots,\delta_n$ 为相应的位移最终值,则

$$V_\varepsilon = f(F_1,F_2,\cdots,F_i)$$

(2) 第一种加载方式：先加 $F_1,F_2,\cdots,F_i$,然后给 F_i 一个增量 $\mathrm{d}F_i$,则

$$V_{\varepsilon 1} = V_\varepsilon + \frac{\partial V_\varepsilon}{\partial F_i}\mathrm{d}F_i$$

(3) 第二种加载方式:先加 $\mathrm{d}F_i$,然后再加 $F_1,F_2,\cdots,F_i$,则

$$V_{\varepsilon 2} = \frac{1}{2}\mathrm{d}F_i\mathrm{d}\delta_i + V_\varepsilon + \mathrm{d}F_i\delta_i$$

(4) 材料服从胡克定律,微小变形线弹性应变能与加载次序无关,则

$$V_{\varepsilon 1} = V_{\varepsilon 2}$$

$$V_\varepsilon + \frac{\partial V_\varepsilon}{\partial F_i}\mathrm{d}F_i = \frac{1}{2}\mathrm{d}F_i\mathrm{d}\delta_i + V_\varepsilon + \mathrm{d}F_i\delta_i$$

略去二阶微量 $\frac{1}{2}\mathrm{d}F_i\mathrm{d}\delta_i$ 得

$$\delta_i = \frac{\partial V_\varepsilon}{\partial F_i} \qquad (13\text{-}16)$$

式中, F_i 为广义力; δ_i 为广义位移。

式(13-16)为卡氏定理:弹性结构的应变能,对某一外力的偏导数,即等于该外力作用点沿其作用方向的位移。

2. 卡氏定理应用于几种常见情况

(1) 横力弯曲

$$V_\varepsilon = \int_l \frac{M^2(x)\,\mathrm{d}x}{2EI}$$

$$\delta_i = \frac{\partial V_\varepsilon}{\partial F_i} = \frac{\partial}{\partial F_i}\left(\int_l \frac{M^2(x)\,\mathrm{d}x}{2EI}\right)$$

上式中积分、微分变量不同。先对 x 积分再对 F_i 求导。改变为先对函数对 F_i 求导,然后再对 x 积分,于是

$$\delta_i = \int_l \frac{M(x)}{EI}\cdot\frac{\partial M(x)}{\partial F_i}\,\mathrm{d}x \qquad (13\text{-}17)$$

(2) 小曲率平面曲杆(只考虑弯矩)

$$\delta_i = \int_s \frac{M(s)}{EI}\cdot\frac{\partial M(s)}{\partial F_i}\,\mathrm{d}s \qquad (13\text{-}18)$$

(3) 刚架

$$\delta_i = \sum_{i=1}^{n}\int_{l_i} \frac{M(x)}{EI}\cdot\frac{\partial M(x)}{\partial F_i}\,\mathrm{d}x \qquad (13\text{-}19)$$

(4) 桁架

$$V_\varepsilon = \sum_{i=1}^{n}\frac{F_{N_i}^2 l_i}{2EA_i}$$

$$\delta_i = \frac{\partial V_\varepsilon}{\partial F_i} = \sum_{i=1}^{n}\frac{F_{N_i} l_i}{EA_i}\cdot\frac{\partial F_{N_i}}{\partial F_i} \qquad (13\text{-}20)$$

(5) 组合变形杆件

$$\delta_i = \frac{\partial V_\varepsilon}{\partial F_i} = \int_l \frac{F_N(x)}{EA}\frac{\partial F_N(x)}{\partial F_i}\,\mathrm{d}x + \int_l \frac{M(x)}{EI}\cdot\frac{\partial M(x)}{\partial F_i}\,\mathrm{d}x + \int_l \frac{T(x)\partial T}{GI_p F_i}\,\mathrm{d}x \quad (13\text{-}21)$$

【例 13-1】 已知结构如图 13-9 所示, $EI=$ 常量,求: θ_B。

解:① 求反力

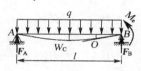

图 13-9

$$F_{RA} = \frac{1}{2}ql + \frac{M_e}{l}$$

$$F_{RB} = \frac{1}{2}ql - \frac{M_e}{l}$$

② 列弯矩方程,并求导数

$$M(x) = F_{RA}x - \frac{1}{2}qx^2 = \frac{1}{2}qlx + \frac{M_e}{l}x - \frac{1}{2}qx^2$$

$$\frac{\partial M(x)}{\partial M_e} = \frac{x}{l}$$

③ 求 θ

$$\theta = \int_0^l \frac{M(x)}{EI} \frac{\partial M(x)}{\partial M_e} \mathrm{d}x = \int_0^l \frac{\frac{1}{2}qlx + \frac{M_e}{l}x - \frac{1}{2}qx^2}{EI} \cdot \frac{x}{l} \mathrm{d}x = \frac{1}{EI}\left(\frac{ql^3}{24} + \frac{M_e l}{3}\right)$$

注意:正号说明 θ 转向与 M_e 方向一致。

【例 13-2】 已知结构如图 13-10(a)所示,EI＝常量;求:δ_{cy}、δ_{cx}、θ_c。

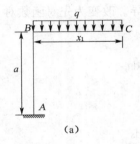
(a)

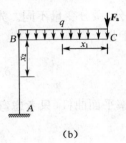
(b)

图 13-10

解:(1) 求 δ_{cy}

加附加力 F_a(如图 13-10(b))

BC:$M(x_1) = -F_a x_1 - \frac{1}{2}qx_1^2 \qquad \frac{\partial M(x_1)}{\partial F_a} = -x_1$

BA:$M(x_2) = -Fa - \frac{1}{2}qa^2 \qquad \frac{\partial M(x_2)}{\partial F} = -a$

令 $-F_a = 0$

则 $\quad \delta_{cy} = \frac{1}{EI}\int_0^a \left(-\frac{1}{2}qx_1^2\right)(-x_1)\mathrm{d}x_1 + \frac{1}{EI}\int_0^a \left(-\frac{1}{2}qa^2\right)(-a)\mathrm{d}x_2 = \frac{5qa^4}{8EI}(\downarrow)$

正号说明 δ_{cy} 与 F_a 方向一致

(2) 求 δ_{cx}

加附加力 F_a(如图 13-11)

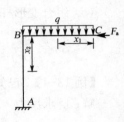

BC: $\quad M(x_1) = -\frac{1}{2}qx_1^2 \qquad \frac{\partial M(x_1)}{\partial F_a} = 0$

BA: $\quad M(x_2) = -\frac{1}{2}qa^2 + F_a x_2 \cdot \quad \frac{\partial M(x_2)}{\partial F_a} = x_2$

图 13-11

令 $F_a = 0$

$$\delta_{cx} = \frac{1}{EI}\int_0^a \left(-\frac{1}{2}qx_1^2\right)(0)\,\mathrm{d}x_1 + \frac{1}{EI}\int_0^a \left(-\frac{1}{2}qa^2\right)(x_2)\,\mathrm{d}x_2 = -\frac{qa^4}{4EI}(\rightarrow)$$

负号说明 δ_{cx} 方向与 F_a 方向相反

（3）求 θ_c

加附加力 M_a（如图 13-12）

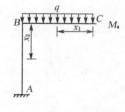

图 13-12

BC：

$$M(x_1) = -M_a - \frac{1}{2}qx_1^2 \qquad \frac{\partial M(x_1)}{\partial M_a} = -1$$

BA：

$$M(x_2) = -M_a - \frac{1}{2}qa^2 \qquad \frac{\partial M(x_2)}{\partial M_a} = -1$$

令　$M_a = 0$

$$\theta_c = \frac{1}{EI}\int_0^a \left(-\frac{1}{2}qx_1^2\right)(-1)\,\mathrm{d}x_1 + \frac{1}{EI}\int_0^a \left(-\frac{1}{2}qa^2\right)(-1)\,\mathrm{d}x_2 = \frac{2qa^3}{3EI}$$

正号说明 θ_c 方向与 M_a 方向一致。

模拟试题

13.1　对于如试题 13.1 图所示结构，当用卡氏定理 $\delta_c = \dfrac{\partial V}{\partial F_c}$ 求 C 点位移时，应变能 V 应为（　　）。

A. 梁的变形能

B. 弹簧的变形能

C. 梁和弹簧的总变形能

D. 梁的变形能减去弹簧的变形能

试题 13.1 图

13.2　关于杆件应变能的叠加问题，下列说法中正确的是（　　）。

A. 在小变形情况下，应变能可以叠加

B. 因为杆件的内力可以叠加，所以应变能也可以叠加

C. 小变形情况下，当一种外力在另一种外力引起的位移上不做功，则这两种外力单独作用时的应变能可以叠加

D. 任何受力情况下，应变能均不能叠加

13.3　如试题 13.3 图所示两根梁，其弹性变形能分别为 V_1 和 V_2，则（　　）。

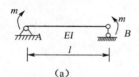

(a)

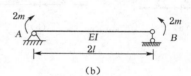

(b)

试题 13.3 图

A. $V_2=2V_1$ B. $V_2=4V_1$ C. $V_2=6V_1$ D. $V_2=8V_1$

13.4　用卡氏定理计算如试题 13.4 图所示梁 C 截面的挠度为（　　）。

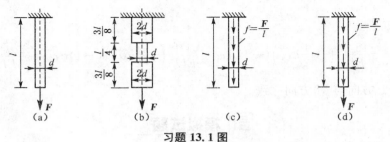

试题 13.4 图

A. $\dfrac{5Fa^3}{6EI}$ B. $\dfrac{6Fa^3}{7EI}$ C. $\dfrac{7Fa^3}{6EI}$ D. $\dfrac{4Fa^3}{7EI}$

习　题

13.1　试求如习题 13.1 图所示杆的应变能。各杆均由同一种材料制成，弹性模量为 E。各杆的长度相同。

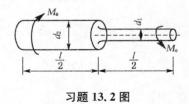

习题 13.1 图

13.2　试求如习题 13.2 图所示受扭圆轴内的应变能（$d_2=1.5d_1$）。

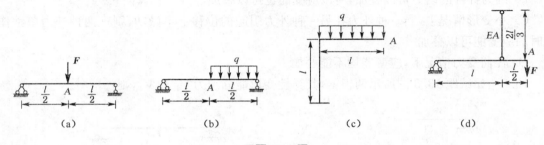

习题 13.2 图

13.3　试计算如习题 13.3 图所示梁或结构内的应变能。略去剪切的影响，EI 为已知。对于只受拉伸（或压缩）的杆件，考虑拉伸（压缩）时的应变能。

习题 13.3 图

13.4　试用卡氏第二定理求如习题 13.4 图所示各刚架截面 A 的位移和截面 B 的转角。

略去剪力 F_S 和轴力 F_N 的影响，EI 为已知。

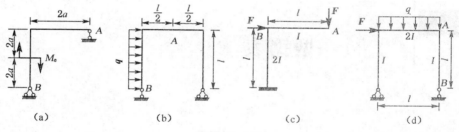

习题 13.4 图

13.5　如习题 13.5 图所示等截面刚架，承受集度为 q 的均布荷载作用，试用卡氏定理计算截面 A 的铅垂位移。设各段抗弯刚度 EI 和抗扭刚度 GI_p 均为已知常数。

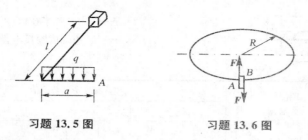

习题 13.5 图　　　　　习题 13.6 图

13.6　水平放置的一开口圆环上 AB 两点处作用有一对大小相等，方向相反的两个力。已知圆环的弹性常数 E,G，以及环杆的直径 d，试求 A、B 两点间的相对位移。

13.7　用卡氏定理计算习题 13.7 图中 C 点处两侧截面的相对转角。各杆的抗弯刚度均为 EI。

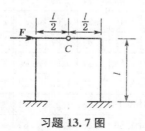

习题 13.7 图

13.8　如习题 13.8 图所示各刚架，抗弯刚度 EI 为常数，试计算支反力。

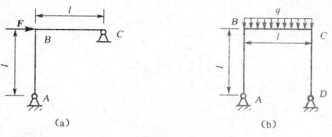

（a）　　　　　　　　（b）

习题 13.8 图

附录 I

型钢表

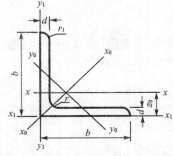

表 1 热轧等边角钢（GB9787—88）

符号意义：b——边宽度；　　　l——惯性矩；

d——边厚度；　　　i——惯性半径；

r——内圆弧半径；　W——截面系数；

r_1——边端内圆弧半径；z——重心距离。

角钢号数	尺寸/mm			截面面积 /cm²	理论重量 /(kg·m⁻¹)	外表面积 /(m²·m⁻¹)	参 考 数 值											
							$x-x$			x_0-x_0			y_0-y_0			x_1-x_1	z_0 /cm
	b	d	r				I_x /cm⁴	i_x /cm	W_x /cm³	I_{x0} /cm⁴	i_{x0} /cm	W_{x0} /cm³	I_{y0} /cm⁴	i_{y0} /cm	W_{y0} /cm³	I_{x1} /cm⁴	
2	20	3	3.5	1.132	0.889	0.078	0.40	0.59	0.29	0.63	0.75	0.45	0.17	0.39	0.20	0.81	0.60
		4		1.459	1.145	0.077	0.50	0.58	0.36	0.78	0.73	0.55	0.22	0.38	0.24	1.09	0.64
2.5	25	3		1.432	1.124	0.098	0.82	0.76	0.46	1.29	0.95	0.73	0.34	0.49	0.33	1.57	0.73
		4		1.859	1.459	0.097	1.03	0.74	0.59	1.62	0.93	0.92	0.43	0.48	0.40	2.11	0.76
3.0	30	3		1.749	1.373	0.117	1.46	0.91	0.68	2.31	1.15	1.09	0.61	0.59	0.51	2.71	0.85
		4		2.276	1.786	0.117	1.84	0.90	0.87	2.92	1.13	1.37	0.77	0.58	0.62	3.63	0.89
3.6	36	3	4.5	2.109	1.656	0.141	2.58	1.11	0.99	4.09	1.39	1.61	1.07	0.71	0.76	4.68	1.00
		4		2.756	2.163	0.141	3.29	1.09	1.28	5.22	1.38	2.05	1.37	0.70	0.93	6.25	1.04
		5		3.382	2.654	0.141	3.95	1.08	1.56	6.24	1.36	2.45	1.65	0.70	1.09	7.84	1.07
4.0	40	3		2.359	1.852	0.157	3.59	1.23	1.23	5.69	1.55	2.01	1.49	0.79	0.96	6.41	1.09
		4		3.086	2.422	0.157	4.60	1.22	1.60	7.29	1.54	2.58	1.91	0.79	1.19	8.56	1.13
		5		3.791	2.976	0.156	5.53	1.21	1.96	8.76	1.52	3.10	2.30	0.78	1.39	10.74	1.17
4.5	45	3	5	2.659	2.088	0.177	5.17	1.40	1.58	8.20	1.76	2.58	2.14	0.90	1.24	9.12	1.22
		4		3.486	2.736	0.177	6.65	1.38	2.05	10.56	1.74	3.32	2.75	0.89	1.54	12.18	1.26
		5		4.292	3.369	0.176	8.04	1.37	2.51	12.74	1.72	4.00	3.33	0.88	1.81	15.25	1.30
		6		5.076	3.985	0.176	9.33	1.36	2.95	14.76	1.70	4.64	3.89	0.88	2.06	18.36	1.33
5	50	3	5.5	2.971	2.332	0.197	7.18	1.55	1.96	11.37	1.96	3.22	2.98	1.00	1.57	12.50	1.34
		4		3.879	3.059	0.197	9.26	1.54	2.56	14.70	1.94	4.16	3.82	0.99	1.96	16.69	1.38
		5		4.803	3.770	0.196	11.21	1.53	3.13	17.79	1.92	5.03	4.64	0.98	2.31	20.90	1.42
		6		5.688	4.465	0.196	13.05	1.52	3.68	20.68	1.91	5.85	5.42	0.98	2.63	25.14	1.46

续表

角钢号数	尺寸/mm			截面面积/cm²	理论重量/(kg·m⁻¹)	外表面积/(m²·m⁻¹)	参考数值										
							$x-x$			x_0-x_0			y_0-y_0			x_1-x_1	z_0/cm
	b	d	r				I_x/cm⁴	i_x/cm	W_x/cm³	I_{x0}/cm⁴	i_{x0}/cm	W_{x0}/cm³	I_{y0}/cm⁴	i_{y0}/cm	W_{y0}/cm³	I_{x1}/cm⁴	
5.6	56	3	6	3.343	2.624	0.221	10.19	1.75	2.48	16.14	2.20	4.08	4.24	1.13	2.02	17.56	1.48
		4		4.390	3.446	0.220	13.18	1.73	3.24	20.92	2.18	5.28	5.46	1.11	2.52	23.43	1.53
		5		5.415	4.251	0.220	16.02	1.72	3.97	25.42	2.17	6.42	6.61	1.10	2.98	29.33	1.57
		6		8.367	6.568	0.219	23.63	1.68	6.03	37.37	2.11	9.44	9.89	1.09	4.16	47.24	1.68
6.3	63	4	7	4.978	3.907	0.248	19.03	1.96	4.13	30.17	2.46	6.78	7.89	1.26	3.29	33.35	1.70
		5		6.143	4.822	0.248	23.17	1.94	5.08	36.77	2.45	8.25	9.57	1.25	3.90	41.73	1.74
		6		7.288	5.721	0.247	27.12	1.93	6.00	43.03	2.43	9.66	11.20	1.24	4.46	50.14	1.78
		8		9.515	7.469	0.247	34.46	1.90	7.75	54.56	2.40	12.25	14.33	1.23	5.47	67.11	1.85
		10		11.657	9.151	0.246	41.09	1.88	9.39	64.58	2.36	14.56	17.33	1.22	6.36	84.31	1.93
7	70	4	8	5.570	4.372	0.275	26.39	2.18	5.14	41.80	2.74	8.44	10.99	1.22	6.36	45.74	1.86
		5		6.375	5.379	0.275	32.21	2.16	6.32	51.08	2.73	10.32	13.34	1.40	4.17	57.21	1.91
		6		8.160	6.406	0.275	37.77	2.15	7.48	59.93	2.71	12.11	15.61	1.39	4.95	68.73	1.95
		7		9.424	7.398	0.275	43.09	2.14	8.59	68.35	2.69	13.81	17.82	1.38	5.67	80.29	1.99
		8		10.667	8.373	0.274	48.17	2.12	9.68	76.37	2.68	15.43	19.98	1.38	6.34	91.92	2.03
7.5	75	5	9	7.367	5.818	0.295	39.97	2.33	7.32	63.30	2.92	11.94	16.63	1.50	5.77	70.56	2.04
		6		8.797	6.905	0.294	46.95	2.31	8.64	74.38	2.90	14.02	19.51	1.49	6.67	84.55	2.07
		7		10.160	7.976	0.294	53.57	2.30	9.93	84.96	2.89	16.02	22.18	1.48	7.44	98.71	2.11
		8		11.503	9.030	0.294	59.96	2.28	11.20	95.07	2.88	17.93	24.86	1.47	8.19	112.97	2.15
		10		14.126	11.089	0.293	71.98	2.26	13.64	113.92	2.84	21.48	30.05	1.46	9.56	141.71	2.22
8	80	5	9	7.912	6.211	0.315	48.79	2.48	8.34	77.33	3.13	13.67	20.25	1.60	6.66	85.36	2.15
		6		9.397	7.376	0.314	57.35	2.47	9.87	90.98	3.11	16.08	23.72	1.59	7.65	102.50	2.19
		7		10.860	8.525	0.3124	65.58	2.46	11.37	104.07	3.10	18.40	27.09	1.58	8.58	119.70	2.23
		8		12.303	9.658	0.314	73.49	2.44	12.83	116.60	3.08	20.61	30.39	1.57	9.46	136.97	2.27
		10		15.126	1.874	0.313	88.43	2.42	15.64	140.09	3.04	24.76	36.77	1.56	11.08	171.74	2.35
9	90	6	10	10.637	8.350	0.354	82.77	2.79	12.61	131.26	3.51	20.63	34.28	1.80	9.95	145.87	2.44
		7		12.301	9.656	0.354	94.83	2.78	14.54	150.47	3.50	23.64	39.18	1.78	11.19	170.30	2.48
		8		13.944	10.946	0.353	106.47	2.76	16.42	168.97	3.48	26.5	43.97	1.78	12.35	194.80	2.52
		10		17.167	13.476	0.353	128.58	2.74	20.07	203.90	3.45	32.04	53.26	1.76	14.52	244.07	2.59
		12		20.306	15.940	0.352	149.22	2.71	23.57	236.21	3.41	37.12	62.22	1.75	16.49	293.76	2.67

角钢号数	尺寸/mm			截面面积/cm²	理论重量/(kg·m⁻¹)	外表面积/(m²·m⁻¹)	参考数值										z₀/cm
	b	d	r				$x-x$			x_0-x_0			y_0-y_0			x_1-x_1	
							I_x/cm⁴	i_x/cm	W_x/cm³	I_{x0}/cm⁴	i_{x0}/cm	W_{x0}/cm³	I_{y0}/cm⁴	i_{y0}/cm	W_{y0}/cm³	I_{x1}/cm⁴	
10	100	6	12	11.932	9.366	0.393	114.95	3.10	15.68	181.98	3.90	25.74	47.92	2.00	12.69	200.07	2.67
		7		13.796	10.830	0.393	131.86	3.09	18.10	208.97	3.89	29.55	54.74	1.99	14.26	233.54	2.71
		8		15.638	12.276	0.393	148.24	3.08	20.47	235.07	3.88	33.24	61.41	1.98	15.75	267.09	2.76
		10		19.261	15.120	0.392	179.51	3.05	25.06	284.68	3.84	40.26	74.35	1.96	18.54	334.48	2.84
		12		22.800	17.898	0.391	208.90	3.03	29.48	330.95	3.81	46.80	86.84	1.95	21.68	402.34	2.91
		14		26.256	20.611	0.391	236.53	3.00	33.73	374.06	3.77	52.90	99.00	1.94	23.44	470.75	2.99
		16		29.627	23.257	0.390	262.53	2.98	37.82	414.16	3.74	58.57	110.89	1.94	25.63	539.80	3.06
11	110	7		15.196	11.928	0.433	177.16	3.41	22.05	280.94	4.30	36.12	73.38	2.20	17.51	310.64	2.96
		8		17.238	13.532	0.433	199.46	3.40	24.95	316.49	4.28	40.69	82.42	2.19	19.30	355.20	3.01
		10		21.261	16.690	0.432	242.19	3.38	30.60	384.39	4.25	49.42	99.98	2.17	22.91	444.65	3.09
		12		25.200	19.782	0.431	282.55	3.35	36.05	448.17	4.22	57.62	116.93	2.15	26.15	534.60	3.16
		14		29.056	22.809	0.431	320.71	3.32	41.31	508.01	4.18	65.31	133.40	2.14	29.14	625.16	3.24
12.5	125	8	14	19.750	15.504	0.492	297.03	3.88	32.52	470.89	4.88	53.28	123.16	2.50	25.86	521.01	3.37
		10		24.373	19.133	0.491	361.67	3.85	39.97	573.89	4.85	64.93	149.46	2.48	30.62	651.93	3.45
		12		28.912	22.696	0.491	423.16	3.83	41.17	671.44	4.82	75.96	174.88	2.46	35.03	783.42	3.53
		14		33.367	26.193	0.490	481.65	3.80	54.16	763.73	4.78	86.41	199.57	2.45	39.13	915.61	3.61
14	140	10		27.373	21.488	0.551	514.65	4.34	50.58	817.27	5.46	82.56	212.04	2.78	39.20	915.11	3.82
		12		32.512	25.522	0.551	603.68	4.31	59.80	958.79	5.43	96.85	248.57	2.76	45.02	1099.28	3.90
		14		37.567	29.490	0.550	688.81	4.28	68.75	1093.56	5.40	110.47	284.06	2.75	50.45	1284.22	3.98
		16	16	42.539	33.393	0.549	770.24	4.26	77.46	1221.81	5.36	123.42	318.67	2.74	55.55	1470.07	4.06
16	160	10		31.502	24.729	0.630	779.53	4.98	66.70	1237.30	6.27	109.36	321.76	3.20	52.76	1365.33	4.31
		12		37.441	29.391	0.630	916.58	4.95	78.98	1455.68	6.24	128.67	377.49	3.18	60.74	1639.57	4.39
		14		43.296	33.987	0.629	1048.36	4.92	90.95	1665.02	6.20	147.17	431.70	3.16	68.24	1914.68	4.47
		16		49.067	38.518	0.629	1175.08	4.89	102.63	1865.57	6.17	164.89	484.59	3.14	75.31	2190.82	4.55
18	180	12		42.241	33.159	0.710	1321.35	5.59	100.82	2100.10	7.05	165.00	542.61	3.58	78.41	2332.80	4.89
		14		48.896	38.383	0.709	1514.48	5.56	116.25	2407.42	7.02	189.14	621.53	3.56	88.38	2723.48	4.97
		16		55.467	43.542	0.709	1700.99	5.54	131.13	2703.37	6.98	212.40	698.60	3.55	97.83	3115.29	5.05
		18		61.955	48.634	0.708	1875.12	5.50	145.64	2988.24	6.94	234.78	762.01	3.51	105.14	3502.43	5.13
20	200	14	18	54.642	42.894	0.788	2103.55	6.20	144.70	3343.26	7.82	236.40	863.83	3.98	111.82	3734.10	5.46
		16		62.013	48.680	0.788	2366.15	6.18	163.65	3760.89	7.79	265.93	971.41	3.96	123.96	4270.39	5.54
		18		69.301	54.401	0.787	2620.64	6.15	182.22	4146.54	7.75	294.48	1076.74	3.94	135.52	4808.13	5.62
		20		76.505	60.056	0.787	2867.30	6.12	200.42	4554.55	7.72	322.06	1180.04	3.93	146.55	5347.51	5.69
		24		99.661	71.168	0.785	3338.25	6.07	236.17	5294.97	7.64	374.41	1381.53	3.90	166.66	6457.16	5.87

注:截面图中的 $r_1 = 1/3d$ 及表中 r 值的数据用于孔型设计,不作交货条件

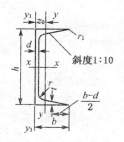

斜度1:10

表2 热轧槽钢(GB707—88)

符号意义:h——高度; r_1——腿端圆弧半径;

b——腿宽度; I——惯性矩;

d——腰厚度; W——截面系数;

t——平均腿厚度;i——惯性半径;

r——内圆弧半径;z_0——y-y轴与y_1-y_1轴间距。

型号	尺寸/mm						截面面积 /cm²	理论重量 /(kg·m⁻¹)	参考数值							
									x-x			y-y			y_1-y_1	z_0 /cm
	h	b	d	t	r	r_1			W_x /cm³	I_y /cm⁴	i_y /cm	W_y /cm³	I_y /cm⁴	i_y /cm	I_{y1} /cm⁴	
5	50	37	4.5	7	7.0	3.5	6.928	5.438	10.4	26.0	1.94	3.55	8.30	1.10	20.9	1.35
6.3	63	40	4.8	7.5	7.5	3.8	8.451	6.634	16.1	50.8	2.45	4.50	11.9	1.19	28.4	1.36
8	80	43	5.0	8	8.0	4.0	10.248	8.045	25.3	101	3.15	5.79	16.6	1.27	37.4	1.43
10	100	48	5.3	8.5	8.5	4.2	12.748	10.007	39.7	198	3.95	7.8	25.6	1.41	54.9	1.52
12.6	126	53	5.5	9	9.0	4.5	15.692	12.318	62.1	391	4.95	10.2	38.0	1.57	77.1	1.59
14a	140	58	6.0	9.5	9.5	4.8	18.516	14.535	80.5	564	5.52	13.0	53.2	1.70	107	1.71
14b	140	60	9.5	9.5	9.5	4.8	21.316	16.733	87.1	609	5.35	14.1	61.1	1.69	121	1.67
16a	160	63	6.5	10	10.0	5.0	21.962	17.240	108	866	6.28	16.3	73.3	1.83	144	1.80
16	160	65	8.5	10	10.0	5.0	25.162	19.752	117	935	6.10	17.6	83.4	1.82	161	1.75
18a	180	68	7.0	10.5	10.5	5.2	25.699	20.174	141	1270	7.04	20.0	98.6	1.96	190	1.88
18	180	70	9.0	10.5	10.5	5.2	29.299	23.000	152	1370	6.84	21.5	111	1.95	210	1.84
20a	200	73	7.0	11	11.0	5.5	28.837	22.637	178	1780	7.86	24.2	128	2.11	244	2.01
20	200	75	9.0	11	11.0	5.5	32.837	25.777	191	1910	7.64	25.9	144	2.09	268	1.95
22a	220	77	7.0	11.5	11.5	5.8	31.846	24.999	218	2390	8.67	28.2	158	2.23	298	2.10
22	220	79	9.0	11.5	11.5	5.8	36.246	28.453	234	2570	8.42	30.1	176	2.21	326	2.03
25a	250	78	7.0	12	12.0	6.0	34.917	27.410	270	3370	9.82	30.6	176	2.24	322	2.07
25b	250	80	9.0	12	12.0	6.0	39.917	31.334	282	3530	9.41	32.7	196	2.22	353	1.98
25c	250	82	11.0	12	12.0	6.0	44.917	35.260	295	3690	9.07	35.9	218	2.21	384	1.92
28a	280	82	7.5	12.5	12.5	6.2	40.034	31.427	340	4760	10.9	35.7	218	2.33	388	2.10
28b	280	84	9.5	12.5	12.5	6.2	45.634	35.823	366	5130	106	37.9	242	2.30	428	2.02
28c	280	86	11.5	12.5	12.5	6.2	51.234	40.219	393	5500	10.4	40.3	268	2.29	463	1.95
32a	320	88	8.0	14	14.0	7.0	48.513	38.083	475	7600	12.5	46.5	305	2.50	552	2.24
32b	320	90	10.0	14	14.0	7.0	54.913	43.107	509	8140	12.2	49.2	336	2.47	593	2.16
32c	320	92	12.0	14	14.0	7.0	61.313	48.131	543	8690	11.9	52.6	374	2.47	643	2.09
36a	360	96	9.0	16	16.0	8.0	60.910	47.814	660	11900	14.0	63.5	455	2.73	818	2.44
36b	360	98	11.0	16	16.0	8.0	68.110	53.466	703	12700	13.6	66.9	497	2.70	880	2.37
36c	360	100	13.0	16	16.0	8.0	75.310	59.118	746	13400	13.4	70.0	536	2.67	948	2.34
40a	400	100	10.5	18	18.0	9.0	75.068	58.928	879	17600	15.3	78.8	592	2.81	1070	2.49
40b	400	102	12.5	18	18.0	9.0	83.068	65.208	932	18600	15.0	82.5	640	2.78	1140	2.44
40c	400	104	14.5	18	18.0	9.0	91.068	71.488	986	19700	14.7	86.2	688	2.75	1220	2.42

注:截面图和表中标注的圆弧半径 r、r_1 的数据用于孔型设计,不作交货条件

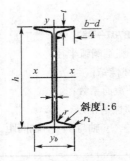

表3 热轧工字钢(GB707—88)

符号意义：h——高度； r_1——腿端圆弧半径；

b——腿宽度； I——惯性矩；

d——腰厚度； W——截面系数；

t——平均腿厚度； i——惯性半径；

r——内圆弧半径； S——半截面的静矩。

型号	尺寸/mm						截面面积/cm²	理论重量/(kg·m⁻¹)	参考数值						
									$x-x$				$y-y$		
	h	b	d	t	r	r_1			I_x/cm⁴	W_x/cm³	i_x/cm	$I_x:S_x$/cm	I_y/cm⁴	W_y/cm³	i_y/cm
10	100	68	4.5	7.6	6.5	3.3	14.345	11.261	245	49.0	4.14	8.59	33.0	9.72	1.52
12.6	126	74	5.0	8.4	7.0	3.5	18.118	14.223	488	77.5	5.20	10.8	46.9	12.7	1.61
14	140	80	5.5	9.1	7.5	3.8	21.516	16.890	712	102	5.76	12.0	64.4	16.1	1.73
16	160	88	6.0	9.9	8.0	4.0	26.131	20.513	1130	141	6.58	13.8	93.1	21.2	1.89
18	180	94	6.5	10.7	8.5	4.3	30.756	24.143	1660	185	7.36	15.4	122	26.0	2.00
20a	200	100	7.0	11.4	9.0	4.5	35.578	27.929	2370	237	8.15	17.2	158	31.5	2.12
20b	200	102	9.0	11.4	9.0	4.5	39.578	31.069	2500	250	7.96	16.9	169	33.1	2.06
22a	220	110	7.5	12.3	9.5	4.8	42.128	33.070	3400	309	8.99	18.9	225	40.9	2.31
22b	220	112	9.5	12.3	9.5	4.8	46.528	36.524	3570	325	8.78	18.7	239	42.7	2.27
25a	250	116	8.0	13.0	10.0	5.0	48.541	38.105	5020	402	10.2	21.6	280	48.3	2.40
25b	250	118	10.0	13.0	10.0	5.0	53.541	42.030	5280	423	9.94	21.3	309	52.4	2.40
28a	280	122	8.5	13.7	10.5	5.3	55.404	43.492	7110	508	11.3	24.6	345	56.6	2.50
28b	280	124	10.5	13.7	10.5	5.3	61.004	47.888	7480	534	11.1	24.2	379	61.2	2.49
32a	320	130	9.5	15.0	11.5	5.8	67.156	52.717	11100	692	12.8	27.5	460	70.8	2.62
32b	320	132	11.5	15.0	11.5	5.8	73.556	57.741	11600	726	12.6	27.1	502	76.0	2.61
32c	320	134	13.5	15.0	11.5	5.8	79.956	62.765	12200	760	12.3	26.8	544	81.2	2.61
36a	360	136	10.0	15.8	12.0	6.0	76.480	60.037	15800	875	14.4	30.7	552	81.2	2.69
36b	360	138	12.0	15.8	12.0	6.0	83.680	65.689	16500	919	14.1	30.3	582	84.3	2.64
36c	360	140	14.0	15.8	12.0	6.0	90.880	71.341	17300	962	13.8	29.9	612	87.4	2.60
40a	400	142	10.5	16.5	12.5	6.3	86.112	67.598	21700	1090	15.9	34.1	660	93.2	2.77
40b	400	144	12.5	16.5	12.5	6.3	94.112	73.878	22800	1140	15.6	33.6	692	96.2	2.71
40c	400	146	14.5	16.5	12.5	6.3	102.112	80.158	23900	1190	15.2	33.2	727	99.6	2.65
45a	450	150	11.5	18.0	13.5	6.8	102.446	80.420	32200	1430	17.7	38.6	855	114	2.89
45b	450	152	13.5	18.0	13.5	6.8	111.446	87.485	33800	1500	17.4	38.0	894	118	2.84
45c	450	154	15.5	18.0	13.5	6.8	120.446	94.550	35300	1570	17.1	37.6	938	122	2.79
50a	500	158	12.0	20.0	14.0	7.0	119.304	93.644	46500	1860	19.7	42.8	1120	142	3.07
50b	500	160	14.0	20.0	14.0	7.0	129.304	101.504	48600	1940	19.4	42.4	1170	146	3.01
50c	500	162	16.0	20.0	14.0	7.0	139.304	109.354	50600	2080	19.0	41.8	1220	151	2.96
56a	560	166	12.5	21.0	14.5	7.3	135.435	106.316	65600	2340	22.0	47.7	1370	165	3.18
56b	560	168	14.5	21.0	14.5	7.3	146.635	115.108	68500	2450	21.6	47.2	1490	174	3.16
56c	560	170	16.5	21.0	14.5	7.3	157.835	123.900	71400	2550	21.3	46.7	1560	183	3.16
63a	630	176	13.0	22.0	15.0	7.5	154.658	121.407	93900	2980	24.5	54.2	1700	193	3.31
63b	630	178	15.0	22.0	15.0	7.5	167.258	131.298	98100	3160	24.2	53.5	1810	204	3.29
63c	630	180	17.0	22.0	15.0	7.5	179.858	141.189	102000	3300	23.8	52.9	1920	214	3.27

注：截面图和表中标注的圆弧半径 r、r_1 的数据用于孔型设计，不作交货条件

简单荷载作用下梁的挠度和转角

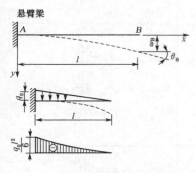

悬臂梁

$\omega=$ 沿 y 方向的挠度

$\omega_B=\omega(l)$ 梁右端处的挠度

$\theta_B=\omega'(l)=$ 梁右端处的转角

$\omega=$ 沿 y 的方向挠度

$\omega_c=\omega\left(\dfrac{l}{2}\right)=$ 梁的中点挠度

$\theta_a=\omega'(0)=$ 梁左端处的转角

$\theta_a=\omega'(l)=$ 梁右端处的转角

序号	梁上荷载及弯矩图	挠曲线方程	转角和挠度
1		$\omega=\dfrac{M_e x^2}{2EI}$	$\theta_B=\dfrac{M_e l}{EI}$ $\omega_B=\dfrac{M_e l^2}{2EI}$
2		$\omega=\dfrac{F x^2}{6EI}(3l-x)$	$\theta_B=\dfrac{F l^2}{3EI}$ $\omega_B=\dfrac{F l^3}{3EI}$
3		$\omega=\dfrac{F x^2}{6EI}(3a-x)$ $(0\leqslant x\leqslant a)$ $\omega=\dfrac{F a^2}{6EI}(3x-a)$ $(a\leqslant x\leqslant l)$	$\theta_B=\dfrac{F a^2}{2EI}$ $\omega_B=\dfrac{F a^2}{6EI}(3l-a)$
4		$\omega=\dfrac{q x^2}{24EI}(x^2+6l^2-4lx)$	$\theta_B=\dfrac{q l^3}{6EI}$ $\omega_B=\dfrac{q l^4}{8EI}$
5		$\omega=\dfrac{q_0 x^2}{120EIl}(10l^3-10l^2 x+$ $5lx^2-x^2)$	$\theta_B=\dfrac{q_0 x^3}{24EI}$ $\omega_B=\dfrac{q_0 l^4}{30EI}$

序号	梁上荷载及弯矩图	挠曲线方程	转角和挠度
6		$\omega = \dfrac{M_A x}{6EIl}(l-x)(2l-x)$	$\theta_A = \dfrac{M_A l}{3EI}$ $\theta_B = \dfrac{M_A l}{6EI}$ $\theta_C = \dfrac{M_A l^2}{16EI}$
7		$\omega = \dfrac{M_B x}{6EIl}(l^2-x^2)$	$\theta_A = \dfrac{M_B l}{6EI}$ $\theta_B = \dfrac{M_B l}{3EI}$ $\omega_c = \dfrac{M_B l^2}{16EI}$
8		$\omega = \dfrac{qx}{24EI}(l^3-2lx^2+x^3)$	$\theta_A = \dfrac{ql^3}{24EI}$ $\theta_B = -\dfrac{ql^3}{24EI}$ $\omega_c = \dfrac{5ql^4}{384EI}$
9		$\omega = \dfrac{q_0 x}{360EIl}(7l^4-10l^2x^2+3x^4)$	$\theta_A = \dfrac{7q_0 l^3}{360EI}$ $\theta_B = \dfrac{q_0 l^3}{45EI}$ $\omega_c = \dfrac{5q_0 l^4}{768EI}$
10		$\omega = \dfrac{Fx}{48EI}(3l^2-4x^2)$ $\left(0 \leqslant x \leqslant \dfrac{l}{2}\right)$	$\theta_A = \dfrac{Fl^2}{16EI}$ $\theta_B = -\dfrac{Fl^2}{16EI}$ $\omega_c = \dfrac{Fl^3}{48EI}$
11		$\omega = \dfrac{Fbx}{6EIl}(l^2-x^2-b^2)$ $(0 \leqslant x \leqslant a)$ $\omega = \dfrac{Fb}{6EIl}\left[\dfrac{l}{b}(x-a)^2+(l^2-b^2)x-x^3\right]$ $(a \leqslant x \leqslant l)$	$\theta_A = \dfrac{Fab(l+b)}{6EIl}$ $\theta_B = -\dfrac{Fab(l+a)}{6EIl}$ $\omega_c = \dfrac{Fb(3l^2-4b^2)}{48EI}$ (当 $a \geqslant b$ 时)

序号	梁上荷载及弯矩图	挠曲线方程	转角和挠度
12		$\omega = \dfrac{M_e x}{6EIl}(6al - 3a^2 - 2l^2 - x^2)$ $(0 \leqslant x \leqslant a)$ 当 $a = b = \dfrac{l}{2}$ 时 $\omega = \dfrac{M_e x}{24EIl}(l^2 - 4x^2)$ $\left(0 \leqslant x \leqslant \dfrac{l}{2}\right)$	$\theta_A = \dfrac{M_e}{6EIl}(6al - 3a^2 - 2l^3)$ $\theta_B = \dfrac{M_e}{6EIl}(l^2 - 3a^2)$ 当 $a = b = \dfrac{l}{2}$ 时 $\theta_A = \dfrac{M_e l}{24EI}$ $\theta_B = \dfrac{M_e l}{24EI}, \quad \omega_c = 0$
13		$\omega = -\dfrac{qb^3}{24EIl}\left[2\dfrac{x^3}{b^3} - \dfrac{x}{b}\left(2\dfrac{l^2}{b^2} - 1\right)\right]$ $\omega = -\dfrac{q}{24EIl}\left[2\dfrac{b^2 x^3}{l} - \dfrac{b^2 x}{l}(2l^2 - b^2) - \right.$ $\left. (x-a)^4\right]$ $(a \leqslant x \leqslant l)$	$\theta_A = \dfrac{qb^2(2l^2 - b^2)}{24EIl}$ $\theta_B = -\dfrac{qb^2(2l - b)^2}{24EIl}$ $\omega_c = \dfrac{qb^5}{24EIl}\left(\dfrac{3}{4}\dfrac{l^3}{b^3} - \dfrac{1}{2}\dfrac{l}{b}\right)$ （当 $a > b$ 时） $\omega_c = \left[\dfrac{qb^5}{24EIl}\dfrac{3}{4}\dfrac{l^3}{b^3} - \dfrac{1}{2}\dfrac{l}{b} + \right.$ $\left. \dfrac{1}{16}\dfrac{l^5}{b^5} \cdot \left(1 - \dfrac{2a}{l}\right)^4\right]$ （当 $a < b$ 时）

习 题 答 案

第 2 章 平面图形的几何性质

2.1 $I_x = \dfrac{bh^3}{4}$

2.2 $I_x = 3.3 \text{ m}^4$

2.3 $I_x = \dfrac{11\pi d^4}{64}$

2.4 (a) $I_x = 6.58 \times 10^7 \text{ mm}^4$ (b) $I_x = 1.21 \times 10^9 \text{ mm}^4$

2.5 $I_x = 188.9\, a^4$, $I_y = 190.4\, a^4$

2.6 $a = 111 \text{ mm}$

第 3 章 轴向拉伸与压缩

3.1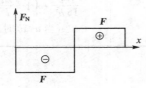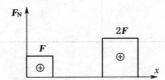

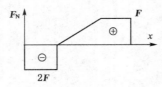 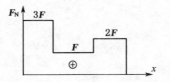

3.2 $\sigma_1 = -50 \text{ MPa}$

$\sigma_2 = -25 \text{ MPa}$

$\sigma_3 = +25 \text{ MPa}$

3.3 $\sigma_1 = -100 \text{ MPa}$

$\sigma_2 = -33.3 \text{ MPa}$

$\sigma_3 = +25 \text{ MPa}$

3.4 $\sigma_{EG} = 155 \text{ MPa}$(拉); $\sigma_{AE} = 159 \text{ MPa}$(拉)

3.5 $\sigma_{AC} = 2.5 \text{ MPa}$(压); $\sigma_{CB} = 6.5 \text{ MPa}$(压); $\Delta l_{AC} = -0.375 \text{ mm}$

$\Delta l_{CB} = -0.975 \text{ mm}$; $\Delta l = -1.35 \text{ mm}$

3.6 $\sigma = 149 \text{ MPa}$; $E = 203 \text{ GPa}$

3.7 $\Delta_{CD} = -\dfrac{\mu F}{4E\delta}$

3.8 安全

3.9 满足强度条件。

3.10 $[F] = \dfrac{\sqrt{2}[\sigma]A}{2}$

第4章 剪切与挤压

4.1 $D : h : d = 1.225 : 0.333 : 1$

4.2 $d = 2.4 h$

4.3 $F \leqslant 16$ kN

4.4 $t = 78.63$ MPa $\sigma_{iy} = 111$ MPa $\sigma = 148$ MPa

第5章 扭　转

5.1 18.47 kW

5.2 (1) $\tau_{max} = 71.4$ MPa;$\varphi = 1.02°$ (2) $\tau_A = \tau_B = \tau_{max} = 71.4$ MPa (3) $\tau_C = 35.7$ MPa

5.3 (1) $\tau_{max} = 69.8$ MPa (2) $\varphi_{AC} = \varphi_{AB} = 2°$

5.4 重量比:$0.036\dfrac{D^2}{d^2}$

刚度比$=1.18$

5.5 $d \geqslant 74.4$ mm

第6章 弯曲内力

6.1 (a) $F_{SC_-} = -2F, M_{C_-} = -2Fl, F_{SC+} = -2F, M_{C+} = -Fl$

(b) $F_{SC_-} = -4$ kN, $M_{C_-} = -4$ kN·m, $F_{SC+} = -4$ kN, $M_{C+} = 4$ kN·m

(c) $F_{SA+} = -6$ kN, $M_{A+} = 0, F_{SB_-} = -2$ kN, $M_{B_-} = -20$ kN·m

(d) $F_{SC_-} = 0, M_{C_-} = -2ql^2, F_{SC+} = 0, M_{C+} = -ql^2$

6.2 (a) $|F_S|_{max} = \dfrac{M_e}{l}$、$|M|_{max} = M_e$

(b) $|F_S|_{max} = F$、$|M|_{max} = Fl$

(c) $|F_S|_{max} = ql$、$|M|_{max} = \dfrac{ql^2}{2}$

(d) $|F_S|_{max} = \dfrac{3ql}{4}$、$|M|_{max} = \dfrac{ql^2}{4}$

6.3 (a) $|F_S|_{max} = F$、$|M|_{max} = 2Fl$

(b) $|F_S|_{max} = 4$ kN、$|M|_{max} = 6$ kN·m

(c) $|F_S|_{max} = 10$ kN、$|M|_{max} = 14$ kN·m

(d) $|F_S|_{max} = 2F$、$|M|_{max} = 2Fl$

6.4 (a) $0 \leqslant x \leqslant l$ $\dfrac{q(x)}{q_0} = \dfrac{x}{l}$ $q(x) = \dfrac{q_0}{l}x$

$F_S = -\dfrac{1}{2}q(x)x = -\dfrac{q_0}{2l}x^2$ $M = -\dfrac{1}{2}q(x)x \cdot \dfrac{1}{3}x = -\dfrac{q_0}{6l}x^3$

$F_{Smax} = -\dfrac{q_0}{2}l$ $M_{max} = -\dfrac{q_0}{6}l^2$

(b) $0 \leqslant x \leqslant 1$ m时 $F_S(x) = +30 + 15x = 30 + 15x$

$M(x) = -30x - 7.5x^2$

$1 \leqslant x \leqslant 3$ m时 $F_S(x) = 30 + 15 = 45$

$$M(x) = 30x + 15 \times 1 \times (x - \frac{1}{4})$$

$$F_{Smax} = 45 \text{ kN} \qquad M_{max} = -127.5 \text{ kN} \cdot \text{m}$$

(c) $F_{RA} = F_{RB} = 49.5 \text{ kN}$

$\quad 0 \leqslant x \leqslant 4 \text{ m 时} \quad F_S(x) = 49.5 - 3x \qquad M(x) = 49.5x - 1.5x^2$

$\quad 4 \leqslant x \leqslant 8 \text{ m 时} \quad F_S(x) = -49.5 + 3x \qquad M(x) = 49.5x - 1.5x^2$

$\quad F_{Smax} = 49.5 \text{ kN} \qquad M_{max} = 174 \text{ kN} \cdot \text{m}$

(d) $F_{RA} = 0.6 \text{ kN} \qquad F_{RB} = 1.4 \text{ kN}$

$\quad 0 \leqslant x \leqslant 8 \text{ m} \qquad F_S(x) = 0.6 - 0.2x \qquad M(x) = 0.6x - 0.1x^2$

$\quad 8 \leqslant x \leqslant 10 \text{ m} \qquad F_S(x) = 0.6 - 0.2x \qquad M(x) = 4 + 0.6x - 0.1x^2$

$\quad F_{Smax} = 1.4 \text{ kN} \qquad M_{max} = 2.4 \text{ kN} \cdot \text{m}$

(e) $0 \leqslant x \leqslant 2 \text{ m 时}, \qquad F_S(x) = -2 \text{ kN} \qquad M(x) = 6 - 2x$

$\quad 2 \leqslant x \leqslant 3 \text{ m 时}, \qquad F_S(x) = -22 \text{ kN} \qquad M(x) = 6 - 2x - 20(x - 2)$

$\quad -F_{Smax} = 22 \text{ kN} \qquad -M_{max} = 20 \text{ kN} \cdot \text{m} \qquad +M_{max} = 6 \text{ kN} \cdot \text{m}$

(f) AB 段: $F_S(x) = -\dfrac{qa}{8} \qquad M(x) = -\dfrac{qa}{8}x$

$\quad BC$ 段: $F_S(x) = qx \qquad M(x) = -\dfrac{q}{2}x^2$

$\quad F_{Smax} = qa \qquad -F_{Smax} = \dfrac{qa}{8} \qquad -M_{max} = \dfrac{qa^2}{2}$

(g) AB 段内: $F_S(x) = -F \qquad M(x) = -Fx$

$\quad BC$ 段内: $F_S(x) = +\dfrac{F}{2} \qquad M(x) = -\dfrac{F}{2}x$

$\quad +F_{Smax} = F/2 \qquad -F_{Smax} = F \qquad -M_{max} = \dfrac{F}{2}l$

(h) AB 段内: $F_S(x) = 0 \qquad M(x) = -30 \text{ kN} \cdot \text{m}$

$\quad BC$ 段内: $F_S(x) = 30 \text{ kN} \qquad M(x) = -30 + 30x$

$\quad CD$ 段内: $F_S(x) = -10 \text{ kN} \qquad M(x) = +10x$

$\quad +F_{Smax} = 30 \text{ kN} \qquad +M_{max} = 15 \text{ kN} \cdot \text{m} \qquad -F_{Smax} = 10 \text{ kN} - M_{max} = 30 \text{ kN} \cdot \text{m}$

6.5

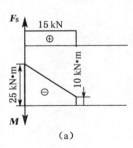

(a)

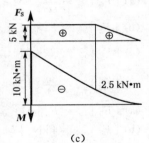

(b)

(c)

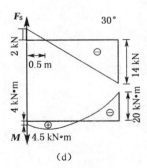

(d)

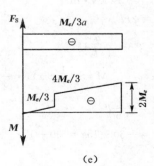

(e)

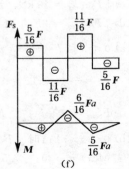

(f)

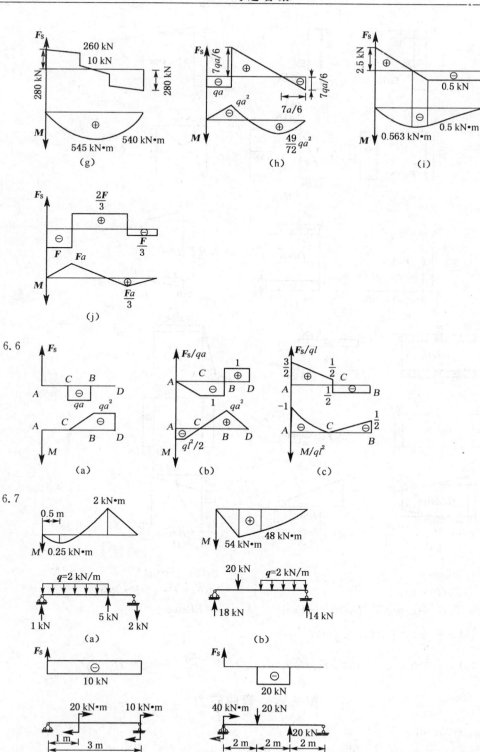

(g)

(h)

(i)

(j)

6.6

(a)

(b)

(c)

6.7

(a)

(b)

(c)

(d)

6.8

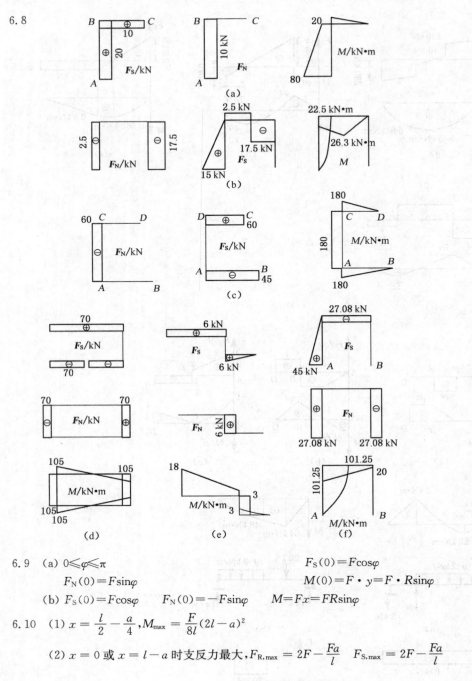

6.9 (a) $0 \leqslant \varphi \leqslant \pi$ $F_S(0) = F\cos\varphi$

    $F_N(0) = F\sin\varphi$ $M(0) = F \cdot y = F \cdot R\sin\varphi$

   (b) $F_S(0) = F\cos\varphi$ $F_N(0) = -F\sin\varphi$ $M = Fx = FR\sin\varphi$

6.10   (1) $x = \dfrac{l}{2} - \dfrac{a}{4}$, $M_{max} = \dfrac{F}{8l}(2l-a)^2$

    (2) $x = 0$ 或 $x = l-a$ 时支反力最大，$F_{R,max} = 2F - \dfrac{Fa}{l}$ $F_{S,max} = 2F - \dfrac{Fa}{l}$

第7章 弯曲应力

7.1 $\sigma_{max} = 352$ MPa

7.2   截面 $m-m$：$\sigma_A = -7.4$ MPa，$\sigma_B = 4.94$ MPa，$\sigma_C = 0$，$\sigma_D = 7.41$ MPa

   截面 $n-n$：$\sigma_A = 9.26$ MPa，$\sigma_B = -6.18$ MPa，$\sigma_C = 0$，$\sigma_D = 9.26$ MPa

7.3 $b \geqslant 259$ mm，$h \geqslant 431$ mm

7.4 $F = 56.8$ kN

7.5　(1) $b=\dfrac{\sqrt{3}}{3}d, h=\dfrac{\sqrt{6}}{3}d$　　(2) $b=\dfrac{d}{2}, h=\dfrac{\sqrt{3}}{2}d$

7.6　$\sigma_{t,max}=60.3\text{ MPa}; \sigma_{c,max}=45.2\text{ MPa}$

第 8 章　梁弯曲时的位移

8.1　(a) $\omega=-\dfrac{ql^4}{8EI}, \theta=-\dfrac{ql^3}{6EI}$　　(b) $\omega=-\dfrac{7Fa^3}{2EI}, \theta=\dfrac{5Fa^2}{2EI}$

　　(c) $\omega=-\dfrac{41ql^4}{384EI}, \theta=-\dfrac{7ql^3}{48EI}$　　(d) $\omega=-\dfrac{71ql^4}{384EI}, \theta=-\dfrac{13ql^3}{48EI}$

8.2　(a) $\theta_A=-\dfrac{M_e l}{6EI}, \theta_B=\dfrac{M_e l}{3EI}; \omega_{\frac{l}{2}}=-\dfrac{M_e l^2}{16EI}, \omega_{max}=-\dfrac{M_e l^2}{9\sqrt{3}EI}$

　　(b) $\theta_A=-\theta_B=-\dfrac{11qa^3}{6EI}; \omega_{2a}=y_{max}=-\dfrac{19qa^4}{8EI}$

　　(c) $\theta_A=-\dfrac{7q_0 l^3}{360EI}, \theta_B=\dfrac{q_0 l^3}{45EI}; \omega_{\frac{l}{2}}=-\dfrac{5q_0 l^4}{768EI}, \omega_{max}=-\dfrac{5.01q_0 l^4}{768EI}$

　　(d) $\theta_A=-\dfrac{3q_0 l^3}{128EI}, \theta_B=\dfrac{7q_0 l^3}{384EI}; \omega_{\frac{l}{2}}=-\dfrac{5q_0 l^4}{768EI}, \omega_{max}=-\dfrac{5.04q_0 l^4}{768EI}$

8.3　(a) $\omega_A=-\dfrac{Fa}{24EI}(8a^2+12al+3l^2,), \theta_B=\dfrac{Fa(l+a)}{2EI}$

　　(b) $\omega_A=-\dfrac{Fl^3}{6EI}, \theta_B=-\dfrac{9Fl^2}{8EI}$　　(c) $\omega_A=-\dfrac{ql^4}{16EI}, \theta_B=\dfrac{ql^3}{12EI}$

　　(d) $\omega_A=-\dfrac{Fa^3}{4EI}-\dfrac{11qa^4}{24EI}, \theta_B=\dfrac{Fa^2}{4EI}-\dfrac{qa^3}{3EI}$

　　(e) $\omega_A=-\dfrac{41ql^4}{384EI}, \theta_B=\dfrac{7ql^3}{48EI}$　　(f) $\omega_A=-\dfrac{11q_0 l^4}{120EI}, \theta_B=-\dfrac{q_0 l^3}{8EI}$

8.4　$h=180\text{ mm}, b=90\text{ mm}$

8.5　选用 2 根 18 号槽钢

8.6　$\dfrac{3Fl^3}{16EI}$

8.7　$\dfrac{13qa^4}{48EI}$

8.8　7.39 mm

第 9 章　简单的超静定问题

9.1　$F_{N1}=8.45\text{ kN(拉)}; F_{N2}=2.68\text{ kN(拉)}; F_{N3}=11.53\text{ kN(压)}$

9.2　$F_{N2}=F_{N4}=\dfrac{F}{4}; F_{N1}=\left(\dfrac{1}{4}-\dfrac{e}{\sqrt{2a}}\right)F; F_{N3}=\left(\dfrac{1}{4}+\dfrac{e}{\sqrt{2a}}\right)F$

9.3　$F_{EF}=F_{N2}=60\text{ kN}, F_{CD}=F_{N1}=30\text{ kN}$　　$\sigma_{EF}=60\text{ MPa}; \sigma_{CD}=30\text{ MPa}$

9.4　$F_A=85\text{ kN}; F_B=-15\text{ kN}$

9.5　$\sigma_{AC}=-100.8\text{ MPa}; \sigma_{CD}=-50.4\text{ MPa}; \sigma_{DB}=-100.8\text{ MPa}$

9.6　$M_B=\dfrac{M_e}{33}; M_A=\dfrac{32M_e}{33}$

9.7　(a) $F_B=\dfrac{14}{27}F; F_A=\dfrac{13}{27}F; M_A=-\dfrac{4Fa}{9}$

　　(b) $F_A=F_B=\dfrac{3M_e}{4a}; M_A=-\dfrac{M_e}{2}$

(c) $F_A = F_B = \frac{1}{2}ql; M_A = M_B = \frac{ql^2}{12}$

9.8 $\frac{135}{167}F$

9.9

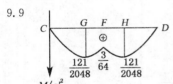

9.10 $M_{eA} = \frac{4EI\theta}{l}; F_A = \frac{6EI\theta}{l^2}$

$F_B = -F_A = -\frac{6EI\theta}{l^2}$

$M_{eB} = -\frac{2EI\theta}{l}$

第 10 章 组合变形

10.1 79.1 MPa

10.2 安全

10.3 94.9 MPa(压)

10.4 (1) 0.72 MPa (2) $D = 4.17$ m

10.5 $\sigma_{max} = 0.572 \frac{F}{a^2}$

10.6 (1) $\sigma_{t,max} = 0.159$ MPa, $\sigma_{c,max} = 0.217$ MPa (2) 0.642 m

10.7 5.25 mm

第 11 章 应力状态和强度理论

11.1 $\sqrt{\left(\frac{4F}{\pi d^2}\right)^2 + 3\left(\frac{16M}{\pi d^3}\right)^2} \leqslant [\sigma]$

11.2 2.65 mm

11.3 $\alpha_0 = 4.75°$

11.4 (a) $\sigma_\alpha = 25$ MPa, $\tau_\alpha = 26$ MPa, $\sigma_1 = 20$ MPa, $\sigma_2 = 0$, $\sigma_3 = -40$ MPa

(b) $\sigma_\alpha = -26$ MPa, $\tau_\alpha = 15$ MPa, $\sigma_1 = 30$ MPa, $\sigma_2 = 0$, $\sigma_3 = -30$ MPa

(c) $\sigma_\alpha = -50$ MPa, $\tau_\alpha = 0$, $\sigma_1 = 0$, $\sigma_2 = \sigma_3 = -50$ MPa

11.5 (1) 主应力

$\sigma_1 = 86 + 55.57 = 141.6$ MPa $\sigma_2 = 86 - 55.57 = 30.43$ MPa $\sigma_3 = 0$

(2) 主方向角 $\alpha_2 = 15.13°$ $\alpha_1 = -74.87°$

(3) 两截面间夹角:75.26°

11.6 10.9 kN·m

11.7 13.0 kN·m/m³

11.8 $[F] = 4.15 \times 10^{-5} [\sigma] l^2$

第 12 章 压杆稳定

12.1 图(e)所示杆 F_σ 最小,图(f)所示杆 F_σ 最大。

12.2　$5.7E\pi d^2 \times 10^{-4}$

12.3　$[F] = 302.4 \text{ kN}$

12.4　(1) $\lambda = 92.3$　(2) $\lambda = 65.8$　(3) $\lambda = 73.7$

12.5　88.4 kN

12.6　$d = 0.19 \text{ m}$

12.7　15.5 kN

第 13 章　能量法简介

13.1　(a) $V_\varepsilon = \dfrac{2F^2 l}{\pi E d^2}$　　(b) $V_\varepsilon = \dfrac{7F^2 l}{8\pi E d^2}$　　(c) $V_\varepsilon = \dfrac{F^2 l}{6EA}$　　(d) $V_\varepsilon = \dfrac{7F^2 l}{6EA}$

13.2　$V_\varepsilon = \dfrac{9.6T^2 l}{G\pi d_1^4}$

13.3　(a) $\dfrac{F^2 l^3}{96EI}$　　(b) $\dfrac{17q^2 l^5}{15\,360EI}$　　(c) $\dfrac{3q^3 l^5}{20EI}$　　(d) $\dfrac{F^2 l^3}{16EI} + \dfrac{3F^2 l}{4EA}$

13.4　(a) $\Delta_{AH} = \dfrac{17M_e a^2}{6EI}$（向右）　$\theta_A = \dfrac{M_e a}{3EI}$（逆）　$\theta_B = \dfrac{5M_e a}{3EI}$（顺）

　　　(b) $\Delta_{AV} = -\dfrac{3ql^4}{32EI}$（向上）　$\Delta_{AH} = \dfrac{3ql^4}{4EI}$（向右）　$\theta_A = -\dfrac{ql^3}{48EI}$（逆）　$\theta_B = -\dfrac{ql^3}{2EI}$（逆）

　　　(c) $\Delta_{AV} = \dfrac{13Fl^3}{12EI}$（向下）　$\Delta_{AH} = \dfrac{5Fl^3}{12EI}$（向右）　$\theta_A = \dfrac{5Fl^2}{4EI}$（顺）　$\theta_B = \dfrac{3Fl^2}{4EI}$（顺）

　　　(d) $\Delta_{AH} = \dfrac{Fl^3}{2EI} + \dfrac{ql^4}{48EI}$（向右）　$\theta_A = -\dfrac{4Fl^2 + ql^3}{48EI}$（逆）$\theta_B = \theta_A$

13.5　$\delta_y = \dfrac{qa^4}{8EI} + \dfrac{qal^3}{3EI} + \dfrac{qa^3 l}{2GI_p}$

13.6　$\delta_{AB} = 2\displaystyle\int_0^\pi \dfrac{M(\theta)\,\overline{M}(\theta)}{EI}R\,\mathrm{d}\theta + 2\displaystyle\int_0^\pi \dfrac{T(\theta)\,\overline{T}(\theta)}{GI_P}R\,\mathrm{d}\theta = \dfrac{\pi FR^3}{EI} + \dfrac{3\pi FR^3}{GI_P}$（↑ ↓）

13.7　$\theta_C = \dfrac{\partial V_\varepsilon}{\partial M_C}\Big|_{M_C=0} = \dfrac{1}{2EI}\left\{\displaystyle\int_0^{\frac{l}{2}} 2\left(\dfrac{Fl}{2} - Fx_1\right)\dfrac{2x_1}{l}\mathrm{d}x_1 + \displaystyle\int_0^{\frac{l}{2}} 2\left(-\dfrac{Fl}{2} + Fx_2\right)\dfrac{2x_2}{l}\mathrm{d}x_2\right\} = 0$

13.8　(a) $F_{AX} = F_{AY} = F_{CY} = 0$

　　　(b) $F_{AX} = F_{DX} = \dfrac{ql}{20}, F_{AY} = F_{DY} = \dfrac{ql}{2}$

主要参考书

[1] 孙训方,方孝淑,关来泰. 材料力学:上册[M]. 4 版. 北京:高等教育出版社,2002.

[2] 孙训方,方孝淑,关来泰. 材料力学:下册[M]. 4 版. 北京:高等教育出版社,2002.

[3] 邓训,徐远杰. 材料力学[M]. 武汉:武汉大学出版社,2002.

[4] 江晓禹,龚晖. 材料力学[M]. 4 版. 成都:西南交通大学出版社,2009.

[5] 闵小琪,徐金华. 材料力学[M]. 北京:机械工业出版社,2013.

[6] 刘鸿文. 简明材料力学[M]. 2 版. 北京:高等教育出版社,2001.

[7] 邓训,赵元勤. 材料力学[M]. 2 版. 武汉:武汉理工大学出版社,2012.